高等学校计算机类专业系列教材

Android 系统设计与开发

主　编　周卫斌

副主编　杨永刚　宋玲玲　胡阳阳

参　编　李承阔　王　阳　韩　菲

刘　洋　宋志杰　施德凯

黄俊铭　马晓彤

西安电子科技大学出版社

内 容 简 介

Android 系统目前已经占据了全球智能手机市场 80%以上的份额，受到越来越多开发者的青睐。本书以 Android Studio 为开发工具，由浅入深地介绍了 Android 系统的设计与开发，内容共 13 章，包括 Android 系统导论、Java 基础、Android 工程结构、Activity、Android 应用界面、Android 的广播机制、Android 服务、数据存储与共享、位置服务、网络编程、多媒体开发、Android NDK 编程及高级 UI-Material Design 简介。

本书内容翔实，通俗易懂，加入了很多例程并配有大量的注释和图片，以帮助读者理解。

本书既可作为高等院校相关专业的教材，也可供开发人员学习参考。

图书在版编目(CIP)数据

Android 系统设计与开发/ 周卫斌主编. —西安：西安电子科技大学出版社，2023.1

ISBN 978-7-5606-6647-1

Ⅰ. ①A… Ⅱ. ①周… Ⅲ. ①移动终端—应用程序—程序设计 Ⅳ. ①TN929.53

中国版本图书馆 CIP 数据核字(2022)第 165931 号

策　　划　刘玉芳
责任编辑　刘玉芳
出版发行　西安电子科技大学出版社(西安市太白南路 2 号)
电　　话　(029) 88202421　88201467　　邮　　编　710071
网　　址　www.xduph.com　　电子邮箱　xdupfxb001@163.com
经　　销　新华书店
印刷单位　陕西日报社
版　　次　2023 年 1 月第 1 版　2023 年 1 月第 1 次印刷
开　　本　787 毫米×1092 毫米　1/16　印张 22
字　　数　523 千字
印　　数　1～3000 册
定　　价　56.00 元
ISBN　978-7-5606-6647-1 / TN
XDUP 6949001-1

前　言

Android 系统是一种基于 Linux 内核的操作系统，由 Linux 内核层、硬件抽象层、系统运行库层、应用程序框架层和应用层组成，不仅广泛应用于智能手机、平板电脑等移动设备，而且应用于可穿戴设备、智能家居等领域。近年来，Android 系统受到越来越多开发者的青睐，在全球智能手机市场中所占比例超过 80%，占据市场绝对统治地位。而谷歌公司(Google Inc.)发布的 Android 10 版本以其先进的机器学习和对新兴设备（如可折叠设备和 5G 手机）的支持走在了移动创新领域的前沿。

本书基于 Android 10 版本，以 Android Studio 4.0.1 为开发工具，对 Android 系统开发所涉及的各方面内容进行了详细的介绍。全书共 13 章，各章内容安排如下：

第 1 章主要介绍 Android 系统基础知识，包括发展历程、开发特点、系统架构，并详细说明了 Android 开发环境的搭建及开发环境的测试。

第 2 章主要介绍 Android 开发所使用的 Java 语言的相关内容，包括 Java 语言简介，以及 Java 中的基本数据类型、常量与变量、运算符、条件语句、循环语句、数组等，并对 Java 语言中的类与对象、继承、抽象类与接口及异常处理等核心概念进行了简单的介绍。

第 3 章详细介绍 Android 工程结构，并对 Android 工程中各个文件及其具体作用进行了简单的介绍。

第 4 章主要介绍 Activity，包括 Activity 的概念、Activity 的基本使用方法、Intent 在 Activity 中的使用、Activity 的生命周期及启动模式等。

第 5 章主要介绍 Android 应用界面，包括应用界面开发概述、常用界面控件、常用布局、碎片以及动态加载布局的技巧。

第 6 章主要介绍 Android 的广播机制，包括广播机制概述、广播接收者注册及广播的发送。

第 7 章主要介绍 Android 服务，包括服务简介、Android 多线程、服务的生命周期及服务的使用。

第 8 章主要介绍数据存储与共享，包括文件存储、SharedPreferences 存储及数据库存储，并对 Android 应用程序间的数据共享接口 ContentProvider 及其使用进行了详细的介绍。

第 9 章主要介绍位置服务，包括位置服务简介和高德地图 API 的应用。

第 10 章主要介绍网络编程；包括 WebView 控件、HTTP 协议及使用、Socket 通信。

第 11 章主要介绍多媒体开发，包括通知、摄像与相册、音视频播放。

第 12 章主要介绍 Android NDK 编程，包括 JNI 与 NDK 简介、NDK 开发环境等内容，最后通过一个简单的示例展示了 NDK 编程的方法。

第 13 章为高级 UI-Material Design 简介，包括立体界面、标题栏、滑动菜单、悬浮按钮 Snackbar、Card View 及下拉刷新等内容。

本书主要由天津科技大学周卫斌编写，参与本书编写工作的还有杨永刚、宋玲玲、胡阳阳、李承阔、王阳、韩菲、刘洋、宋志杰、施德凯、黄俊铭、马晓彤。感谢西安电子科技大学出版社的刘玉芳编辑对本书出版所做的努力与指导。

由于能力和水平有限，尽管参与本书编写的所有人员竭尽全力，但仍然难免存在不妥之处，欢迎各位读者提出宝贵的意见。作者邮箱为 zhouweibin@tust.edu.cn。

作　者

2022 年 8 月

于天津科技大学

目　　录

第 1 章　Android 系统导论

在科技飞速发展的今天，移动设备已经成了人们生活的必需品。据调查显示，在所有移动端操作系统中，Android 系统在市场中的占有率最高。Android 系统是一种基于 Linux 内核的开源移动操作系统。通过本章的学习，读者可以了解 Android 系统的发展历史、Android 系统的架构、Android 开发环境的搭建方法，为后续的学习做准备。

★ 学习目标

- 了解 Android 系统的发展历史；
- 了解 Android 系统的架构；
- 掌握 Android 开发环境的搭建方法。

1.1　Android 系统概述

Android 一词最早出现于法国作家利尔 · 亚当(Auguste Villiers de L'Isle-Adam)在 1886 年发表的科幻小说《未来夏娃》(*L'Ève Future*)中，他将外表像人的机器起名为 Android。Android 的图标是由设计师伊琳娜 · 布洛克(Irina Blok)于 2010 年设计的，她的设计灵感源于男女厕所门上的图形符号。伊琳娜 · 布洛克绘制了 Android 小机器人图标，它的躯干就像锡罐，头上还有两根天线。

Android 公司最初由 Andy Rubin 等人于 2003 年 10 月创办，Andy Rubin 被誉为"Android 之父"。谷歌公司(Google Inc.)于 2005 年 8 月收购了 Andy Rubin 等人创建的 Android 公司，于 2007 年 11 月对外展示了名为 Android 的移动操作系统，并且与 84 家硬件制造商、软件开发商及电信运营商组成开放手持设备联盟(Open Handset Alliance)，共同研发和改良 Android 系统。2008 年 9 月，谷歌公司正式发布了 Android 1.0 系统，从此 Android 系统走入人们的视野。

1.1.1　Android 系统的发展历程

Android 系统最开始的 2 个版本都是以著名的机器人名称来命名的，它们分别是阿童木(Android Beta)和发条机器人(Android 1.0)。后来谷歌公司(Google Inc.)将其命名规则改为用甜点作为系统版本代号。甜点命名法开始于 Android 1.5 版，按照 26 个字母的顺序命名：Android 1.5 Cupcake(纸杯蛋糕)、Android 1.6 Donut(甜甜圈)、Android 2.0/2.1

Eclair(闪电泡芙)、Android 2.2 Froyo(冻酸奶)、Android 2.3 Gingerbread(姜饼)、Android 3.0/3.1 Honeycomb(蜂巢)、Android 4.0 Ice Cream Sandwich(冰淇淋三明治)、Android 4.2 Jelly Bean(果冻豆)、Android 4.4 KitKat(奇巧巧克力)、Android 5.0 Lollipop(棒棒糖)、Android 6.0 Marshmallow(棉花糖)、Android 7.0 Nougat(牛轧糖)、Android 8.0 Oreo(奥利奥)、Android 9.0 Pie(派)。从 Android 10 开始，Android 不再按照甜点命名法的字母顺序命名，而是直接转换为版本号。

1.1.2　Android 系统的特点

Android 系统的特点如下：

1. 四大组件

Android 系统的四大组件分别为 Activity(活动)、Service(服务)、Broadcast Receiver(广播接收者)和 Content Provider(内容提供者)。其中 Activity 是所有 Android 程序展示内容的窗口，用户平时在操作 Android 手机时能看到的内容都要放在 Activity 中。Service 与 Activity 相反，它在后台运行，为用户提供相关服务，比如用户在操作其他应用程序的时候也可以听音乐。Broadcast Receiver 能够让应用程序接收来自其他地方的广播消息，比如短信等；应用程序也可以通过 Broadcast Receiver 向其他地方发出广播消息。Content Provider 用于实现应用程序之间的数据共享，比如用户在使用一款聊天软件时，通过它能够调用系统通讯录中联系人的信息。

2. 丰富的 UI 界面

Android 系统为开发者提供了丰富的系统控件，比如按钮、文本框等，这样可以加快界面的开发速度。Android 将界面设计和程序逻辑分离，使用 XML 文件对界面布局进行描述，有利于界面的修改和维护。

3. 内置数据存储功能

Android 系统支持高效的、快速的存储方式，并内置了轻量级、运算速度较快的嵌入式关系型数据库 SQLite，不仅支持标准的 SQL 语法，还可以通过 Android 封装好的 API 进行操作，便于存储和读取数据。

4. 丰富的多媒体功能

Android 系统提供了丰富的多媒体功能，如拍视频、拍照、录音等，可以使 Android 应用程序变得丰富多彩。

5. 完善的位置服务

Android 系统支持位置服务和地图应用，开发者可以通过位置服务和地图相关 API 进行开发，轻松地实现定位获取、轨迹路线获取、地理信息可视化等功能。

6. 支持使用本地代码开发

Android 系统支持使用本地代码(C 或 C++代码)开发应用程序，既提高了程序的运行效率，又有助于增加 Android 开发的灵活性。

1.2　Android 系统架构

本节主要介绍 Android 系统架构。Android 系统架构大致可分为 5 层，即 Linux 内核层、硬件抽象层、系统运行库层、应用程序框架层和应用层，如图 1.1 所示。

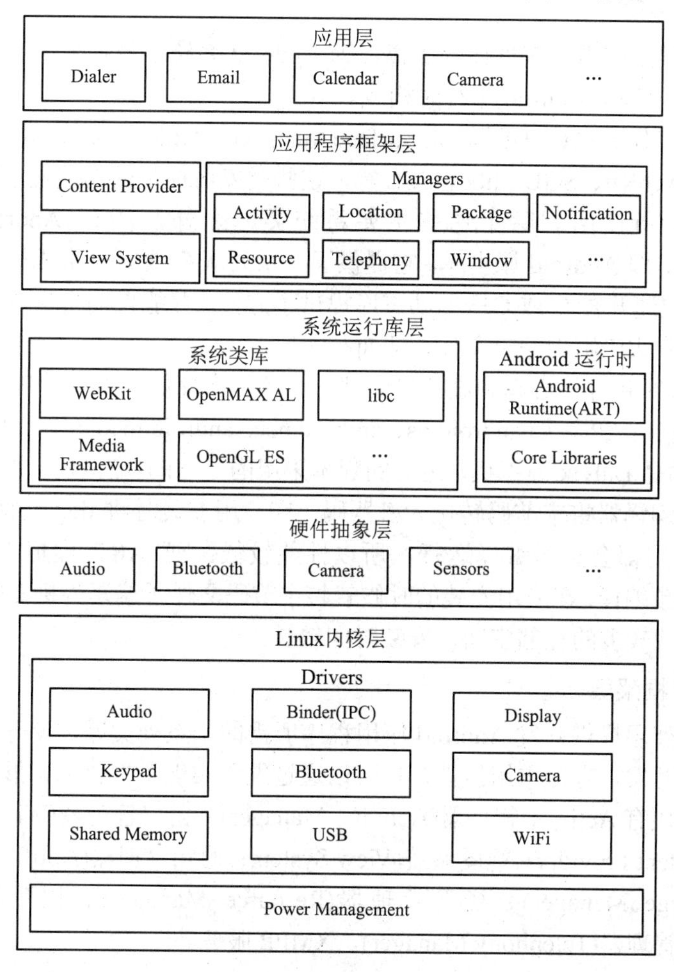

图 1.1　Android 系统架构

1. Linux 内核层

Android 系统是基于 Linux 内核的，但并没有完全照搬 Linux 系统的内核，它增加了 Gold-Fish 平台以及 Yaffs2 Flash 文件系统，同时还对驱动程序进行了增强，增加了一些面向移动计算的特有功能，包括电源管理(Power Management)、低内存管理器(Low Memory Keller)、匿名共享内存(Ashmem)、日志(Android Logger)、定时器(Android Alarm)、物理内存映射管理(Android PMEM)、Android 定时设备(Android Timed Device)、Android Paranoid 网络等。这些内核的增强使 Android 系统在继承 Linux 内核安全机制的同时，进一步提升了内存管理、进程间通信等方面的安全性。

2. 硬件抽象层

Android 系统硬件抽象层(Hardware Abstract Layer, HAL)对硬件设备的具体实现加以抽象，是连接 Android 应用程序框架与内核设备驱动的重要桥梁。其主要设计意图是向下屏蔽底层设备以及驱动的实现细节，保护厂商的商业秘密，向上为系统服务以及为应用程序框架提供统一的设备访问接口。

3. 系统运行库层

系统运行库层是应用程序框架的支撑，为 Android 系统中的各个组件提供服务。系统运行库层由系统类库和 Android 运行时构成。

系统类库大部分由 C/C++编写，如 Surface Manager、Media Framework、SQLite、OpenGL ES、FreeType、WebKit、SGL、libc、SSL 等，这些类库所提供的功能通过 Android 应用程序框架为开发者所使用。除了这些主要系统类库之外，还有 Android NDK(Native Development Kit)，即 Android 原生库，它提供了一系列从 C 或 C++生成原生代码所需要的工具，为开发者快速开发 C 或 C++的动态库提供了方便，并能自动将生成的动态库和 Java 应用程序一起打包成应用程序包文件，即.apk 文件。

Android 运行时包含核心库和虚拟机两部分。核心库提供了 Java API 的多数功能，并提供 Android 的核心 API，如 android.os、android.net、android.media 等。虚拟机在 Android 5.0 版本前使用的是 Dalvik 虚拟机，之后的版本采用的是 ART 虚拟机。Dalvik 虚拟机使用 JIT(Just-In-Time)编译器将字节码转化为机器码，在应用安装时将 dex 文件优化为 odex 文件，每次启动应用都会重新编译运行，所以性能较低；而 ART 虚拟机使用的是 AOT (Ahead-Of-Time)预编译，在应用安装的时候就将字节码文件预编译为机器码，应用启动快，运行快，但会耗费较多的存储空间，安装时间较长。

4. 应用程序框架层

应用程序框架层提供开发 Android 应用程序所需的一系列类库，使开发人员可以进行快速的应用程序开发，方便重用组件，也可以通过继承实现个性化的扩展。应用程序框架层具体包括的模块有 Activity 管理器(Activity Manager)、窗口管理器(Window Manager)、内容提供器(Content Provider)、视图系统(View System)、通知管理器(Notification Manager)、包管理器(Package Manager)、资源管理器(Resource Manager)、位置管理器(Location Manager)、电话管理器(Telephony Manager)、XMPP 服务等。

5. 应用层

应用层包括各类与用户直接交互的应用程序，或由 Java 语言编写的运行于后台的服务程序，如智能手机上常见的基本功能程序(SMS 短信、电话拨号、图片浏览器、日历、游戏、地图、Web 浏览器等程序)以及开发人员开发的其他应用程序。

1.3　Android 开发环境搭建

作为一名 Android 开发者，需要熟悉 Android 软件开发工具和开发环境。下面将对 Android 软件开发工具和开发环境的搭建作详细介绍。

1.3.1　开发工具

Android SDK(Android Software Development Kit)即 Android 软件开发工具包，是为 Android 开发者打造的软件包、软件框架、硬件平台、操作平台等应用软件的集合。使用 Android SDK 进行 Android 开发，可以大大提高开发效率。而 Android 开发如果通过 Java 语言实现还需要用到 JDK(Java Development Kit)，即 Java 软件工具开发包。JDK 中包含了 Java 的运行环境、工具集合以及一些基本的类库等内容。

在 Android 开发早期，Android 项目的开发都是在 Eclipse 环境下进行的。Eclipse 环境是专门用来开发 Java 项目的工具，而且是开源的，其优点在于安装不同的插件就可以进行不同语言的开发，在 Eclipse 环境中安装 ADT(Android Development Tools)插件就可以开发 Android 项目。2013 年，谷歌公司推出了 Android 集成开发环境 Android Studio。使用 Android Studio 比使用 Eclipse 环境进行开发效率要高很多。随着 Android Studio 版本的不断完善，加之 Eclipse 环境中的 ADT 插件在 Android 5.0 后就不再更新，当下 Android 开发者大都采用 Android Studio 进行开发。本书中的示例程序都是基于 Android Studio 4.0.1 进行开发的。

1.3.2　搭建 Android 开发环境

搭建 Android 开发环境的步骤如下：

1. 下载 Android Studio

在浏览器中输入谷歌公司官网的下载地址“https://developer.android.google.cn/studio”，打开如图 1.2 所示的界面，点击 DOWNLOAD ANDROID STUDIO 按钮即可下载 Android Studio 安装包。

图 1.2　Android Studio 官网下载界面

2. 安装 Android Studio

(1) 选择要安装的组件。如图 1.3 所示，这里我们需要勾选 Android Virtual Device 复选框，它是 Android 虚拟设备，可以在 Windows 上运行，其功能与真的 Android 设备的功能基本一致，在开发时可调试代码、测试结果等。

(2) 选择 Android Studio 的安装位置。如图 1.4 所示，默认安装位置是 C 盘，也可以根据实际情况选择安装位置。

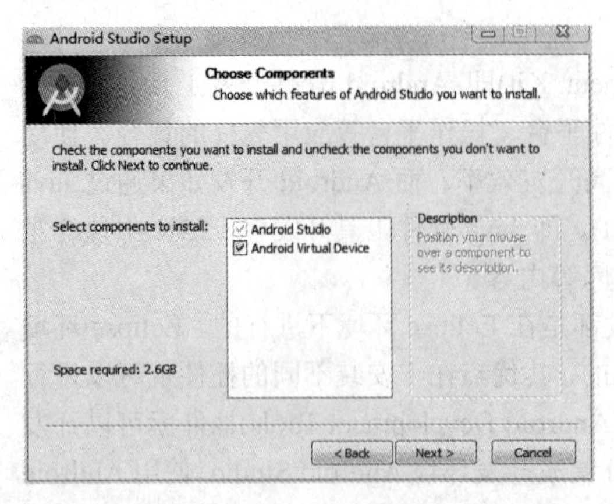

图 1.3　选择安装组件

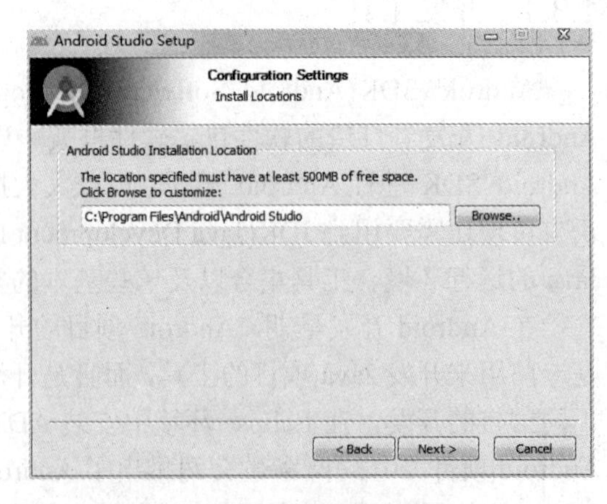

图 1.4　选择安装位置

(3) 点击 Next 按钮直到安装完成。安装完成后打开 Android Studio，在第一次打开时会出现如图 1.5 所示的提示界面，选择是否导入以前的 Android Studio 版本配置。如果是首次安装，可以选择“Do not import settings”。点击“OK”按钮后会出现如图 1.6 所示的警告对话框，这是因为无法访问 Android SDK 中的 add-on list 而出现的，询问我们是否配置代理。直接选择“Cancel”即可，不影响环境搭建。

图 1.5　导入配置界面

图 1.6　警告对话框

3. 配置 Android Studio

(1) 选择安装类型。Android Studio 的安装类型界面如图 1.7 所示，点击“Next”按钮后，会出现如图 1.8 所示的对话框，可以选择需要的安装类型。安装类型有 Standard 和 Custom 两种：Standard 表示使用默认安装；Custom 是根据用户自身需求进行自定义安装。一般选择 Standard 类型即可。

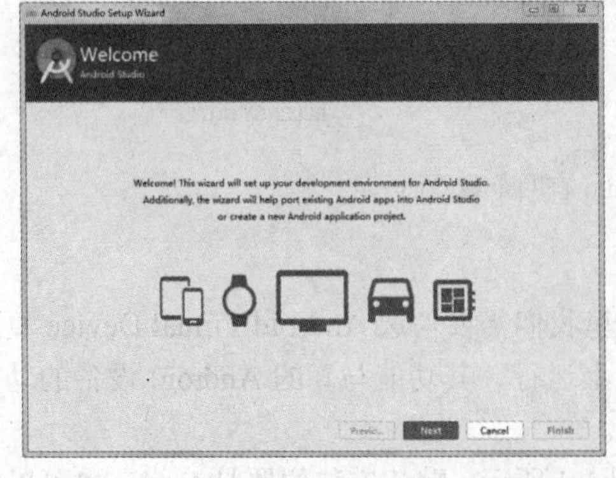

图 1.7　Android Studio 的安装类型界面

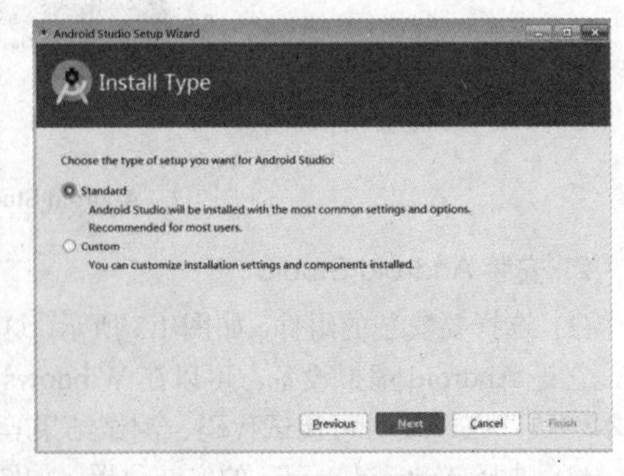

图 1.8　选择安装类型

(2) 选择 UI 界面主题。点击“Next”按钮后会出现选择 Android Studio UI 界面主题，如图 1.9 所示。UI 界面主题有 Darcula 深色和 Light 浅色两种，用户可以根据自己的喜好选择主题。点击“Next”按钮，出现如图 1.10 所示的配置页面，这里显示了 SDK 存放文件夹的位置。由于是首次安装，之前没有 SDK，因此在点击“Finish”后会自动下载安装 Android SDK。

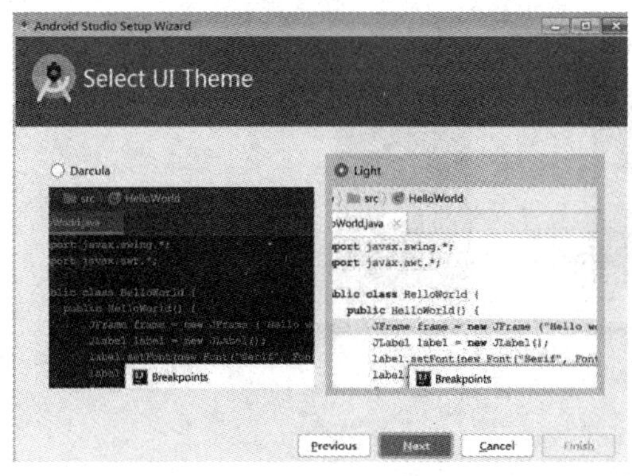

图 1.9　选择 UI 界面主题

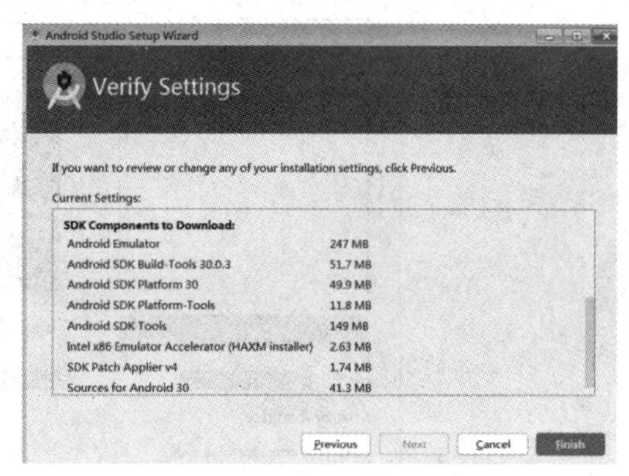

图 1.10　完成 Android Studio 的配置

所有的配置完成后，会出现 Android Studio 的欢迎界面，如图 1.11 所示。至此，Android 开发环境全部搭建完成。

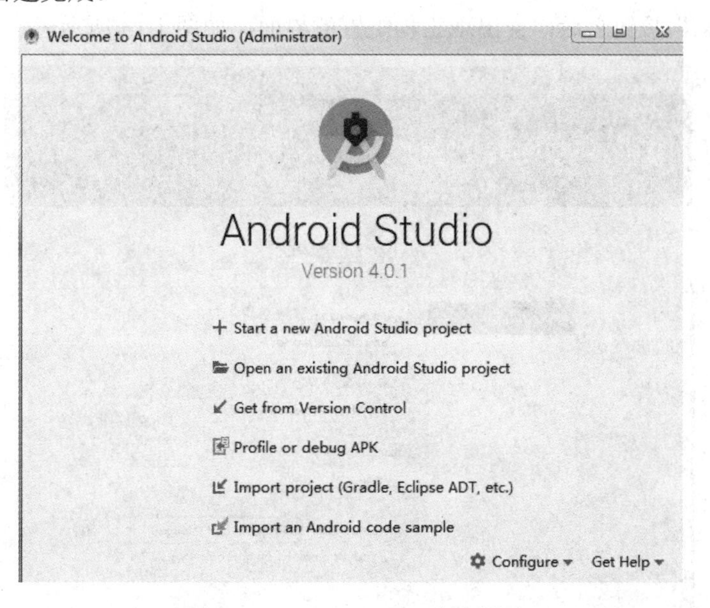

图 1.11　Android Studio 欢迎界面

1.3.3　Android 开发环境测试

为了验证 Android 开发环境是否搭建成功，我们可以创建一个工程来测试。在欢迎界面中选择“Start a new Android Studio project”，进入如图 1.12 所示界面，这里可以选择要创建工程的类型，对于 Android 手机和平板(Phone and Tablet)来说，Android Studio 提供了很多种内置的模板供选择，这里直接选择“Empty Activity”即可。

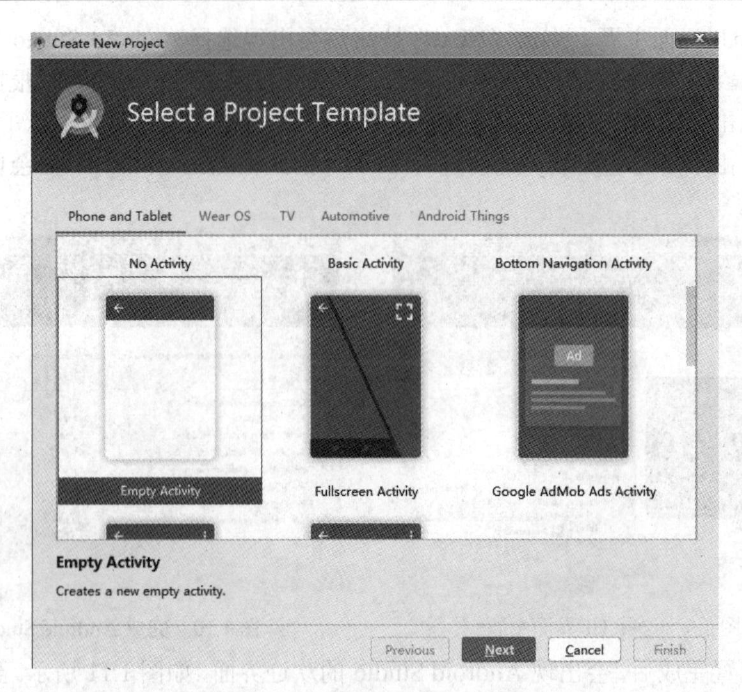

图 1.12　选择创建的工程类型

点击“Next”按钮之后，会出现工程配置的界面，如图 1.13 所示。

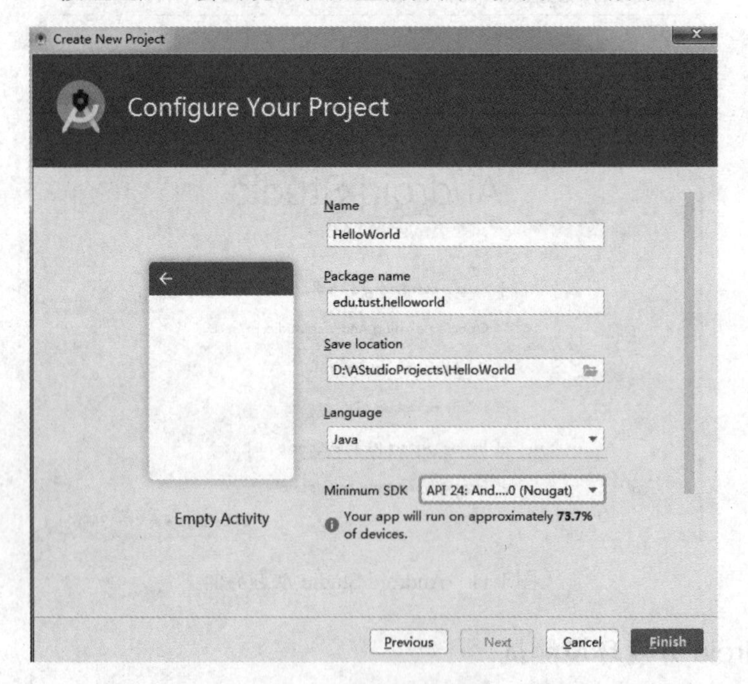

图 1.13　工程配置界面

Name 表示要创建的工程名称。这里我们采用“HelloWorld”作为创建的第一个工程的名称。

Package name 表示工程的包名。Android 系统用包名来区分不同的应用程序，因此命名包名时一定要保证其唯一性。本书中所有工程的包名采用 edu.tust.xxx 的形式进行命名。

Save location 表示工程存放路径，开发者可根据自身的需求选择工程存放的位置。

Language 选项目前默认的选择是 Kotlin。Kotlin 是 2017 年谷歌引入的一种程序开发语言，它能够完全兼容 Java，与 Java 相比，具有更少的空指针异常、更少的代码量、更快的开发速度等特点。而对于初学者而言，如果没有 Java 基础，直接用 Kotlin 比较困难，因此本书的所有工程仍选择使用 Java 语言进行开发。

Minimum API Level 表示工程所能兼容的最低版本。在选择下拉菜单的时候，下拉菜单下方的提示内容可以显示出不同版本支持硬件所占百分比，可以看到大约 73.7%的 Android 设备支持 Android 7.0，即 API 24。为保证开发 Android 应用程序的硬件兼容性，本书所有工程的 Minimum API Level 都选定为 API 24。

点击“Finish”按钮，就完成了工程的创建。第一次创建工程，在进入工程页面后，Android Studio 会自动下载配置 Gradle 文件，可能需要等待一段时间。当出现如图 1.14 所示的界面时，说明我们的“HelloWorld”工程创建成功。

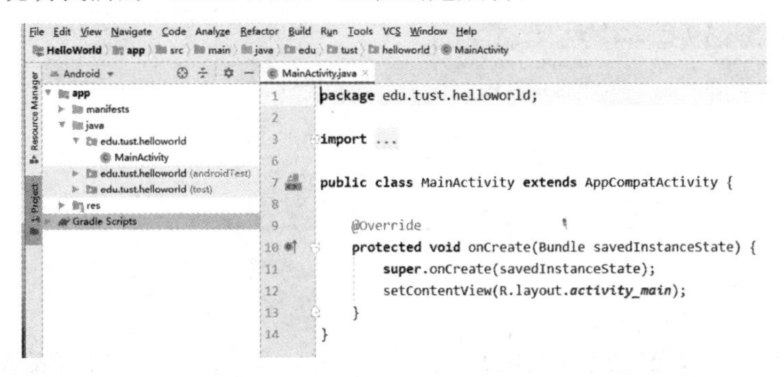

图 1.14 工程创建成功界面

下面运行该工程。观察上方工具栏，可以看到如图 1.15 所示的三个按钮。点击中间的按钮，会出现 Android 模拟器管理界面。由于新安装还没有任何模拟器，先点击“Create Virtual Device”按钮创建模拟器，会出现如图 1.16 所示的界面。这里我们可以选择 Pixel XL 这台设备。

图 1.15 顶部工具栏

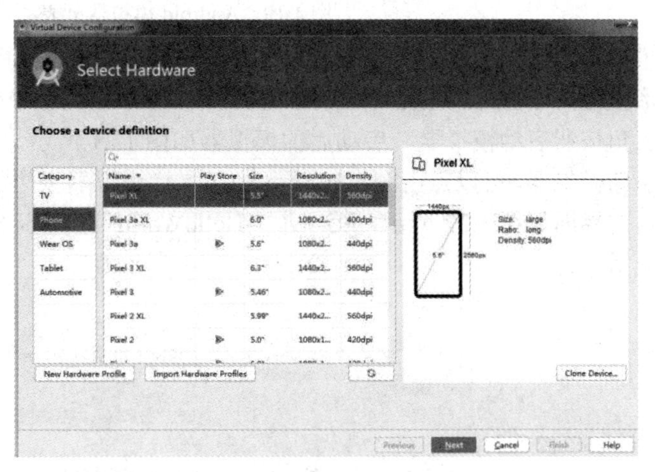

图 1.16 创建 Android 模拟器界面

点击“Next”按钮，会出现选择模拟器操作系统版本的界面，如图 1.17 所示。此处选择 Android Q 操作系统版本，这是目前最新、最稳定的 Android 系统，低于该版本的工程都是可以运行的。如现在环境中还没有 API 29 版本的相关镜像，还需要点击 API 29 旁边蓝色的“Download”链接进行下载。注意，如果右侧出现了红色的“VT-x is disabled in BIOS”提示，说明电脑没有开启 VT-x 功能，需要重启电脑进入 BIOS 界面开启相关功能。如果电脑不开启该功能，将无法正常打开 Android 模拟器。

下载完成后点击“Next”按钮，出现如图 1.18 所示的界面，可以对模拟器的分辨率、启动方向等做一些设置，这里我们直接使用默认值。点击“Finish”按钮即创建模拟器完成。点击查看模拟器列表，会显示该模拟器，如图 1.19 所示。

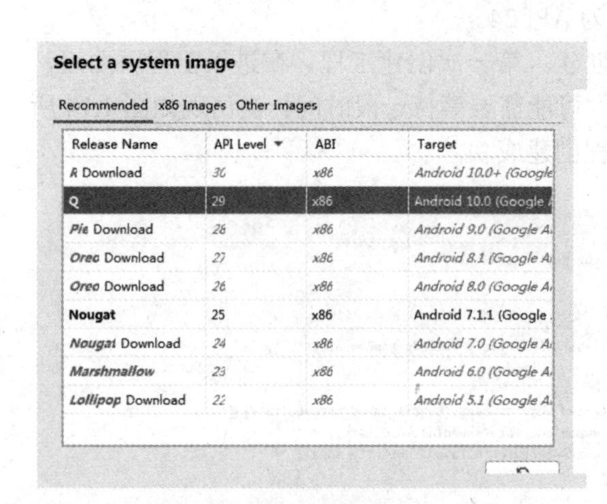

图 1.17　选择模拟器的操作系统版本

图 1.18　确认模拟器配置的界面

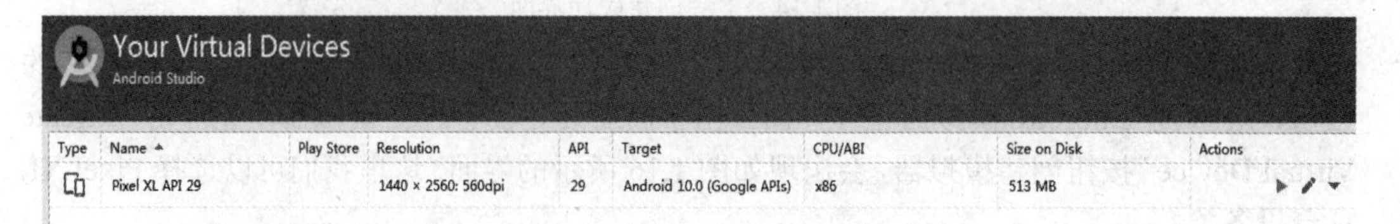

图 1.19　Android 模拟器列表

模拟器配置好后，工具栏中也会出现模拟器的图标，如图 1.20 所示。点击右侧的绿色三角形按钮，可以直接运行工程。这里我们先点击图 1.19 中模拟器列表中“Actions”栏的绿色三角按钮启动模拟器，启动后的模拟器如图 1.21 所示。

启动模拟器，可以点击图 1.20 所示中工具栏模拟器旁边的绿色三角按钮即可运行工程。运行后的界面如图 1.22 所示，第一个“HelloWorld”工程运行成功，说明 Android 开发环境已经搭建好。

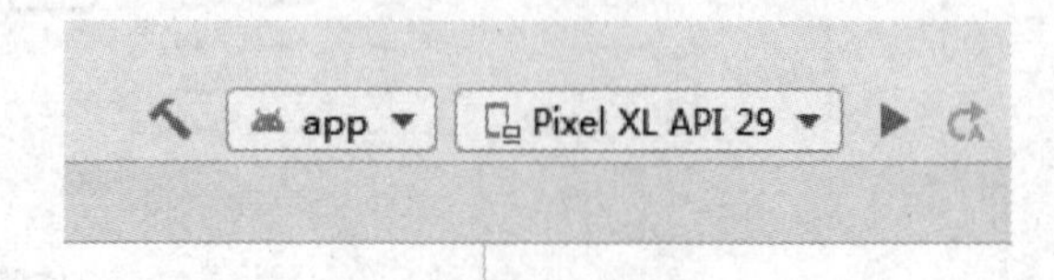

图 1.20　工具栏中的模拟器

图 1.21　启动后的模拟器界面

图 1.22　运行 HelloWorld 后的界面

本 章 总 结

本章是 Android 系统导论，首先介绍了 Android 系统的发展历史，它可以让读者对 Android 系统的起源和发展有一个清晰的认识；接下来介绍了 Android 系统的架构，使读者了解 Android 系统的 5 层结构及每一层的作用；最后介绍 Android 开发环境的搭建方法，包括 Android 开发工具、开发环境的搭建及测试等。通过本章的学习，读者对 Android 系统会有一个全局的认识，可以搭建自己的 Android 开发环境。

第 2 章　Java 基础

对于初学 Android 的开发者而言，掌握一定的 Java 知识是非常有必要的。本章主要介绍 Java 语言的一些基础性知识，比如数据类型、变量、常量、运算符等，可使读者对 Java 语言有一个简单初步的认识，有利于为 Android 开发打好基础。

★ 学习目标

- 了解 Java 语言的特性和发展历史；
- 掌握 Java 语言的一些基本用法；
- 掌握 Java 语言的一些核心技术的用法。

2.1　Java 语言简介

Java 是 Sun Microsystems 公司在 1995 年推出的一种面向对象的编程语言，由詹姆斯 · 戈士林设计完成。詹姆斯 · 戈士林也被称为 Java 之父，他完成了 Java 原始编译器和虚拟机的设计。Java 原名为 Oak，在 1995 年被正式以 Java 命名发布。Java 吸收了 C++语言的各种优点，同时摒弃了 C++里难以理解的多继承、指针等概念，使得 Java 具有简单性、面向对象、分布式、健壮性、安全性、平台独立与可移植性、多线程、动态性等特点。Java 语言的应用范围也比较广泛，可以用来编写桌面应用程序、Web 应用程序、分布式系统和嵌入式系统应用程序等。

Java 语言有如下特点。

1. 简单性

Java 看起来设计得很像 C++，但是为了使语言精简和可读性强，Java 语言设计者们把 C++语言中一般程序员很少使用的特征去掉了。例如：Java 不支持 go to 语句，代之以 break 和 continue 语句及异常处理。Java 还剔除了 C++的操作符过载和多继承特征。Java 自动监测对象是否超过作用域从而达到自动回收内存的目的，使用户不必时刻关注存储管理问题，可以将更多的时间和精力用在研发上。

2. 面向对象

和面向过程相比，面向对象更加注意应用中的数据和操作数据的方法(method)。在面向对象的系统中，用数据和方法来描述对象(object)的状态和行为，数据和操作数据方法的集合称为类(class)。类是按一定体系和层次安排的，使得子类可以从超类继承行为。在这个类层次体系中有一个根类，它是具有一般行为的类。

3. 分布性

Java既支持各种层次的网络连接，又通过Socket类支持可靠的流(stream)网络连接，所以用户可以产生分布式的客户机和服务器。Java程序只要编写一次就可以到处运行。

4. 编译和解释性

Java编译程序生成字节码(byte-code)，Java字节码是Java源文件编译产生的中间文件，Java程序可以在实现了Java解释程序和运行系统(run-time system)的平台上运行。在一个解释性的环境中，程序开发的标准"链接"阶段大大缩小了。如果说Java还有一个"链接"阶段，那它只是把新类装进环境的过程，是一个增量式的、轻量级的过程。这是一个精巧的开发过程，与传统的、耗时的"编译、链接和测试"形成鲜明对比。

5. 稳健性

Java是一个强类型语言，它允许扩展编译时检查潜在的类型不匹配问题。Java要求显式的方法声明，它不支持C语言中的隐式声明。这些严格的要求保证程序在编译时能捕捉到调用错误，使得程序更加可靠。

Java中程序稳健性的另一个特征是对异常的处理。使用try/catch/finally语句，程序员可以找到并处理出错代码，简化了出错处理和恢复的过程。

6. 安全性

Java的存储分配模型是它防御恶意代码的主要方法之一，Java编译程序不处理存储安排决策，所以程序员不能通过查看声明去猜测类的实际存储安排。编译的Java代码中的存储引用在运行时由Java解释程序决定实际存储地址。

7. 可移植性

Java程序具有与体系结构无关的特性，所以非常方便移植到网络上不同计算机中。同时Java还采用了一套与平台无关的库函数，使得这些库函数也可以被移植。

8. 高性能

Java是一种先编译后解释的语言，所以它不如全编译性语言快，为解决这个问题，Java设计者制作了"及时"编译程序，它能在运行时把Java字节码翻译成特定CPU(中央处理器)的机器代码，从而提高运行速度。

9. 多线程性

Java中的多线程机制使得应用程序在同一时间可以并行执行多项任务，从而带来更好的交互能力和实时行为。

10. 动态性

Java语言适应于变化的环境，它是一个动态的语言。例如，Java中的类是根据需要载入的，甚至有些是通过网络获取的。

2.2 Java 语言基础知识

本章主要学习 Java 语言的特性和用法，在此之前，首先要了解一下如何独立运行一段 Java 代码。目前主流的开发环境主要有以下两种。

1. Eclipse

Eclipse 作为 Java 的主要开发工具，是一个开放源代码、基于 Java 的可扩展开发平台。就其本身而言，它只是一个框架和一组服务，用于通过插件组件构建开发环境。下载安装完 Eclipse 后只需要配置 JDK 环境就可以进行 Java 开发和运行了。

2. IntelliJ IDEA

IntelliJ IDEA 是由 JetBrains 推出的 Java 开发工具，开发过程中能够智能提示相关的代码，同样也是配置好 JDK 环境就可以进行 Java 开发。

上述两种方法都需要下载安装新的开发工具，读者若有兴趣可以尝试。Android Studio 本身也可以运行 Java 代码，因此本章的代码就直接在 Android Studio 中运行。Android Studio 作为一个专门开发 Android 的 IDE 工具，运行 Java 的话需要做一些特殊的处理。

首先我们点击 Android Studio 主界面左上角的 File，选择 New，然后选择 New Module，将界面拉到最下面，如图 2.1 所示。选择 Java or Kotlin Library，然后点击 Next，会出现配置模块的界面，如图 2.2 所示。这里需要填入库的名称以及 Java 类的名称，读者可以自己根据需要填写，然后点击 Finish。

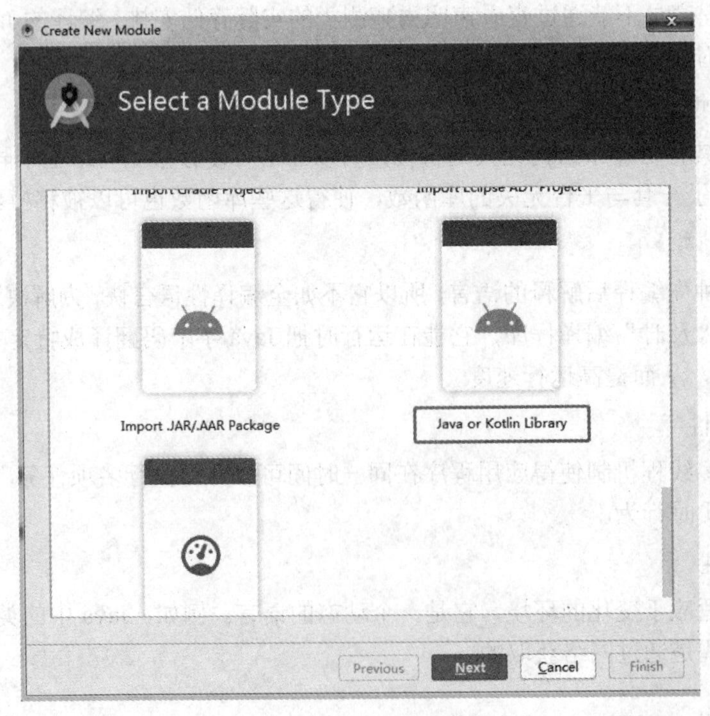

图 2.1 导入新的模块

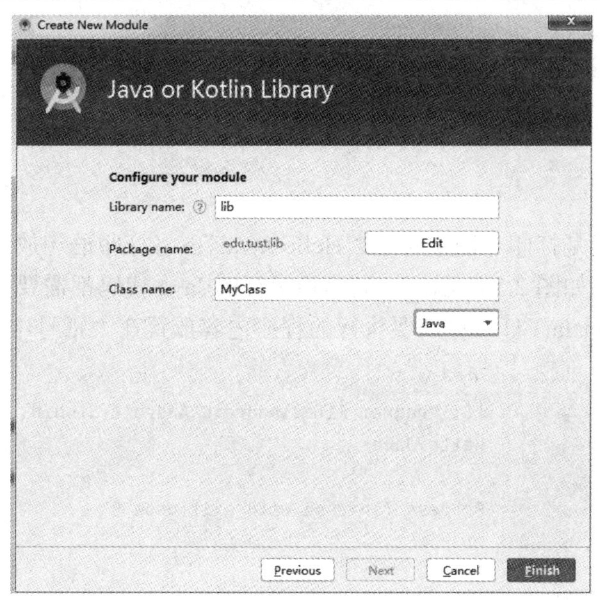

图 2.2 配置模块界面

接下来我们观察程序左侧，在程序结构栏已出现了新创建的库，如图 2.3 所示。如果点击程序上方的 Android 选项可以将目录切换成 Project 模式，如图 2.4 所示。接下来打开.idea 文件夹下的 gradle.xml 文件，观察是否有<option name="delegatedBuild" value="false" />这行配置语句，如果没有，就在两个<GradleProjectSettings>间加上。至此，我们的 Android Studio 就能够单独运行 Java 程序了。最后重启 Android Studio，切换回 Android 模式，在 lib 下进行 Java 相关知识的学习。

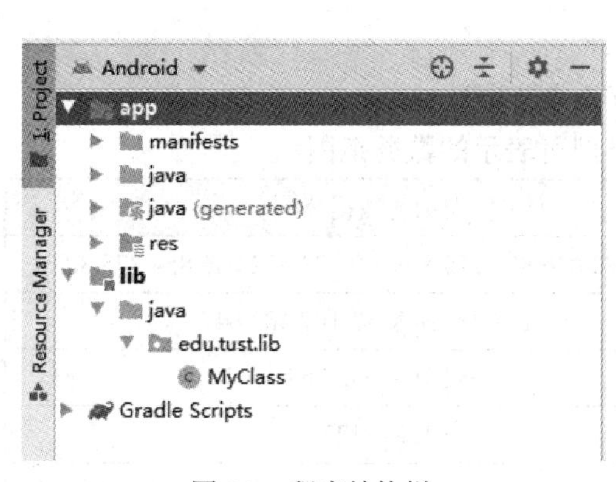

图 2.3 程序结构栏

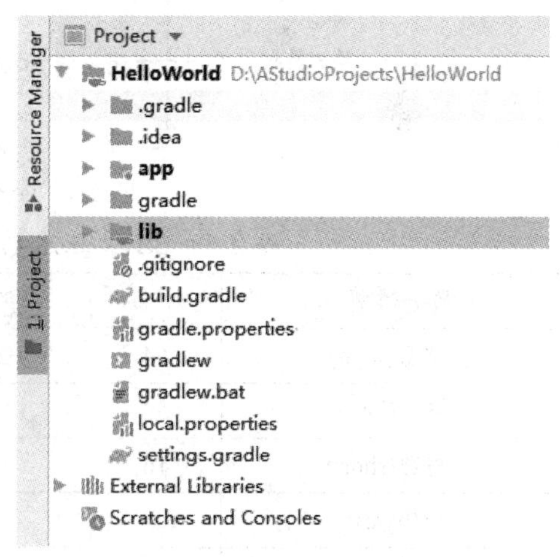

图 2.4 切换为 Project 模式

2.2.1 基本数据类型

在一个 Java 类中，程序通过 main()方法可以成功运行。以我们刚创建的 MyClass 类为例，修改 MyClass 类中的代码：

```
public class MyClass {
    public static void main(String args[]) {
        System.out.println("Hello Java!");
    }
}
```

该段代码的含义是打印一段字符串“Hello Java!”。将打印语句放在 main()方法中，就能够实现打印，效果如图 2.5 所示。一般单独运行的 Java 代码都需要有 main()方法，写法为 public static void main() {}，将需要执行的程序内容放置在大括号中。

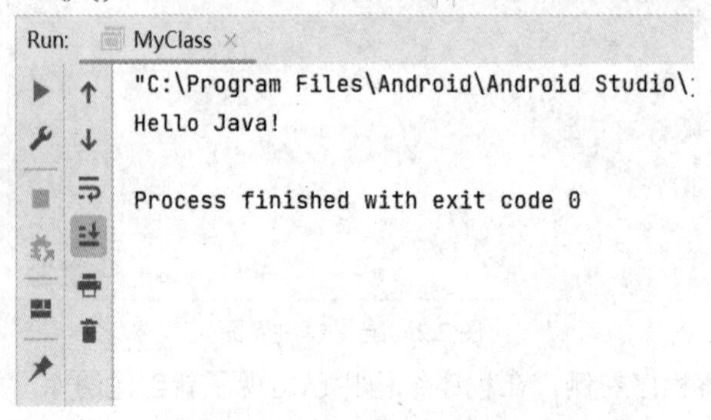

图 2.5　打印字符串的值

在 Java 中规定了 8 种基本数据类型来存储整数、浮点数、字符和布尔值，如图 2.6 所示。这些数据类型可表示的数据范围如表 2.1 所示。

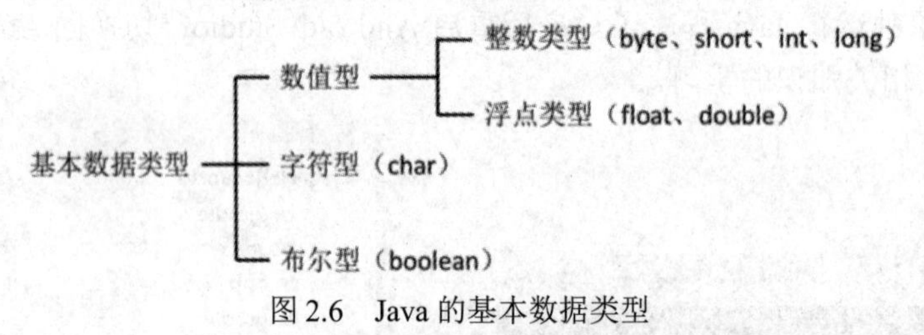

图 2.6　Java 的基本数据类型

表 2.1　Java 基本数据类型可表示的数据范围

数据类型	字节	可表示的数据范围
长整数(long)	64	−9 223 372 036 854 775 808～9 223 372 036 854 775 807
整数(int)	32	−2 147 483 648～2 147 483 647
短整数(short)	16	−32 768～32 767
位(byte)	8	−128～127
字符(char)	2	0～255
单精度浮点数(float)	32	−3.4E38～3.4E38
双精度浮点数(double)	64	−1.7E308～1.7E308

基本数据类型的声明方式也很简单，在变量前面加上相应的数据类型即可。比如：

```
float num;
```

表示声明了一个单精度浮点型的变量 num。也可以在声明变量的时候进行赋值，比如：

```
int num1 = 125;
```

这样就声明了一个整型变量，并把 125 赋值给了该变量。

下面我们通过程序来学习基本数据类型，修改 MyClass 中 main()方法中的代码，具体如下：

```
public class MyClass {
    public static void main(String args[]) {
        byte num1 = 120;
        int num2 = 10000;
        short num3 = Short.MAX_VALUE;
        long num4 = Long.MIN_VALUE;
        float num5 = 12.7f;
        double num6 = 7.1524852452;
        char ch = 's';
        System.out.println(num1);
        System.out.println(num2);
        System.out.println(num3);
        System.out.println(num4);
        System.out.println(num5);
        System.out.println(num6);
        System.out.println(ch);
    }
}
```

上述代码给出了各种基本数据类型的声明方式和赋值方式，并将结果在控制台中打印出来。其中 Short.MAX_VALUE 表示获取 short 类型数据的最大值，Long.MIN_VALUE 表示获取 long 类型数据的最小值。对于字符型数据，赋值时要加单引号。另外读者需注意的是：赋值不可以超过该数据类型可表示数据的范围。运行程序可以在 Project 栏中的 Android 模式下右键单击 MyClass 文件，选择 Run 'MyClass.main()'，运行的结果如图 2.7 所示。可以看到，所有类型的数据都在控制台打印出来了。

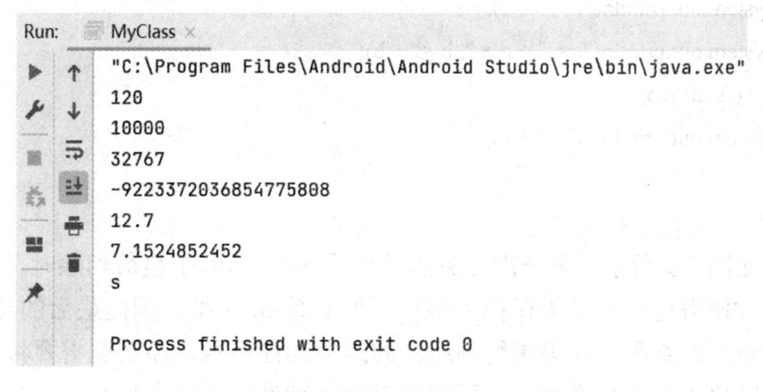

图 2.7 不同数据类型变量的打印结果

此外，还有一种基本数据类型是布尔型。对于布尔类型的变量，它的值只有 true(真)或 false(假)。右键单击 lib/edu.tust.lib，选择 New，再选择 Java Class，新建一个类，将类名命名为 JavaTest1，代码如下：

```
public class JavaTest1 {
    public static void main(String args[]) {
        boolean status = false;
        System.out.println("status = " + status);
    }
}
```

运行结果如图 2.8 所示。

```
Run:  JavaTest1 ×
"C:\Program Files\Android\Android Studio\jre\bin\java.exe"
status = false

Process finished with exit code 0
```

图 2.8　布尔类型数据的打印结果

基本数据类型是可以强制进行转换的，比如两个整数相除，最后不能得到整数，那结果会是什么样子？我们通过一个实例来演示一下，新建 JavaTest2 类，代码如下：

```
public class JavaTest2{
    public static void main(String args[]) {
        int a = 10;
        int b = 3;
        float c,d;
        System.out.println("a = " + a + ", b =" + b);
        c = a/b;
        System.out.println("c = " + c);
        System.out.println("a = " + a + ", b =" + b);
        c = (float) a/b;
        System.out.println("c = " + c);
    }
}
```

运行结果如图 2.9 所示，第一次计算的结果是 3.0，当两个整数相除时，小数点以后的数字会被截断，使得运算的结果保持为整数，但 c 是 float 型，因此最后的结果是 3.0。但这并不是我们想要的结果，如果想得到运算的结果为浮点数，那么就需要将两个整数中的一个或者两个转化为浮点型数据。本程序中是将 a 转换成了浮点型数据，只要在变量 a 前面加上欲转换的数据类型，运行时就会自动将此行语句里的变量做类型转换处理，但这并不影响原先所定义的数据类型。

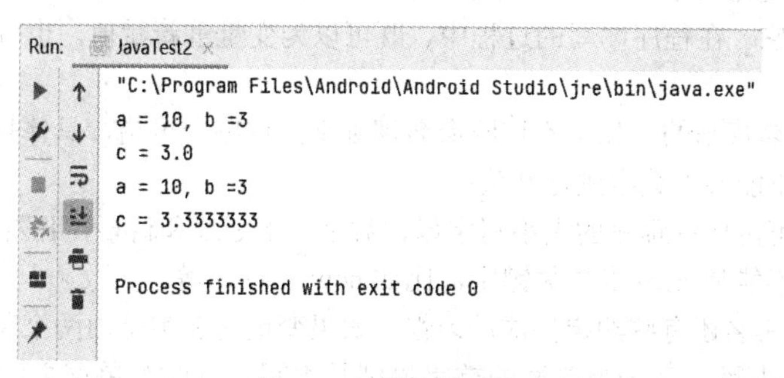

图 2.9　计算结果对比

2.2.2　常量与变量

1. 常量

常量就是固定不变的量，一旦定义了常量，那么它的值就不能再发生改变。声明常量的关键字是 final，后面接数据类型和名称，然后可以对其进行赋值，例如：

```
final double PI = 3.1415926;
```

在 Java 开发中，定义的常量名称通常全部会用大写，如 VALUE、LINES 等，不过这并不是硬性的要求，在程序代码行数较多的时候，建议遵循编程习惯，方便代码的阅读。

当常量用于一个类的成员变量时，必须要给常量赋值，否则编译不会通过。下面举一个使用常量的例子，新建 JavaTest3 类：

```
public class JavaTest3 {
    static final int MINUTES = 1440;
    public static void main(String args[]) {
        System.out.println("Two days have " + 2*MINUTES + " minutes.");
    }
}
```

运行结果如图 2.10 所示，常量前面加入了 static 关键字，这样方便在没有实例化对象的情况下调用变量。这里定义了常量一天的分钟数为 1440 分钟，所以两倍就是 2880 分钟。

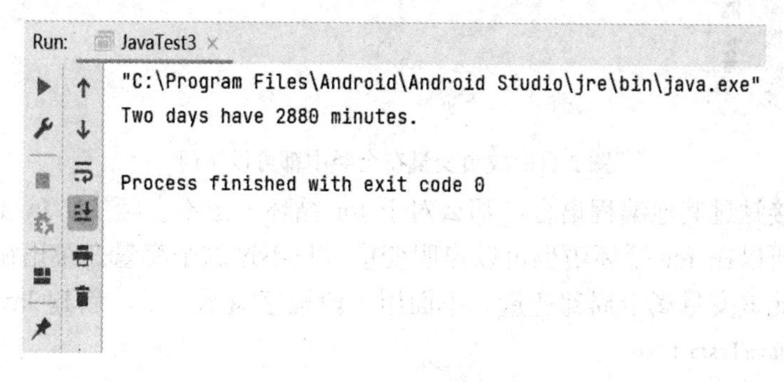

图 2.10　常量的用法

2. 变量

变量是可以变化的量，声明一个变量时，编译程序会在内存里开辟一块足够容纳此变量的内存空间给它。在程序编写的过程中，既可以为变量重新赋值，也可以使用已经声明过的变量。

变量是有命名规则的，如果不按照命名规则来，程序会报错，具体规则如下：

(1) 变量名不能够以数字进行开头；

(2) 变量名可由任意顺序的大小写字母、数字、下划线和$符号组成；

(3) 变量名不能是 Java 中的关键字，比如 new、static 等。

此外变量的命名还有些约定俗成的习惯，如果变量的名字是由两个英文单词组成，那么前一个单词是小写，后一个单词的首字母则是大写，且两个单词之间没有空格，比如 phoneNumber、studentLocation 等，当然，这个也不是硬性要求。

变量是有作用范围的，一旦超出作用范围，就无法再使用这个变量。按照作用范围进行分类，变量分为成员变量和局部变量。

在类中直接定义的变量为成员变量。它的作用范围是整个类，只要在这个类中都可以访问到该成员变量。举个例子，新建 JavaTest4 类：

```
public class JavaTest4 {
    static int a = 100;
    public static void main(String args[]) {
        System.out.println("a = " + a);
    }
}
```

这里的变量 a 是直接定义在类中的，但是在 main()方法中依然可以访问到，这个就是成员变量，运行结果如图 2.11 所示。

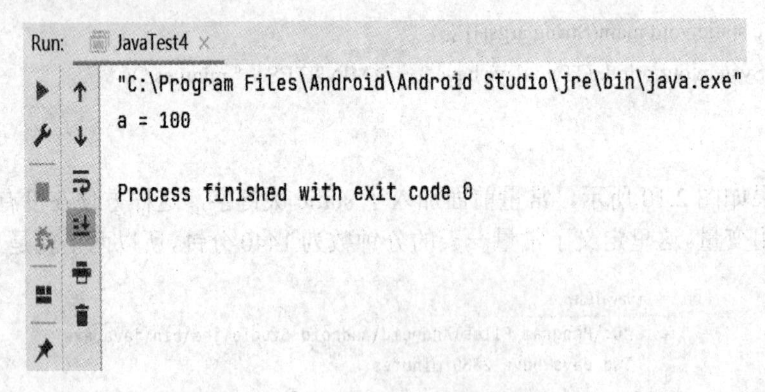

图 2.11 成员变量在全类中都可以访问

如果读者接触过其他编程语言，那么对于 for 循环一定不会陌生，Java 可以在任何地方声明变量，所以在 for 循环中也可以声明变量，只不过这个变量在跳出循环之后就不可再使用了，因此该变量属于局部变量。下面用一段程序演示一下，新建 JavaTest5 类：

```
public class JavaTest5 {
    static int a = 100;
```

```
    public static void main(String args[]) {
        int sum = 0;
        for (int i = 1; i<=3; i++) {
            sum = sum + i;
            System.out.println("i = " + i + " sum = " + sum);
        }
    }
}
```

正常运行之后，就会打印出 i 和 sum 的结果，如图 2.12 所示。如果在 for 循环之后再加入打印语句，则会报错，因为已经无法访问 i 的值。

Run: JavaTest5
"C:\Program Files\Android\Android Studio\jre\bin\java.exe"
i = 1 sum = 1
i = 2 sum = 3
i = 3 sum = 6
Process finished with exit code 0

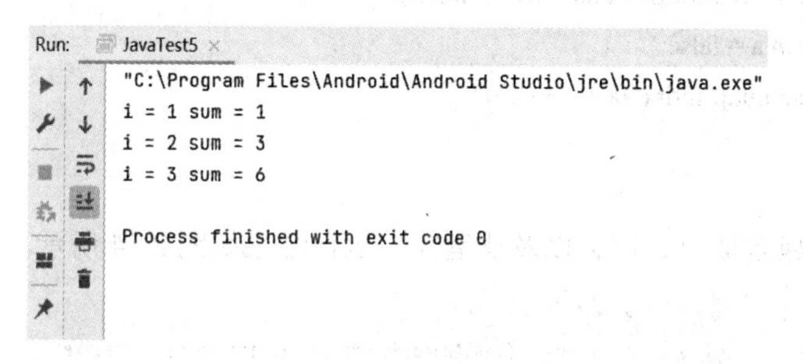

图 2.12　访问局部变量的值

2.2.3　运算符

1. 赋值运算符

在前面的代码中，几乎都用到了赋值运算符，赋值运算符可以说是无处不在，下面举例说明一下赋值运算符的用法，新建 JavaTest6 类：

```
public class JavaTest6 {
    public static void main(String args[]) {
        int num = 15;
        num = num + 8;
        System.out.println("num = " + num);
    }
}
```

赋值通过“=”将后边的值赋给前边，运行一下程序，结果如图 2.13 所示。

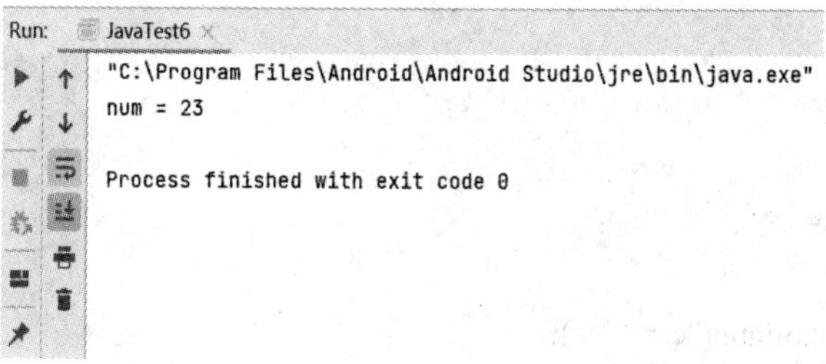

Run: JavaTest6
"C:\Program Files\Android\Android Studio\jre\bin\java.exe"
num = 23
Process finished with exit code 0

图 2.13　赋值运算符用法示例

2. 一元运算符

一元运算符主要包括“+”“-”“!”“~”。“+”是正号，“-”是负号，“!”表示非和否的意思，“~”表示取补。接下来用实例演示上述运算符的具体用法，新建 JavaTest7 类，如下所示。

```
public class JavaTest7 {
    public static void main(String args[]) {
        int num = 15;
        num = -num;
        System.out.println("num = " + num);
        System.out.println("~num = " + (~num));
        boolean a = false;
        System.out.println("!a = " + (!a));
    }
}
```

上述代码中包含取负、取补以及非运算，运行结果如图 2.14 所示。

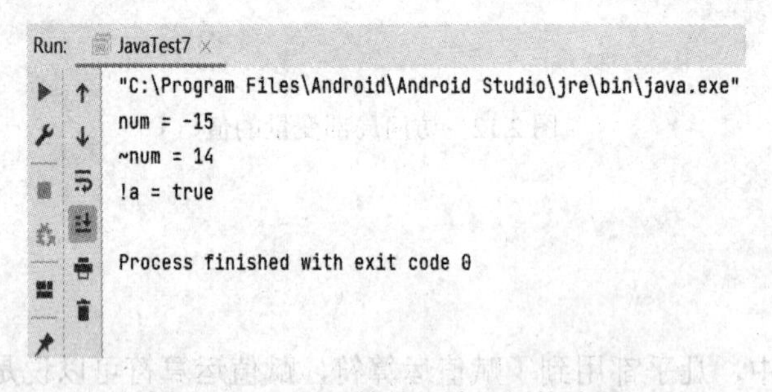

图 2.14　一元运算符用法示例的结果

3. 算术运算符

算术运算符在数学中运用较多，分别为加减乘除和取余，对应符号为“+”“-”“*”“/”“%”。新建 JavaTest8 类，演示上述算术运算符的使用，代码如下：

```
public class JavaTest8 {
    public static void main(String args[]) {
        int a = 4;
        int b = 3;
        float c,d,e,f,g;
        c = a + b;
        d = a - b;
        e = a * b;
        f = (float) a / b;
        g = a % b;
        System.out.println("c = " + c);
        System.out.println("d = " + d);
```

```
        System.out.println("e = " + e);
        System.out.println("f = " + f);
        System.out.println("g = " + g);
    }
}
```

运行结果如图 2.15 所示。

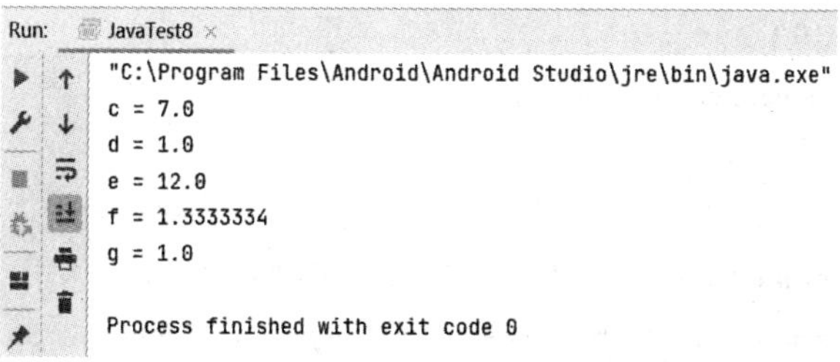

```
Run:  JavaTest8 ×
"C:\Program Files\Android\Android Studio\jre\bin\java.exe"
c = 7.0
d = 1.0
e = 12.0
f = 1.3333334
g = 1.0

Process finished with exit code 0
```

图 2.15 算术运算符用法示例结果

4. 关系运算符

关系运算符多用于条件的判断语句中，关系运算符有六种，分别为大于、小于、大于等于、小于等于、等于、不等于，对应的符号为“>” “<” “>=” 、“<=” “==” “!=” 。下面举例演示一下，新建 JavaTest9 类，代码如下所示。

```
public class JavaTest9 {
    public static void main(String args[]) {
        if(1 + 1 == 3) {
            System.out.println("I like Java.");
        }
        if (3 >= 4) {
            System.out.println("I like Kotlin");
        }
        if (1 != 2) {
            System.out.println("I like Android.");
        }
    }
}
```

很显然，前两个判断是不成立的，因此只会打印第三条语句，运行结果如图 2.16 所示。

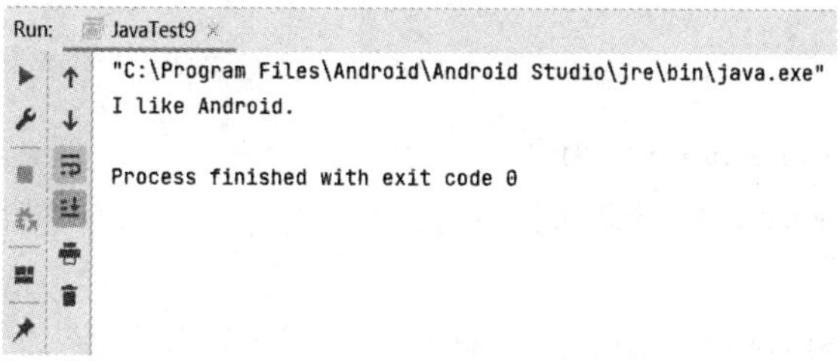

```
Run:  JavaTest9 ×
"C:\Program Files\Android\Android Studio\jre\bin\java.exe"
I like Android.

Process finished with exit code 0
```

图 2.16 关系运算符用法示例的结果

5. 自增与自减运算符

JavaTest5 类中在写 for 循环的时候，语句为 for(int i = 1; i<=3; i++)，这里面就用到了自增运算符“++”，相应的自减运算符为“--”，自增和自减运算符的合理使用可以简化程序。但是自增和自减只能将变量每次加 1 或者减 1，如果变量需要加减非 1 的数时，还需要使用原来的方法，比如“a = a – 3”。下面用一段代码演示一下自增自减运算符的用法，新建 JavaTest10 类，如下所示。

```
public class JavaTest10 {
    public static void main(String args[]) {
        int a = 5;
        int b = 5;
        System.out.println("a = " + a + " ++a = " + (++a) + " a = " + a);
        System.out.println("b = " + b + " b++ = " + (b++) + " b = " + b);
    }
}
```

其中，a++的意思是先输出 a，再进行自增，所以打印出的结果 a++ = 5，而++b 的意思是先自增，再输出 b，所以打印的结果为++b = 6，程序运行结果如图 2.17 所示。

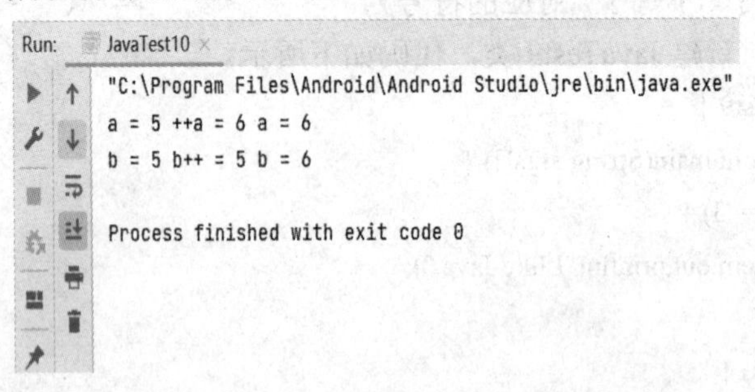

图 2.17　自增运算符用法示例的结果

6. 逻辑运算符

在数学中，逻辑关系有与和或的关系，如果两个命题都为真命题，那么两个命题与关系后也是真命题。如果两个命题一真一假，那么或之后也是真命题。在 Java 中，也可以通过逻辑运算符完成多条件融合在一起的判断。逻辑与的符号为“&&”，逻辑或的符号为“||”。新建 JavaTest11 类，如下所示。

```
public class JavaTest11 {
    public static void main(String args[]) {
        int a = 5;
        int b = 4;
        if ((a + b < 10) && (a + b >= 9)) {
            System.out.println("right");
        }
        if ((a + b != 9) || (a + b < 0)) {
            System.out.println("wrong");
```

```
        }
    }
}
```

对于第一个 if 判断语句，很显然两个条件都为真，那么逻辑与后也为真，因此会打印 right 语句，而在第二个 if 判断语句中，两个条件都为假，因此逻辑或后也为假，所以不打印 wrong 语句，运行结果如图 2.18 所示。

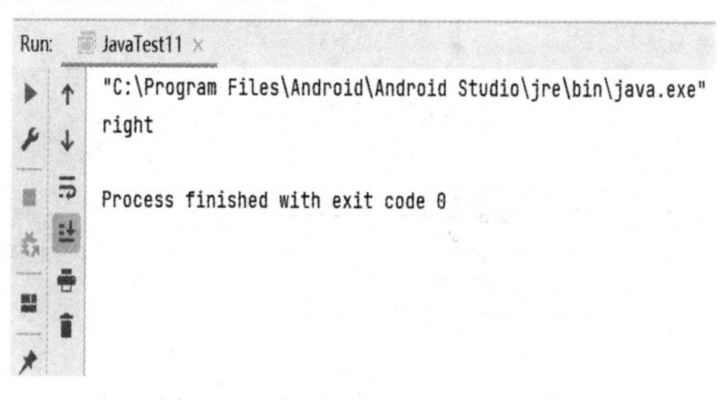

图 2.18　逻辑运算符用法示例的结果

2.2.4　条件语句

Java 语言中的选择结构提供了两种类型的分支结构。一种是条件分支，即根据给定的条件进行判断，决定执行某个分支的程序段；另一种是开关分支，即根据给定的整型表达式的值进行判断，然后决定执行多路分支中的一支。

条件分支主要用于两个分支的选择，由 if 语句和 if … else 语句来实现。开关分支用于多个分支的选择，由 switch 语句来实现。在语句中加上选择结构之后，程序会根据不同的选择，运行不同的结果。下面来介绍几种语句的用法。

1. if 语句

if 语句用于实现条件分支结构，要根据判断的结构来执行不同的语句时，使用 if 语句是一个很好的选择，它会准确地检测判断条件成立与否，再决定是否要执行后续的语句。if 语句的流程如图 2.19 所示。

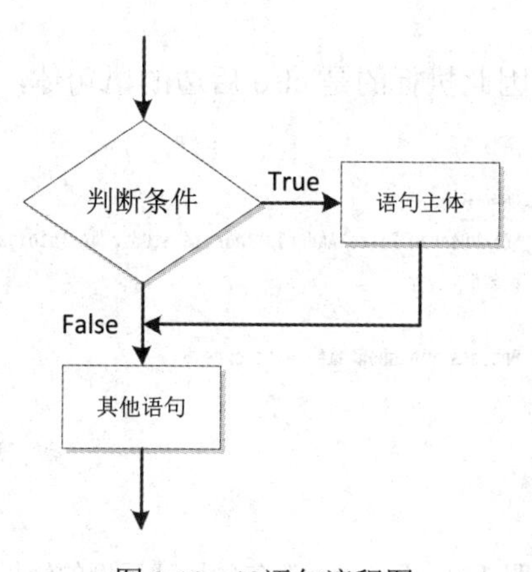

图 2.19　if 语句流程图

关于 if 语句的例子读者可翻看前边的 JavaTest9 类的示例，这里不再赘述。

2. if … else 语句

对于 if … else 语句，如果判断条件为真，则执行 if 条件后的语句体；当判断条件不成立时，则会执行 else 后的语句体，随后会继续执行整个 if 语句后边的语句。if … else 语句的流程如图 2.20 所示。

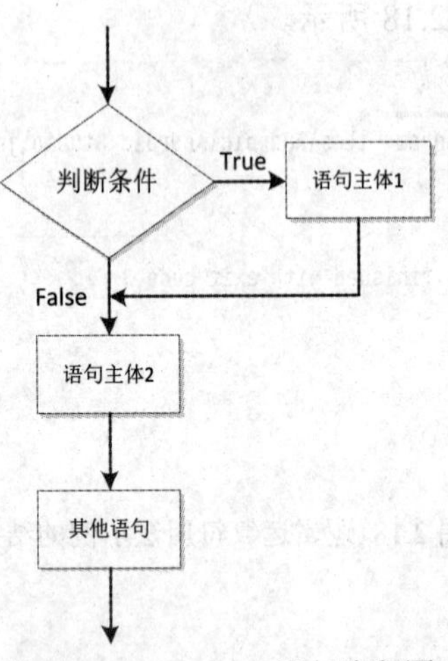

图 2.20　if … else 语句流程图

下面用实例演示一下 if … else 语句的用法，新建 JavaTest12 类，代码如下所示。

```
public class JavaTest12 {
    public static void main(String args[]) {
        int a = 5;
        if (a < 0) {
            System.out.println("a < 0");
        } else {
            System.out.println("a > 0");
        }
    }
}
```

这里的 a 是大于 0 的，因此执行的是 else 后边的语句体，打印的结果是 a>0，代码运行结果如图 2.21 所示。

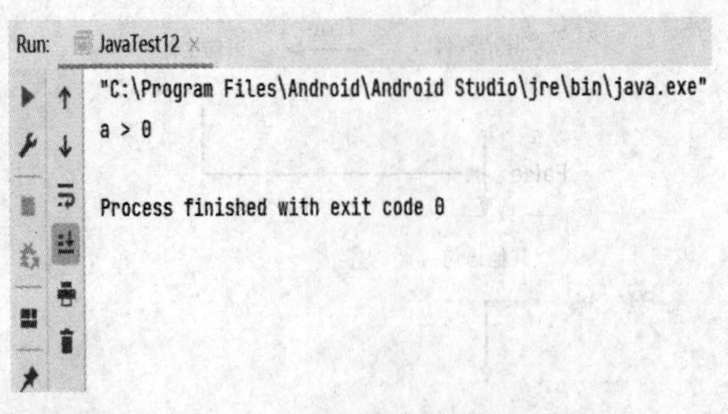

图 2.21　if ... else 语句的用法示例的结果

3. if … else if … else 语句

有多个条件需要判断的时候，可以使用 if … else if …else 语句，如果条件表达式为真，则执行 if 条件后的语句体；当判断条件不成立时，会执行 else if 条件后边的语句体，在一段 if … else if … else 语句中，可以有多个 else if 同时存在；如果所有的 else if 后边的判断条件都不成立，那么就执行 else 后边的语句体，随后执行整个 if 后面的语句，if … else if … else 语句的流程如图 2.22 所示。

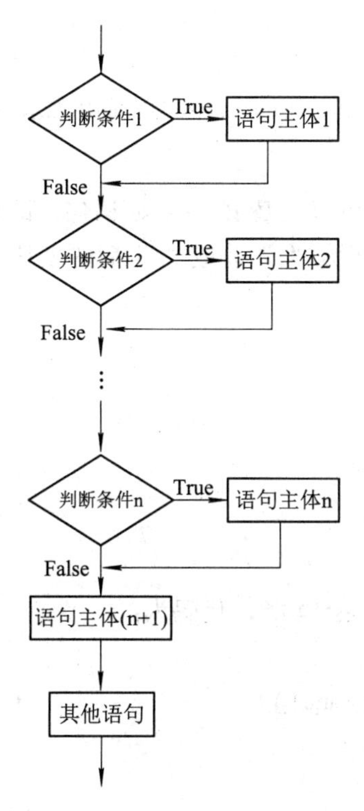

图 2.22 if ... else if ... else 语句流程图

下面用实例演示一下 if … else if … else 的用法，新建 JavaTest13 类，代码如下所示。

```
public class JavaTest13 {
    public static void main(String args[]) {
        int a = 5;
        if (a < 0) {
            System.out.println("a < 0");
        } else if (a > 0){
            System.out.println("a > 0");
        } else {
            System.out.println("a = 0");
        }
    }
}
```

从代码中可以看到 else if 后边的条件为真，打印的结果是 a>0，不再继续往下执行 else，程序运行结果如图 2.23 所示。

```
Run: JavaTest13
"C:\Program Files\Android\Android Studio\jre\bin\java.exe"
a > 0

Process finished with exit code 0
```

图 2.23　if ... else if ... else 语句的用法示例的结果

4. 条件运算符

在 Java 中，有一种运算符可以代替 if … else 语句，即条件运算符，符号为“?:”，根据条件的成立与否，来决定结果为“:”前或“:”后的表达式，其格式如下：

```
条件判断? 表达式 1:表达式 2
```

对应的是如下的 if … else 语句：

```
if(条件判断) {
    变量 = 表达式 1;
} else {
    变量 = 表达式 2;
}
```

对应实例如下，新建 JavaTest14 类，代码为：

```
public class JavaTest14 {
    public static void main(String args[]) {
        int a = 3;
        int b = 4;
        int min;
        min = (a < b) ? a : b;
        System.out.println("a = " + a + " b = " + b);
        System.out.println("min = " + min);
    }
}
```

很显然，小的数为 3，程序运行结果如图 2.24 所示。

```
Run: JavaTest14
"C:\Program Files\Android\Android Studio\jre\bin\java.exe"
a = 3 b = 4
min = 3

Process finished with exit code 0
```

图 2.24　条件运算符用法示例的结果

5. switch 语句

当判断条件比较多的时候，使用 if … else 语句容易造成混淆并使代码的可读性降低。这时使用 switch 语句就可以很好地解决，switch 结构称为“多路选择结构”，它会在许多不同的语句组之间做出选择。在 switch 语句中使用 break 语句可以使程序立即退出该结构，而后执行该结构后边的第 1 条语句。switch 语句的格式如下：

```
switch(表达式) {
    case 选择值 1: 语句主体 1;
    break;
    case 选择值 2: 语句主体 2;
    break;
    …
    case 选择值 n: 语句主体 n;
    break;
    default: 语句主体;
    break;
}
```

在 switch 语句中，选择值只能是字符或者常量。switch 语句在执行时会先计算括号内表达式的值，然后根据表达式的值判断是否符合执行 case 后边的选择值，若所有 case 的值都不符合，则执行 default 所包含的语句，执行 default 结束后跳出 switch 语句。如果某个 case 的值符合表达式的结果，那么就会执行该 case 后边的语句主体，直到执行到 break 语句后跳出 switch 语句。

此处需注意两点：一是如果 case 语句结尾处无 break 语句，程序会一直执行到 switch 语句的底端才会结束。二是如果没有定义 default 要执行的语句，就会直接跳出 switch 语句。switch 语句的流程如图 2.25 所示。

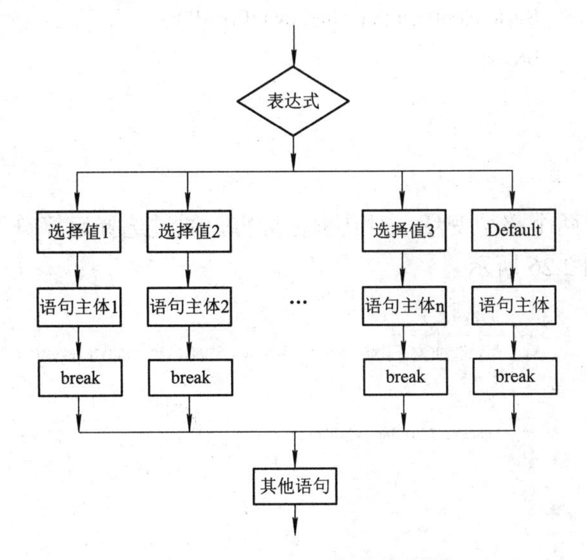

图 2.25 switch 语句的流程图

下面举例演示 switch 语句的用法，新建 JavaTest15 类，代码如下：

```
public class JavaTest15 {
    public static void main(String args[]) {
        int a = 10;
        int b = 5;
        int c;
        char ch = '*';
        switch (ch) {
            case '+':
                c = a + b;
                System.out.println("c = " + c);
                break;
            case '-':
                c = a - b;
                System.out.println("c = " + c);
                break;
            case '*':
                c = a * b;
                System.out.println("c = " + c);
                break;
            case '/':
                c = a / b;
                System.out.println("c = " + c);
                default:
                    System.out.println("Unknown Error!");
                    break;
        }
    }
}
```

上述代码给定了两个整型变量，对其进行运算，通过选择运算符号，最后打印出运算结果，运行结果如图 2.26 所示。

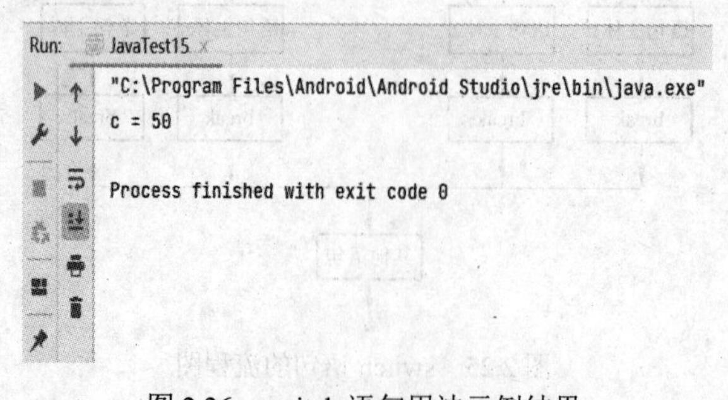

图 2.26　switch 语句用法示例结果

2.2.5　循环语句

循环结构和选择结构一样，也是一种非常重要的程序结构。循环结构的特点是给定的条件成立时，反复执行某一段代码。一般称给定条件为循环条件、反复执行的代码段为循环体。循环结构包括 while 循环、for 循环，还可以各种循环嵌套在一起完成比较复杂的程序操作。下面来学习以下几种循环语句的用法。

1. while 循环

while 循环语句的执行过程是先计算表达式的值，若表达式的值非零，则执行循环体中的语句，继续循环，否则退出循环，执行 while 语句后面的语句。while 循环的流程如下：第一次进入 while 循环前先对表达式赋初始值，根据判断条件的内容决定是否继续进行循环，如果条件为真就继续循环，反之则跳出循环执行语句，在执行完循环主体的语句后重新对循环控制变量进行自增或自减操作，while 循环中对循环控制变量赋值的工作要开发者自行完成，再重复此流程决定是否继续执行循环体。while 循环流程图如图 2.27 所示。

下面举例演示 while 循环的用法，新建 JavaTest16 类，代码如下：

```
public class JavaTest16 {
    public static void main(String args[]) {
        int i = 1;
        int sum = 0;
        while (i <= 100) {
            sum = sum + i;
            i++;
        }
        System.out.println("1 + 2 + ... + 100 = " + sum);
    }
}
```

上述代码实现的是 1 到 100 累加值的计算，在进入循环体前，先将循环控制变量 i 的初始值赋为 1，进入 while 循环的判断条件为 i<=100，根据 i 的值和判断条件，决定是否进入循环体，运行结果如图 2.28 所示。

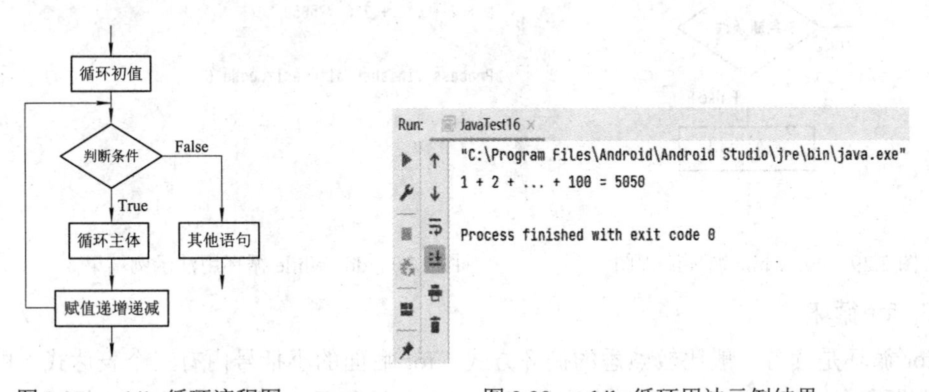

图 2.27　while 循环流程图　　　图 2.28　while 循环用法示例结果

2. do…while 循环

do…while 循环的执行过程是先执行一次循环体，然后判断表达式的值，如果是真，则再执行循环体，继续循环，反之则退出循环，执行下面的语句。在进入 do…while 循环前，要先对循环变量赋初始值，然后直接执行循环主体，循环主体执行完毕，才开始根据判断条件的内容决定是否继续执行循环，执行完循环主体内的语句后，重新对循环控制变量进行自增或自减。do…while 循环流程如图 2.29 所示。

下面举例演示 do…while 循环的具体用法，新建 JavaTest17 类，代码如下：

```
public class JavaTest17 {
    public static void main(String args[]) {
        int i = 1;
        int sum = 0;
        do {
            sum = sum + i;
            i++;
        } while (i <= 100);
        System.out.println("1 + 2 + ... + 100 = " + sum);
    }
}
```

上述代码也是计算 1 到 100 累加的值，运行结果如图 2.30 所示。

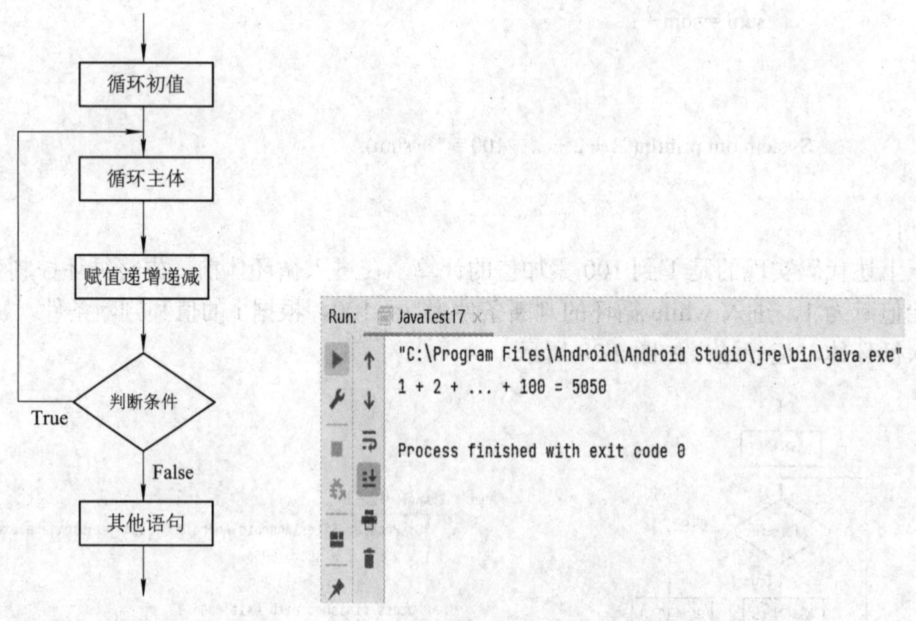

图 2.29　do...while 循环流程图　　　图 2.30　do...while 循环用法示例结果

3. for 循环

for 循环是读者一般比较熟悉的循环方式，for 后面的小括号内有三个表达式，即赋初值、判断条件、赋值增减量，三个表达式之间用分号隔开。第一次进入 for 循环时，对循环控制变量赋初始值，根据判断条件的内容检查是否要继续执行循环，执行完循环主体的语句后，循环控制变量会根据增减量的要求，更改循环控制变量的值，然后再判断是否继续执行循环。for 循环流程图如图 2.31 所示。

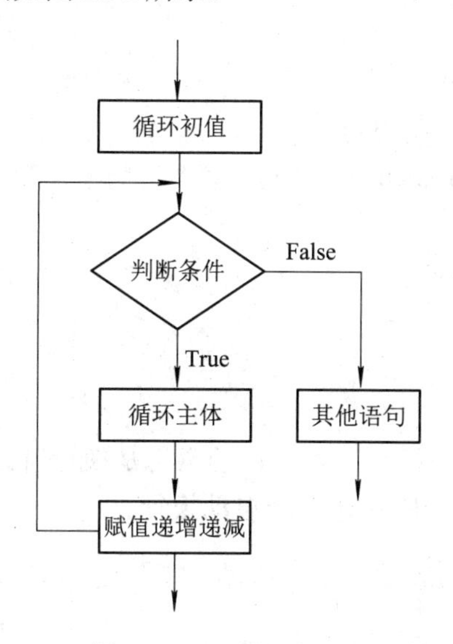

图 2.31　for 循环流程图

下面举例演示 for 循环的使用方法。仍以计算 1 到 100 累加的结果为例，新建 JavaTest18 类，代码如下：

```
public class JavaTest18 {
    public static void main(String args[]) {
        int sum = 0;
        for (int i=1;i <= 100; i++) {
            sum = sum + i;
        }
        System.out.println("1 + 2 + ... + 100 = " + sum);
    }
}
```

程序运行结果如图 2.32 所示。

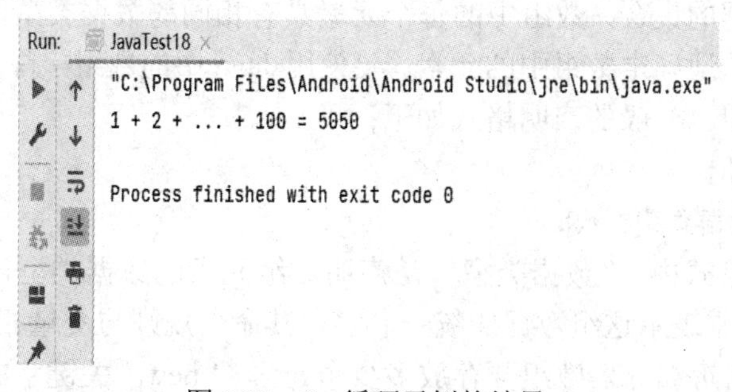

图 2.32　for 循环示例的结果

当然，循环之间也可以互相嵌套，实现比较复杂的程序操作。下面我们举例演示如何用一个嵌套循环实现九九乘法表的打印。新建 JavaTest19 类，代码如下：

```
public class JavaTest19 {
    public static void main(String args[]) {
        int i,j;
        for(i = 1; i < 10; i++) {
            for (j = 1; j < i + 1; j++) {
                System.out.print(i + " * " + j + " = " + i * j + "   ");
            }
            System.out.print('\n');
        }
    }
}
```

程序运行结果如图 2.33 所示。其中 '\n' 的意思是换行符。print 和 println 的区别在于 print 打印时不会换行，而 println 打印后会自动换行。

```
Run:   JavaTest19 ×
"C:\Program Files\Android\Android Studio\jre\bin\java.exe" "-javaagent:C:\Program Files\Android\Android Stu
1 * 1 = 1
2 * 1 = 2  2 * 2 = 4
3 * 1 = 3  3 * 2 = 6  3 * 3 = 9
4 * 1 = 4  4 * 2 = 8  4 * 3 = 12  4 * 4 = 16
5 * 1 = 5  5 * 2 = 10  5 * 3 = 15  5 * 4 = 20  5 * 5 = 25
6 * 1 = 6  6 * 2 = 12  6 * 3 = 18  6 * 4 = 24  6 * 5 = 30  6 * 6 = 36
7 * 1 = 7  7 * 2 = 14  7 * 3 = 21  7 * 4 = 28  7 * 5 = 35  7 * 6 = 42  7 * 7 = 49
8 * 1 = 8  8 * 2 = 16  8 * 3 = 24  8 * 4 = 32  8 * 5 = 40  8 * 6 = 48  8 * 7 = 56  8 * 8 = 64
9 * 1 = 9  9 * 2 = 18  9 * 3 = 27  9 * 4 = 36  9 * 5 = 45  9 * 6 = 54  9 * 7 = 63  9 * 8 = 72  9 * 9 = 81

Process finished with exit code 0
```

图 2.33　九九乘法表打印结果

2.2.6　数组

数组是 Java 中常见的数据结构，常用的数组有一维数组和二维数组，灵活使用数组可以编写出更加简易、更加高效的程序。

1. 一维数组

数组是有序数据的集合，数组中的每个元素具有相同的数据类型，可以用一个统一的数组名和下标来唯一地确定数组中的元素。要使用 Java 中的数组，首先要声明数组，然后要分配内存给该数组。一般的声明格式如下：

```
数据类型 数组名[];
数组名 = new 数据类型[个数];
```

在数组的声明格式中，“数据类型”是声明数组元素的数据类型，比如整型、浮点型等；“数组名”是用来表示这组数据的统一名字，其命名规则与变量相同。在数组声明后，“个数”的作用是告诉编译器数组要存放多少个元素。“new”关键字的作用是让编译器根据数组元素的个数，在内存中开辟一块内存供数组使用。

如果要使用数组中的元素，可以通过索引来完成。Java 的数组索引编号都是以 0 作为起始值，比如一个数组定义为 int array[5]，那么第一个元素为 array[0]，最后一个元素为 array[4]，如果要输出数组，则可以借助 for 循环来完成输出。

数组也可以赋初始值，直接在数组声明格式后面用大括号来完成数组初始值赋值，比如 int a[] = {12, 23, 34, 45}。下面介绍一维数组的用法，代码如下：

```
public class JavaTest20 {
    public static void main(String args[]) {
        int a[] = {18, 32, 9, 5, 10000, 64, 17, 35, 66, 99};
        for (int i = 0; i < a.length; i++) {
            System.out.print(a[i] + "    ");
        }
        System.out.print('\n');
        int temp; //冒泡排序开始
        for (int i = 0; i < a.length - 1; i++) {
            for (int j = 0; j < a.length - 1; j++) {
                if (a[j + 1] < a[j]) {
                    temp = a[j];
                    a[j] = a[j + 1];
                    a[j + 1] = temp;
                }
            }
        } //冒泡排序结束
        for (int i = 0; i < a.length; i++) {
            System.out.print(a[i] + "    ");
        }
    }
}
```

上述代码中定义了一个一维数组，利用冒泡排序算法实现了数组元素从小到大的排序。对于冒泡排序算法，读者若有兴趣可以查阅相关资料去深入理解。程序中 a.length 的意思是获取数组 a[]的长度，程序运行结果如图 2.34 所示。其实在 Java 提供的 API 中，有专门实现排序的 API，开发者可以直接调用 API 来实现数组的排序，可以尝试将冒泡排序开始到冒泡排序结束部分的代码改为 Array.sort(a)；在 Android Studio 的提示下会自动导入该 API 所在的包，也能实现数组的排序。

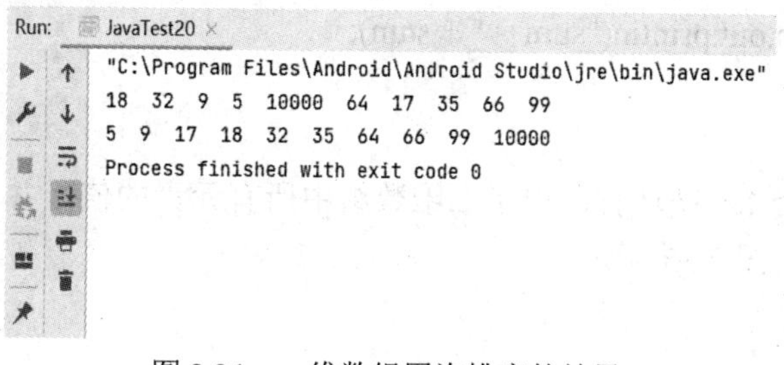

图 2.34　一维数组冒泡排序的结果

2. 二维数组

二维数组同样用 new 关键字来完成内存的分配。声明二维数组的格式如下：

```
数据类型 数组名[][];
数组名 = new 数据类型[行数][列数];
```

若想直接对二维数组进行赋初始值操作，同样可以利用大括号来完成操作，格式如下：

数据类型 数组名[][] = {{第 0 行初值}, {第 1 行初值}, …, {第 n 行初值}};

需要注意的是，Java 允许二维数组中每行的元素个数均不相同，这点与其他编程语言有所不同。为了让读者更清晰地理解二维数组的声明与赋初始值，我们用一个例子来说明。

```
int a[][] = {{2, 3, 11, 7}, {1, 9, 6, 23, 54}, {101, 112, 55}};
```

在该整型二维数组中，一共有三行，共 12 个元素，大括号里面的几组初始值指定了二维数组中各行元素的存放情况。其中 a[0][0] = 1，a[1][3] = 23, a[2][2] = 55，读者可依次写出数组中所有的元素以加深理解。

在二维数组中，若想取到某个具体的元素所在行的元素个数，需要先取到整个数组的行数，和一维数组一样，可以通过“.length”来获取行数，按照上边的例子通过 a.length 可以获取二维数组 a 的行数，如果得到了某个具体元素所在的行，再通过数组名后面加上该行的索引值，再加上“.length”即可取出特定元素所在行数的元素个数。在上边定义的二维数组中，a[1].length 表示数组的第二行有 5 个元素。

下面举例演示二维数组的具体用法，新建 JavaTest21 类，代码如下：

```
public class JavaTest21 {
    public static void main(String args[]) {
        int sum = 0;
        int a[][] = {{3, 4, 5, 6}, {7, 8, 9}};
        for (int i = 0; i < a.length; i++) {
            for (int j = 0; j < a[i].length; j++) {
                System.out.print(a[i][j] + " ");
                sum = sum + a[i][j];
            }
            System.out.print('\n');
        }
        System.out.println("sum = " + sum);
    }
}
```

程序中通过两个 for 循环打印出了二维数组中所有元素的值，并对所有的值进行了求和操作，运行结果如图 2.35 所示。

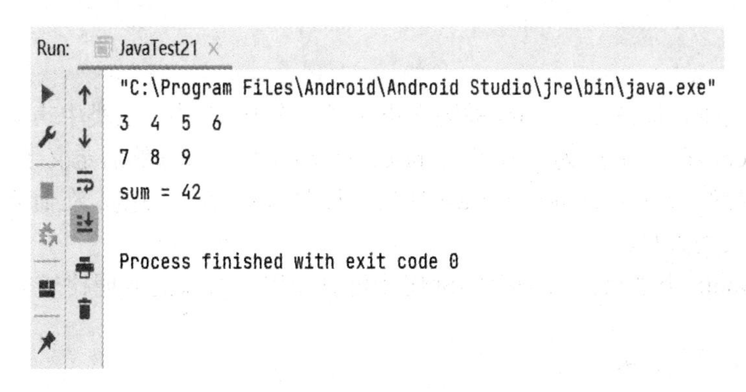

图 2.35　二维数组示例运行结果

2.3　Java 语言的核心概念

2.2 节我们学习了 Java 一些基本数据类型和语法，本节在基本语法的基础上学习 Java 的一些核心概念及其用法。

2.3.1　类与对象

面向对象编程思想起源于现实世界，在现实世界中人们会对事物进行分类，在各种大类中，会有很多具体的事物去对应这个类。比如，读者现在正在看此书，书就是一个类，本书就是书这个类中的一个对象。Java 将这个概念从现实世界延伸到了编程语言，在 Java 语言中，类是对某一类事物的描述，是抽象的、概念性的定义。对象是实际存在的该类事物的个体，因此也可称之为实例。

面向对象程序设计的重点在于类的设计，而不是对象的设计，因为同一个类按同种方法可以产生多个对象，其初始状态均相同，但修改其中一个对象的时候，其他的对象是不受影响的。

同数组、变量等概念一样，在使用类之前，必须要先声明类，声明类之后才可以在类中声明变量、创建对象。声明类的语法格式如下：

```
class 类名 {
    类中的成员变量;
    类中的方法;
}
```

声明类要用到 class 关键字，在 class 关键字后面加上类名，这样就声明了一个类，然后可以在类中加入成员变量和方法。下面举一个例子，新建 Book 类，代码如下：

```
class Book {
    String name;
    double price;
    void purchase() {
        System.out.println("The book's price is " + price + " yuan, and its name is " + name + " .");
```

```
    }
}
```

在上述代码中，首先使用 class 关键字声明了一个 Book 类，在类中声明了两个成员变量 name 和 price，其中 name 为字符串型、price 为双精度浮点型。然后定义了一个 purchase()方法，用于在控制台打印 name 和 price 的值。按照 Java 编程习惯，在命名类的时候，类名的首字母一般为大写。

创建好 Book 类之后，必须有实例化才可以使用。对象的声明比较简单，语法格式如下：

```
类名 对象名 =new 类名();
```

首先声明对象的名称，然后利用 new 关键字创建新的对象，并指派给先前类中所创建的变量。比如，我们需要创建一个 Book 类的对象，可以按照如下的语句实现：

```
Book book = new Book();
```

如果要访问对象中的某个方法或者属性，可以通过如下语法格式来实现：

```
访问属性：对象名.属性名称;
访问方法：对象名.方法名称();
```

例如，想访问 Book 类中的 price 属性、name 属性和 purchase()方法，可以采用如下的写法：

```
book.name;
book.price;
book.purchase();
```

在访问属性的时候是可以进行赋值的。下面举例演示对象的使用，新建 JavaTest22 类，代码如下：

```
public class JavaTest22 {
    public static void main(String args[]) {
        Book book = new Book();
        book.name = "Android Book";
        book.price = 15.52;
        book.purchase();
    }
}
```

上述程序访问了 Book 类中的 name 属性和 price 属性并赋值，再调用 purchase()方法打印信息，运行程序，结果如图 2.36 所示。

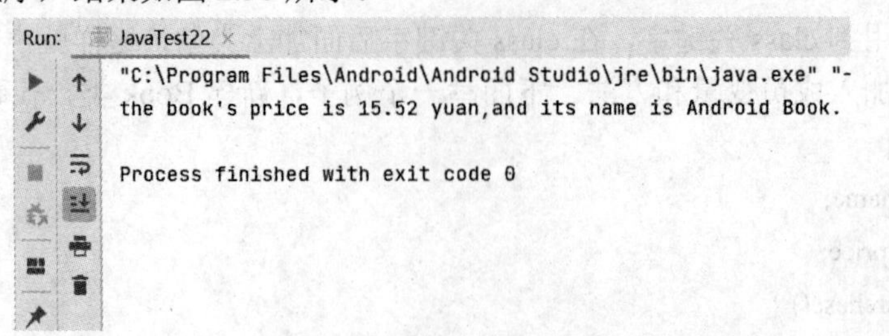

图 2.36　对象的使用示例

2.3.2　继承

面向对象编程思想的精髓部分在于可以通过继承的方式以原有的类为基础派生出新的类，这样可以不用编写相同的代码，减少代码的冗余，提高运行效率。

在 Java 中，通过继承可以便利地写出新的类，同时保留原有类中的部分属性和方法，并拓展功能。Java 与 C++不同的地方在于，Java 中不支持多继承，只支持单继承，但可以用多层继承的方式来完成所需要的属性和方法。实现继承的语法格式如下：

class 子类名称 extends 父类名称

Java 继承只能直接继承父类中的公有属性和公有方法。2.3.1 节中我们已经写了一个 Book 类，里面有 name 和 price 两个属性，如果想新建一个 AndroidBooK 的类，需要有 name、price 和 author 三个属性，这时若重新写 name 和 price 属性的代码会比较麻烦，这里就可以用继承。下面举例演示，新建 AndroidBook 类，代码如下：

```
class AndroidBook extends Book{
    String author;
    void purchase1() {
        System.out.println("The book's price is " + price + " yuan, its name is " + name + ", and its
author is " + author + ".");
    }
}
```

AndroidBook 类继承自 Book 类，然后我们在 AndroidBook 类加入了新的属性 author 和新的方法 purchase1()，下面举例演示访问子类的属性，新建 JavaTest23 类，代码如下：

```
public class JavaTest23 {
    public static void main(String args[]) {
        AndroidBook androidBook = new AndroidBook();
        androidBook.name = "Android Book";
        androidBook.price = 15.52;
        androidBook.author = "Zhou";
        androidBook.purchase1();
    }
}
```

上述代码中访问了 author 对象和 purchase1()方法，运行程序，结果如图 2.37 所示，可以看到，成功实现了类的继承。

```
Run:  JavaTest23
"C:\Program Files\Android\Android Studio\jre\bin\java.exe" "-javaagent:C:\Program F
The book's price is 15.52 yuan, its name is Android Book, and its author is Zhou.

Process finished with exit code 0
```

图 2.37　继承示例的结果

2.3.3 抽象类与接口

Java 中可以创建一种类作为父类，这样的类叫做抽象类。抽象类也是类，只是和普通的类相比，多了一些抽象方法。抽象方法是只声明而未实现的方法，声明抽象类时需在前边加入 abstract 关键字。

抽象类和抽象方法都必须通过 abstract 关键字来修饰；抽象类不能被直接实例化，换言之就是不能通过 new 关键字来产生对象；抽象方法也只需声明，不必实现；如果一个类中含有抽象方法，那么这个类必须要被声明为抽象类，对于抽象类的子类而言，如果有一个抽象方法没有复写，则这个子类还是抽象类，不能被实例化。

下面举例演示抽象类的写法，新建抽象类 Book2，代码如下：

```
abstract class Book2 {
    String name;
    double price;
    String author;
    public abstract String purchase();
}
```

这样就定义好了一个抽象类，接下来学习如何使用抽象类，新建 AndroidBook2 类，继承自抽象类 Book2，代码如下：

```
class AndroidBook2 extends Book2 {
    public AndroidBook2(String name, double price, String author) {
        this.name = name;
        this.price = price;
        this.author = author;
    }
    public String purchase() {
        return "The book's price is " + price + " yuan, its name is " + name + ", and its author is " +
author + ".";
    }
}
```

前面我们讲过，如果我们希望抽象类能够被实例化，那么它的子类必须不能含有抽象方法，因此必须复写构造方法和 purchase()方法，复写之后就可以进行实例化了。新建 JavaTest24 类，代码如下：

```
class JavaTest24 {
    public static void main(String args[]) {
        AndroidBook2 androidBook2 = new AndroidBook2("Android Book 2", 23.85, "Yang");
        System.out.println(androidBook2.purchase());
    }
}
```

这段代码实例化了 AndroidBook2 类的对象，调用了构造方法初始化类的属性。程序运行结果如图 2.38 所示。

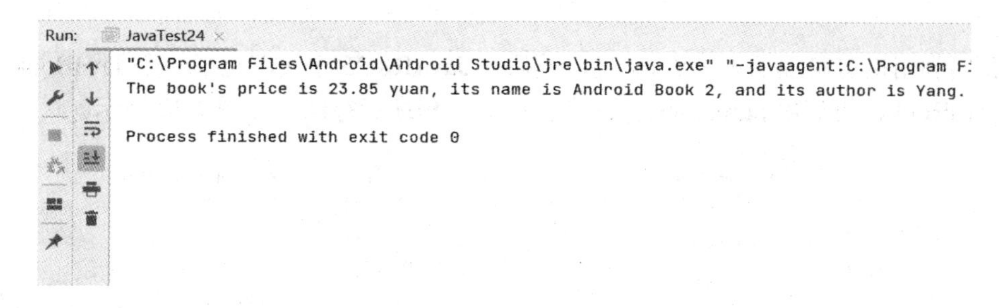

图 2.38　抽象类使用方法示例的结果

介绍完抽象类的基本用法后，接下来我们了解一下 Java 的接口。接口的结构与抽象类比较相似，同样具有数据成员与抽象方法，但它与抽象类又有些不同。首先，接口里的数据成员必须全部初始化，而且数据成员均为常量；其次，接口内部的方法必须全用 abstract 关键字声明，而抽象类中可以写一般的方法。

既然接口数据成员为常量，那么就要对数据成员赋初值，并在声明时加入 final 关键字，接口内的方法均为抽象方法，但因为所有方法都必须为抽象方法且所有数据成员均为常量，所以在接口中可以省略 abstract 和 final 关键字。Java 本身没有多继承的机制，但接口的存在间接地为 Java 提供了多继承，因为一个类可以有多个接口。每一个通过接口实现的类必须在类内部复写接口中的抽象方法，而且可以自由地使用接口中声明的常量。

用接口来实现类需要用到 implements 关键字，接口实现的语法格式如下：

class 类名 implements 接口 1，接口 2，…

接下来用一个具体的例子来演示接口的用法，新建接口 Book3，代码如下：

```
interface Book3 {
    String name = "Java Book";
    double price = 12.34;
    String author = "Lee";
    public abstract String purchase();
}
```

利用接口来实现类，新建 JavaBook 类，代码如下：

```
class JavaBook implements Book3 {
    public String purchase() {
        return "The book's price is " + price + " yuan, its name is " + name + ", and its author is " +
author + ".";
    }
}
```

最后，新建 JavaTest25 类，检验是否成功使用接口，代码如下：

```
class JavaTest25 {
    public static void main(String args[]) {
        JavaBook javaBook = new JavaBook();
        System.out.println(javaBook.purchase());
```

```
    }
}
```

我们利用接口实现了 JavaBook 类，然后在 JavaTest25 中实例化了一个 JavaBook 类的对象 javaBook，再调用 purchase()方法进行打印。程序运行结果如图 2.39 所示。

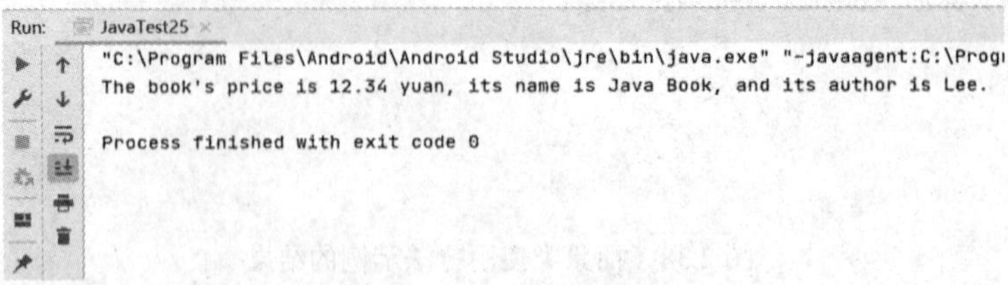

```
Run:  JavaTest25
"C:\Program Files\Android\Android Studio\jre\bin\java.exe" "-javaagent:C:\Progr
The book's price is 12.34 yuan, its name is Java Book, and its author is Lee.

Process finished with exit code 0
```

图 2.39　接口用法示例结果

2.3.4　异常处理

在 Java 语言中提供了强大的异常处理机制，Java 将所有的异常都封装在一个类中，程序发生错误时会将异常抛出：在写程序代码时，一些小的错误，比如语法上的错误，在进行代码编写时就会被提示；还有一些异常是在程序运行中报出，用任何一个非零的数除以零就会报算数异常；因为代码没有处理好而导致没有给对象开辟内存空间而发生的空指针异常；由于找不到文件而报文件未找到异常等。

为了保证程序的正常运行，Java 中通过面向对象的方法来处理异常。如果在一个方法的运行过程中发生异常，该方法会生成一个代表该异常的对象，并把它传递给系统，运行的系统会寻找相应的方法来处理这一异常。

Java 本身在处理异常方面做得已经很完善了，我们先来看一下 Java 自身是如何处理异常的，先写一段错误的代码，新建 JavaTest26 类，代码如下：

```
public class JavaTest26 {
    public static void main(String args[]) {
        int num[] = new int[3];
        num[4] = 5;
        System.out.println("Array out of bounds!")
    }
}
```

很显然程序中有数组越界的错误，我们来看下 Java 本身是如何处理异常的，运行程序，结果如图 2.40 所示。可以看到，Java 在执行到数组越界那行代码时会抛出异常，不再往下执行。

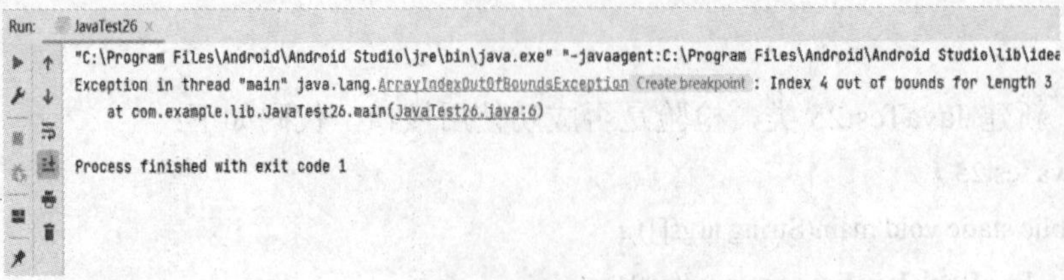

```
Run:  JavaTest26
"C:\Program Files\Android\Android Studio\jre\bin\java.exe" "-javaagent:C:\Program Files\Android\Android Studio\lib\idea
Exception in thread "main" java.lang.ArrayIndexOutOfBoundsException Create breakpoint : Index 4 out of bounds for length 3
    at com.example.lib.JavaTest26.main(JavaTest26.java:6)

Process finished with exit code 1
```

图 2.40　数组越界异常

这就是 Java 的异常处理机制，Java 遇到异常后会先抛出异常，然后停止运行程序。为解决这些问题，开发者可自行加入捕捉异常的代码，针对不同的异常做相应的处理，这样的处理方式就称为异常处理。

异常处理由 try、catch 和 finally 三个关键字所对应的部分组成，语法格式如下：

```
try {
    需要检查的语句;
} catch {异常类 对象名称} {
    异常发生时的处理语句;
} finally {
    一定会被执行的语句;
}
```

一般处理异常时，try 对应的部分若有异常发生，程序就会中断，随后抛出异常类所产生的对象；然后判断该对象是否属于 catch 部分想要捕获的异常类，如果是，catch 就会捕捉到该异常，然后在 catch 部分继续运行；运行完 try catch 后，finally 中的代码都会执行。异常处理的流程如图 2.41 所示。

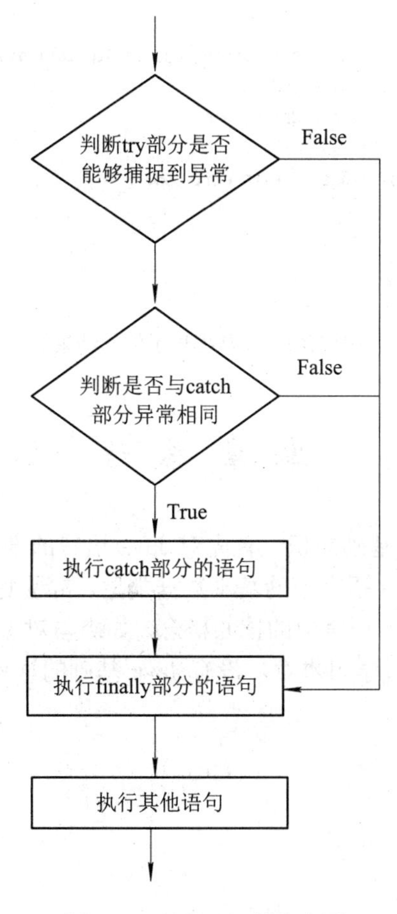

图 2.41　异常处理的流程图

我们依然以 JavaTest26 中的程序为例，向程序中加入异常处理的相关代码，如下所示：

```
public class JavaTest26 {
    public static void main(String args[]) {
        try {
            int num[] = new int[3];
            num[4] = 5;
        } catch (ArrayIndexOutOfBoundsException e) {
            System.out.println("Array out of bounds!");
        } finally {
            System.out.println("I will learn Android quickly.");
        }
    }
}
```

上述代码在 try 部分会捕捉到异常，然后程序会转到 catch 部分去执行，最后一定会执行 finally 中的语句。程序运行结果如图 2.42 所示。

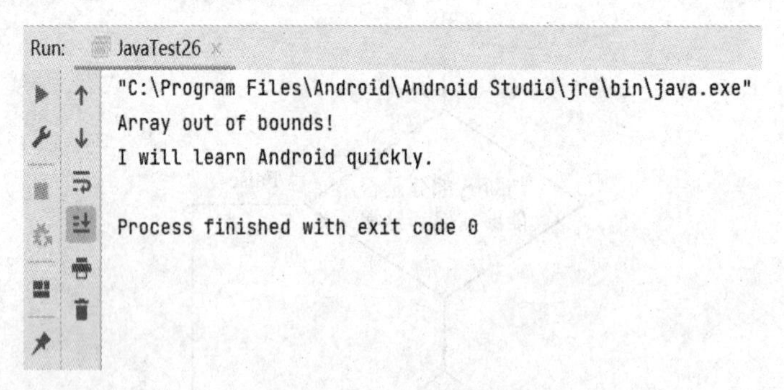

图 2.42　异常处理示例的结果

本 章 总 结

本章主要介绍了 Java 的基础知识，首先对 Java 语言的产生和发展做了简要的说明；然后结合程序简单介绍了 Java 语言中的基本数据类型、常量变量、运算符、条件和循环语句及数组等知识；最后对 Java 语言中的核心概念，如类与对象、继承、抽象类与接口及异常处理等内容做了介绍。通过学习本章，没有 Java 基础的读者可以对 Java 有所了解，便于后面的学习。

第 3 章　Android 工程结构

作为一名 Android 开发者，应该首先了解 Android 工程结构。在 Android 开发中，很多文件是系统自动生成的，如果不小心修改了这些文件，则可能会导致工程无法运行。通过本章的学习，读者可以对 Android 工程结构有一个清晰的认知，能够掌握在一个 Android 工程中各个文件的具体作用是什么，哪些文件可以手动修改，哪些文件不能修改。

★学习目标

- 了解 Android 工程的构建方式；
- 掌握 Android 工程的结构；
- 掌握 Android 工程中各个文件的具体作用。

3.1　Project 模式下的工程结构

下面通过新建一个 HelloWorld2 工程来学习 Android 工程结构。在新建的 Android 工程中，默认的工程结构为 Android 模式，但这并不是 Android 工程的真实结构。在左上角将其切换为 Project 模式，如图 3.1 所示，这才是 Android 工程的真实结构。

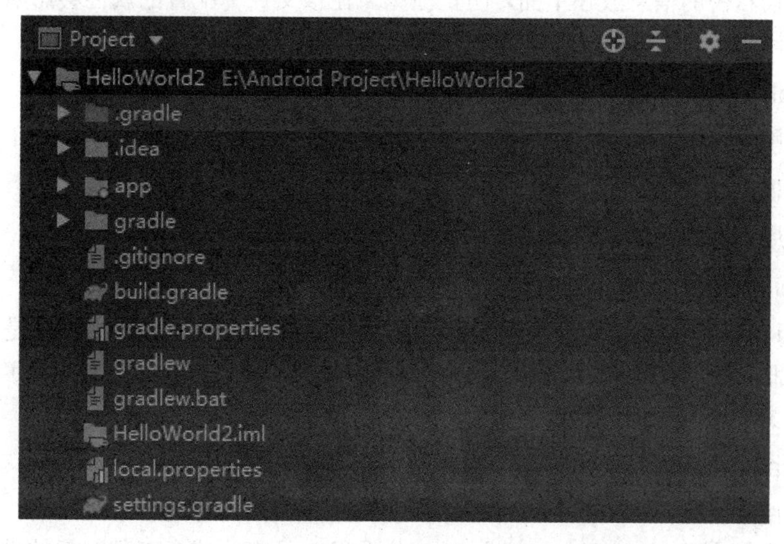

图 3.1　Project 模式下的 Android 工程结构

在 Android 工程的目录结构中，可以看到有很多文件，下面对这些文件进行简单介绍。

1. .gradle

.gradle 文件夹包含了 gradle 工具的各个版本。这个目录下放置的文件都是由 Android Studio 自动生成的，用户不要去手动编辑。

2. .idea

.idea 文件夹包含了开发所需的各种环境。这个目录下的所有文件也是由 Android Studio 自动生成的，在没有极特殊的需求时不要手动编辑里面的文件。

3. app

app 目录包含了工程的功能逻辑、布局、资源、清单文件等内容，开发工作基本上都是在该目录下完成的。

4. gradle

gradle 目录包含了 gradle wrapper 的配置文件，使用 gradle wrapper 的方式不需要将 gradle 提前下载好，Android Studio 会根据本地的缓存情况自行决定是否需要联网下载 gradle。

5. .gitignore

该文件用来将指定的目录或文件排除在 git 提交的内容之外。配置 git 需要忽略的文件或文件夹，在.gitignore 中配置的文件或文件夹不会随着 git 提交到指定的仓库。

6. build.gradle

该文件是项目全局的 gradle 构建脚本，里面指定了很多与项目构建相关的配置信息，通常情况下不需要修改文件中的内容。

7. gradle.properties

该文件是全局的 gradle 配置文件，用户可以在里面做一些 gradle 文件的全局性配置，也可以将比较私密的信息放在里面，防止泄露。在该文件中配置的属性会影响工程中所有的 gradle 编译脚本。

8. gradlew

该文件用于在 Linux 或 Mac 系统中的命令行界面执行 gradle 命令。

9. gradle.bat

该文件用于在 Windows 系统中的命令行界面执行 gradle 命令。

10. HelloWorld2.iml

Android Studio 是基于 IntelliJ IDEA 开发的一款编程工具，而.iml 文件是所有 IntelliJ IDEA 工程都会自动生成的一个文件，用于表示该工程是一个 IntelliJ IDEA 工程。用户不需要修改该文件中的任何内容。

11. local.properties

该文件用于指定 Android SDK 和 NDK 所在的路径，内容是自动生成的，一般不需要修改。如果本机中的 Android SDK 或 NDK 位置发生了变化或者工程在新的设备上打开，那么将该文件中的路径换成新的路径即可。

12. settings.gradle

settings.gradle 默认只执行当前目录下的 build.gradle 脚本，一般的工程中可能有多个模块依赖，但本工程中只有一个 app 模块，因此该文件中只引入了一个模块 app，如果有其他模块依赖，则还需在文件中引入其他模块。该文件需要手动修改的场景比较少。

以上是对 Android 工程中整个外层目录的介绍。其实大部分文件都不需要开发者去手动修改。在 Android 开发中，开发者的工作重心主要在 app 目录下，3.2 节会对 app 目录的内容进行重点讲解。

3.2 app 目录

点击 app 目录展开，如图 3.2 所示。下面介绍 app 目录下的具体内容。

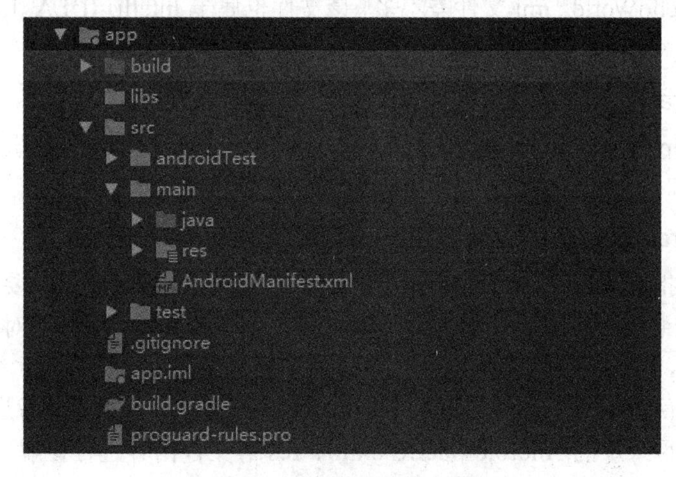

图 3.2 app 目录下的内容

1. build

该目录下包含了编译时自动生成的一些文件，用户无须关心里边的内容。

2. libs

在比较大型的 Android 工程中，除了使用 Android SDK 进行开发之外，很可能会使用第三方 SDK 来进行开发，一般的第三方 SDK 都是以 jar 包的形式存在的，要使用这些 jar 包就必须将其放置在 libs 目录下，重新同步 gradle 后即可使用。

3. androidTest

这里可以编写一些 androidTest 测试用例，对工程进行一些自动化测试。

4. java

整个 Android 工程的所有 java 代码都会放置在该目录下，功能逻辑的开发一般在此目录下完成。

5. res

Android 工程中所有的资源、布局文件都要放置在该目录下，所有 Android 程序应用界面的开发都离不开该目录。

6. AndroidManifest.xml

该文件是整个 Android 工程的配置文件，如果工程中使用到了四大组件必须先在该文件中进行注册；此外 Android 应用程序中需要申请的权限也可以在该文件中添加。

7. test

该文件用来编写 Unit Test 测试用例。

8. .gitignore

该文件用来将 app 模块内指定的目录或文件排除在 git 提交之外，与外层的.gitignore 文件作用类似。

9. app.iml

与外层的 HelloWorld2.iml 文件差不多，该文件也属于 IntelliJ IDEA 工程自动生成的文件，开发者不必关心文件里的内容。

10. build.gradle

该文件为 app 模块的 gradle 构建文件，里面有很多与工程相关的配置，在添加一些依赖或其他操作的时候会对该文件中的内容进行修改。

11. proguard-rules.pro

该文件用于指定工程中代码的混淆规则，在完成一项工程的开发后要对代码进行编译打包生成 .apk 安装文件。如果开发者不希望安装包被别人破解，通常会对代码进行混淆处理，提高安全性，使其不易被破解。

以上是 app 目录下的所有内容，可以看到 app 目录下的内容是开发者进行开发的重点，接下来会对 app 目录下的 AndroidManifest.xml、res 等文件内容进行详解。

3.3 res 详解

开发 Android 应用程序时，一般都会用到图片、字符串、布局文件等资源，这些资源都可以系统化地放置在 res 目录下的不同文件夹中。展开 res 目录，如图 3.3 所示。

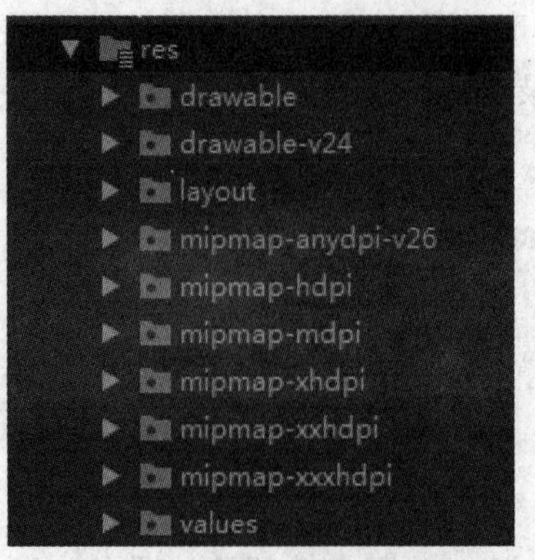

图 3.3　res 目录下的内容

从图 3.3 中可以看到，res 目录下有很多以“mipmap”开头的文件夹，mipmap 是用来放置启动器图标的，后面跟的“hdpi”“xhdpi”等表示的是不同的分辨率，是为了满足程序对不同分辨率设备的兼容性。

在 drawable 目录中，可以放入.png、.9.png、.jpg 等格式的图片资源，在资源放置完成之后可以在布局文件中引用这些资源，再通过 Java 代码引用布局，也可以通过 Java 代码直接引用资源。同 mipmap 一样，drawable 也有针对不同分辨率设备的目录，只是建立的工程没有自动生成这些目录。在放入资源时，一般需要将图片设置为几个不同的分辨率然后放入相应的目录下，以适配不同分辨率的设备。在程序运行时，系统会根据当前设备的分辨率来选择加载哪个目录下的图片。

Layout 目录下用来放置布局文件，布局文件可以在 Java 代码中引用，布局文件中可以添加各种控件、引用各种资源。有关布局文件的详细讲解请参阅第五章。

在 values 目录下，有三个文件：colors.xml、strings.xml、styles.xml。其中 strings.xml 定义字符串值，布局中的字符串资源都可以放置在 strings.xml 中，应用程序的名称就放在其中，代码如下：

```
<resources>
<string name="app_name">HelloWorld2</string>
</resources>
```

colors.xml 中存放颜色相关的资源，styles.xml 中可以写入一些自定义的控件样式，在布局中加入控件时可以引用新的风格资源，能够写出样式不同于标准样式的控件。

此外还可以手动创建目录。如建立的是 menu 目录，在 menu 目录下放置.xml 文件可以为应用程序添加菜单；如建立 raw 目录，可以在其中放入任意文件，比如音频、图片等资源。

3.4　AndroidManifest.xml 详解

每个 Android 应用程序都有一个清单文件——AndroidManifest.xml，该文件在 src/main 目录下，程序中定义的四大组件都要在这个文件里注册，这些组件构成了整个应用程序。此外还可以在该文件中添加应用程序的权限声明。清单文件中的信息会配置到 Android 系统中，当程序运行时，系统会根据清单文件中的信息打开相应的组件。

下面以 HelloWorld2 工程的清单文件为例进行讲解，代码如下：

```
<manifest xmlns:android="http://schemas.android.com/apk/res/android"
    package="edu.tust.helloworld2">
    <application
        android:allowBackup="true"
        android:icon="@mipmap/ic_launcher"
        android:label="@string/app_name"
        android:roundIcon="@mipmap/ic_launcher_round"
        android:supportsRtl="true"
```

```
        android:theme="@style/AppTheme">
        <activity android:name=".MainActivity">
            <intent-filter>
                <action android:name="android.intent.action.MAIN" />
                    <category android:name="android.intent.category.LAUNCHER" />
            </intent-filter>
        </activity>
    </application>
</manifest>
```

<manifest>节点是清单文件的根节点，是整个应用程序的基本属性，其中必须指定 xmlns:android 和 package 属性，并且必须包含一个< application > 节点，在该节点中声明应用程序的组件及属性(如 title，icon，theme 等)。同时它又表现为一个容器，容纳四大组件 Activity、Service、Content Provider、Broadcast Receiver 的标签。

应用程序中显示的 Activity 都要在<manifest>中定义一个 activity 标签，通过 android:name 特性来指定类名，需要启动和交互的 Activity 必须在 manifest 中定义。尝试启动一个没有在 manifest 中定义的 Activity 会引发运行时的异常。intent-filter 子标签用于指定启动哪些 Activity，在本例中，MainActivity 通过 intent-filter 被指定为主 Activity，在启动应用程序后会自动打开 MainActivity 这个 Activity。

此外，在清单文件中，uses-permission 标签可以将应用程序中用到的权限添加进去，在 Android 6.0 以前，安装程序之前必须获得所有权限。在 Android 6.0 之后，引入了动态权限的概念，用户可以在程序运行时逐一授权，即便是有些权限没有授予，程序的其他功能的使用也不受影响。

3.5 build.gradle 详解

Android Studio 是采用 Gradle 来构建工程的。Gradle 是一种依赖管理工具，基于 Groovy 语言，面向 Java 应用为主，它抛弃了基于 XML 的各种烦琐配置，用一种基于 Groovy 的内部领域特定(DSL)语言代替。

一个新建的 Android 工程会有两个 build.gradle 文件，一个在外层目录中，另外一个在 app 模块下，两个文件缺一不可，下面来学习一下两个 build.gradle 文件的作用。

首先看一下外层目录中的 build.gradle 文件，代码如下：

```
buildscript {
    repositories {
        google()
        jcenter()
    }
    dependencies {
        classpath 'com.android.tools.build:gradle:4.0.1'
```

```
        }
    }
    allprojects {
        repositories {
            google()
            jcenter()
        }
    }
    task clean(type: Delete) {
        delete rootProject.buildDir
    }
```

上述代码在工程建立好后会自动生成，可以看到在 buildscript 和 allprojects 两处闭包中都含有 repositories 的闭包，在两处 repositories 闭包中，都有 google()和 jcenter()配置，它们都是代码仓库。google 仓库中主要包含 google 自身的扩展依赖库，而 jcenter 仓库中包含的大多是一些第三方开源库。在 build.gradle 中加入这两行配置，就可以轻松地引用 google 和 jcenter 仓库中的依赖库了。

在 dependencies 闭包中使用 classpath 声明一个插件，即 Gradle 插件。声明 Gradle 插件是因为 Gradle 并不是专门用于 Android 工程构建的，Java、C++等项目都可以使用 Gradle 来构建。如果要使用 Gradle 来构建 Android 工程，就需要声明该插件，声明的方式为“com.android.tools.build:gradle:4.0.1”，最后的数字为版本号，一般就是 Android Studio 的版本号。最后声明了一个 clean 的 task，它会在执行 gradle clean 时，删除根目录的 build 目录。

上述代码通常情况下不需要改动，如果想添加一些关于全局的构建配置才需要修改其中的代码。

接下来看一下 app 目录下的 build.gradle 文件，代码如下：

```
apply plugin: 'com.android.application'
android {
    compileSdkVersion 29
    buildToolsVersion "29.0.2"
    defaultConfig {
        applicationId "edu.tust.helloworld2"
        minSdkVersion 24
        targetSdkVersion 29
        versionCode 1
        versionName "1.0"
        testInstrumentationRunner "androidx.test.runner.AndroidJUnitRunner"
    }
    buildTypes {
        release {
```

```
                minifyEnabled false
                proguardFiles getDefaultProguardFile('proguard-android-optimize.txt'), 'proguard-rules.pro'
            }
        }
    }
    dependencies {
        implementation fileTree(dir: 'libs', include: ['*.jar'])
        implementation 'androidx.appcompat:appcompat:1.0.2'
        implementation 'androidx.constraintlayout:constraintlayout:1.1.3'
        testImplementation 'junit:junit:4.12'
        androidTestImplementation 'androidx.test.ext:junit:1.1.0'
        androidTestImplementation 'androidx.test.espresso:espresso-core:3.1.1'
    }
```

app 模块的 build.gradle 文件会比外层目录的复杂一些。文件中首先用 apply plugin 声明了一个插件，一般有两种选择，“com.android.application”和“com.android.library”，前者表示的是应用程序模块，后者表示的是库模块，两者最大的区别在于一个可以直接运行，而另一个只能依附于应用程序运行。

接下来是 android 闭包，在该闭包中可以配置工程构建的各种属性。其中，compileSdkVersion 用于指定工程的编译版本，这里指定为 29，表示使用的是 Android 10.0 系统的 SDK 编译。buildToolsVersion 用于指定项目构建工具的版本，指定 29.0.2 即可。然后是 defaultConfig 闭包，可在该闭包中对工程中的一些细节进行配置，其中，applicationId 用于指定工程的包名，在创建工程时就已经创建好了包名，如果后期想修改包名可以在此处修改。minSdkVersion 表示能够兼容的最低的 Android 版本，这里指定 24 的意思是该应用程序只能在 Android 7.0 及以上版本的系统上运行。targetSdkVersion 表示在目标版本上做过了充分的测试，系统会为该应用程序启用一些最新的功能和特性，这里指定的值为 29 代表系统会为该程序启用 Android 10.0 带来新的功能和特性。versionCode 用于指定工程的版本号，versionName 用于指定工程的版本名，这是两个非常重要的属性。

在 buildTypes 闭包中会指定生成安装包的相关配置，一般只会包含两个闭包，一个是 debug，另一个是 release，对应的是测试版安装包和发布版安装包，通常 debug 闭包可以不用写。minifyEnabled 表示是否将工程进行混淆，false 表示不用混淆。proguardFiles 用于指定混淆时使用的规则文件，此处指定了两个文件，一个是 Android SDK 目录下的，另外一个是工程根目录下的，这里可以编写特殊的混淆规则。

最后还有个很重要的 dependencies 闭包，功能非常强大，可以指定当前工程的所有依赖关系。依赖关系一共有三种：本地依赖、库依赖和远程依赖，本地依赖可以在工程中加入第三方的 jar 包；库依赖可以对工程中的库模块添加依赖关系，远程依赖可以对 jcenter 仓库上的开源代码或工程进行依赖。一般来说，一个 Android 工程中需要包含上述代码中所示的依赖关系。

本 章 总 结

本章主要介绍了 Android Studio 的工程结构，首先是对工程的目录及内容进行了简单的说明，然后对工程目录下比较重要、也是开发者关注的 app 目录进行了详细的阐述，最后对 res 目录、AndroidManifest.xml 及 build.gradle 等文件作了详细的介绍，学完本章节读者可以对一个 Android Studio 工程结构有深入的了解。

第 4 章 Activity

通过前面章节的学习，相信读者已经对 Android 系统有了一定的认识，同时也有了一定的 Java 基础，并且已经完成了 Android Studio 的下载和安装，接下来我们将正式进入 Android 开发的学习。本章我们将学习 Android 的四大组件之一——Activity 组件。

★学习目标

- 了解 Android 的 Activity 组件基本概念；
- 掌握 Activity 的基本使用方法；
- 熟悉 Activity 的生命周期；
- 熟悉 Activity 的四种启动模式。

4.1 Activity 的概念

Activity 是 Android 的四大组件之一，定义用户可以触摸看到的界面，主要用于和用户进行交互。Activity 内使用各种界面组件，可实现交互动作；通过 Activity，用户界面之间切换以及数据交换，进行数据传递。

4.2 Activity 的基本使用方法

4.2.1 手动创建 Activity

在手动创建一个 Activity 之前，我们需要先创建一个新的工程。打开 Android Studio，点击 File → New → New Project，然后选择 Add No Activity(不添加 Activity)，并点击 Next 按钮，输入自定义项目名称和包名，也可以选择默认(此处输入的项目名是 ActivityTest，包名为 edu.tust.activitytest)，如图 4.1 所示；接着点击 Finish 按钮，如图 4.2 所示，等待 Gradle 构建完成。至此一个没有添加 Activity 的新工程就创建完成了，下面开始在这个工程里手动创建一个 Activity。

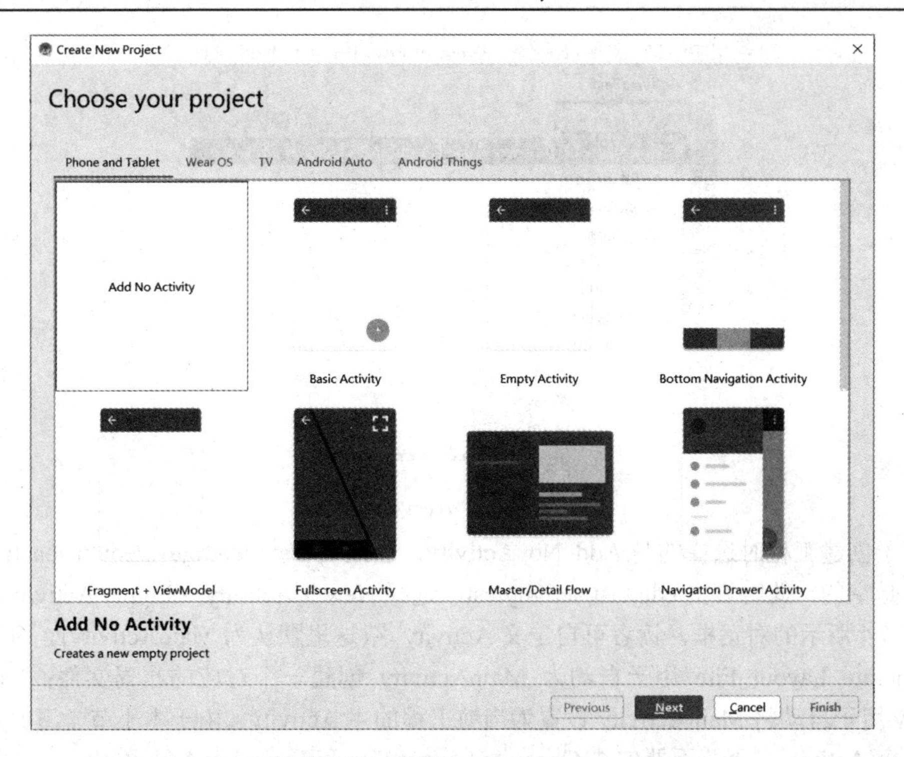

图 4.1　选择 Add No Activity

Create New Project

Configure your project

Name

ActivityTest

Package name

edu.tust.activitytest

Save location

D:\workspace\AndroidProject\ActivityTest

Language

Java

Minimum API level　API 24: Android 7.0 (Nougat)

Your app will run on approximately **73.7%** of devices.

Help me choose

This project will support instant apps

Use androidx.* artifacts

Previous　Next　Cancel　Finish

图 4.2　创建一个新的项目

将工程结构手动改为 Project 模式，如图 4.3 所示。

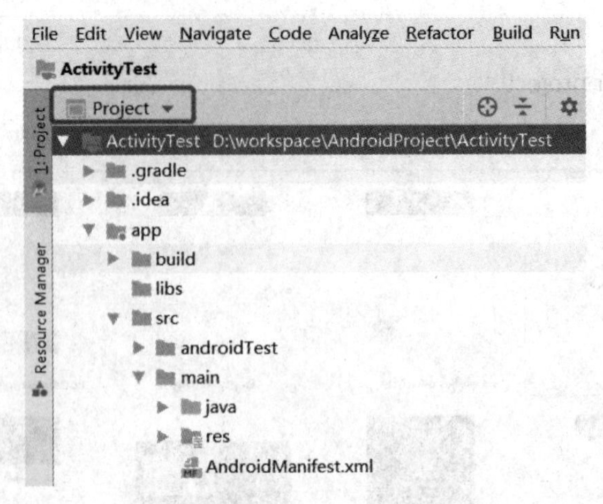

图 4.3　Project 模式

由于创建工程时选择的是 Add No Activity，因此 app/src/main/java/edu.tust.activitytest 目录下是空的，此时右击 edu.tust.activitytest，选择 New→ Activity→ Empty Activity，会弹出如图 4.4 所示的对话框，读者可自定义 Activity 名(这里默认为 MainActivity)。对话框中的 Generate Layout File 用于自动为 MainActivity 创建一个对应的布局文件；Launcher Activity 用于自动将 MainActivity 设置为当前工程的主 Activity。由于本小节学习的是手动创建一个 Activity，因此不要勾选 Generate Layout File 和 Launcher Activity。

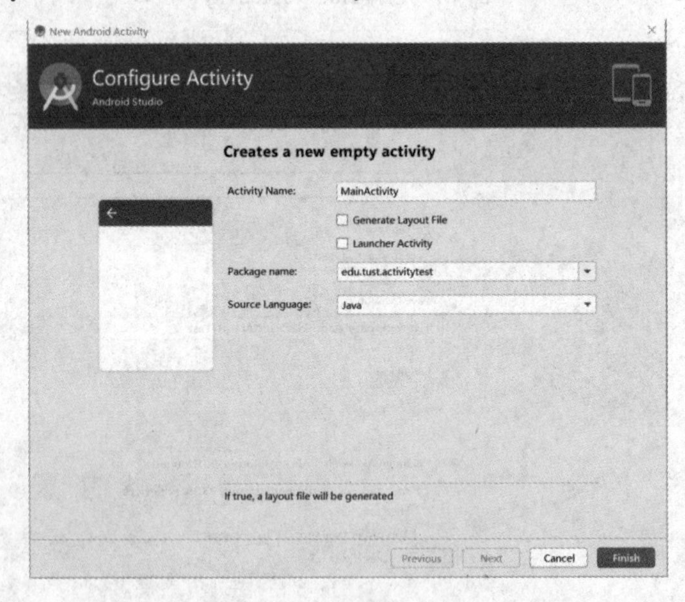

图 4.4　手动创建 Activity

点击 Finish 按钮完成手动创建 Activity，这时 Android Studio 界面会出现如下代码：

```
package edu.tust.activitytest;
import androidx.appcompat.app.AppCompatActivity;
import android.os.Bundle;
public class MainActivity extends AppCompatActivity {
```

```
        @Override
        protected void onCreate(Bundle savedInstanceState) {
            super.onCreate(savedInstanceState);
        }
    }
```

上述代码中调用了父类的 onCreate()方法，工程中的 Activity 都必须重写 Activity 的 onCreate()方法，Android Studio 自动完成了该方法的重写。

4.2.2　手动创建并加载布局

布局是用来显示界面内容的，下面介绍手动创建并加载布局。在 app/src/main 目录下，右键点击 res→New→Directory，会弹出一个新建目录的窗口，如图 4.5 所示。新建一个名为 layout 的目录，点击 OK 按钮即可。

接着选择新创建的 layout 目录，然后右键点击→New→Layout resource file，弹出一个新建布局资源文件的窗口，读者可自定义布局文件名(读者命名为 main_layout)，根元素默认选择为 LinearLayout，如图 4.6 所示。最后点击 OK 按钮完成布局文件的创建。

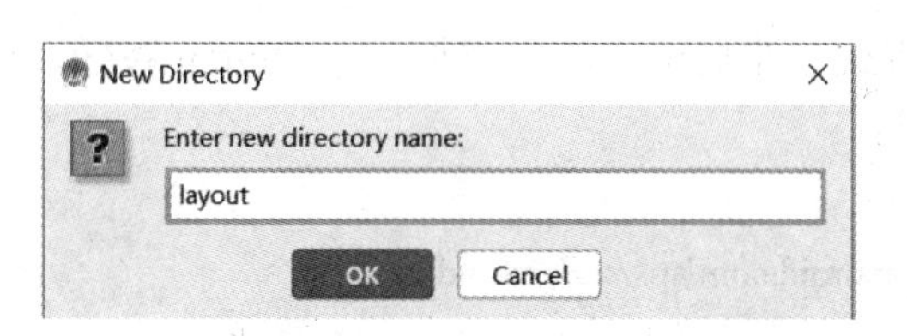

图 4.5　新建 layout 目录

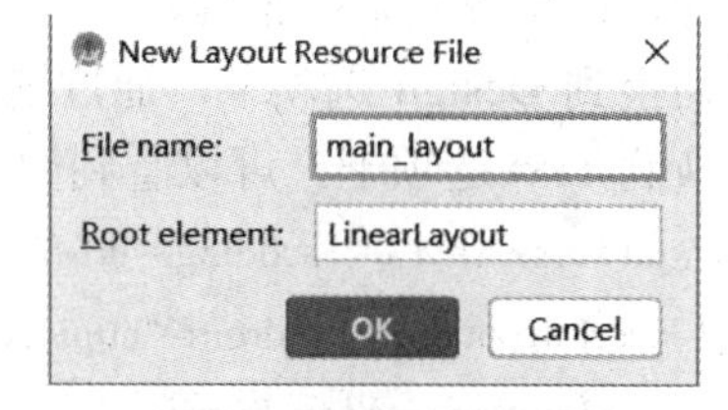

图 4.6　新建布局文件

完成手动创建布局文件后，Android Studio 上会出现布局编辑器，如图 4.7 所示。

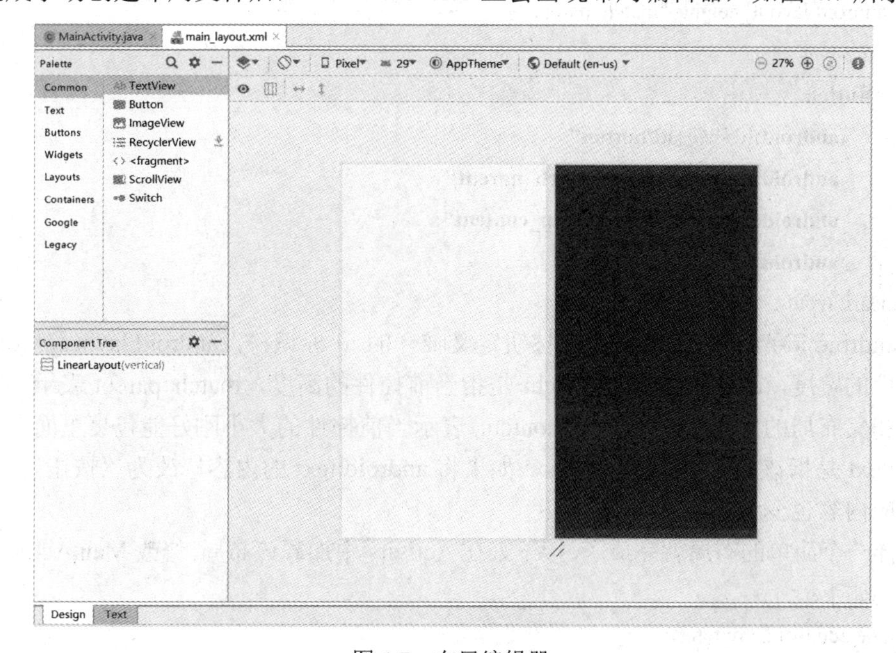

图 4.7　布局编辑器

在 Android Studio 的中间区域可以预览当前布局，左下方有两个切换项 Design 和 Text。其中，Design 是当前的可视化布局编辑器，可以预览当前的布局，还可以将需要的控件(如 Button、TextView、ImageView 等)拖放到布局编辑器中。Text 通过 XML 文件的方式来进行布局的编辑。

此时是一个空的布局，切换到 Text，可以看到 Text 的页签，代码如下：

```
<?xml version="1.0" encoding="utf-8"?>
<LinearLayout xmlns:android="http://schemas.android.com/apk/res/android"
    android:orientation="vertical"
    android:layout_width="match_parent"
    android:layout_height="match_parent">
</LinearLayout>
```

第一行代码是 XML 声明，定义了 XML 的版本(version="1.0")和使用的编码(encoding="utf-8")，一般为默认值，开发者无须手动修改。第二行代码描述布局文件的根元素。由于前面创建布局文件时根元素选择的是 LinearLayout，所以这里有一个 LinearLayout 元素。第三行代码是根的子元素，一个根元素可以包含多个子元素，通过这种嵌套可以实现复杂的布局。

切换到 Design 选项卡，通过拖放的方式在布局编辑器中添加一个 Button 按钮，然后再切换到 Text 选项卡，可以看到如下代码：

```
<?xml version="1.0" encoding="utf-8"?>
<LinearLayout xmlns:android="http://schemas.android.com/apk/res/android"
    android:orientation="vertical"
    android:layout_width="match_parent"
    android:layout_height="match_parent">

    <Button
        android:id="@+id/button"
        android:layout_width="match_parent"
        android:layout_height="wrap_content"
        android:text="Button" />
</LinearLayout>
```

其中，android:id="@+id/button"是为按钮定义唯一的 id 标识符，android:layout_width 是指当前控件的宽度，android:layout_height 是指当前控件的高度，match_parent 表示当前控件的大小和父布局的大小一样，wrap_content 表示当前控件的大小刚好能包裹里面的内容。android:text 是指该控件上的文字内容，如果将 android:text 的内容修改为“按钮”，那么控件上对应内容也变为“按钮”。

这样一个简单的布局就完成了，接下来在 Activity 中加载该布局。修改 MainActivity.java，具体代码如下：

```
package edu.tust.activitytest;
import androidx.appcompat.app.AppCompatActivity;
```

```
import android.os.Bundle;
public class MainActivity extends AppCompatActivity {
    @Override
    protected void onCreate(Bundle savedInstanceState) {
        super.onCreate(savedInstanceState);
        setContentView(R.layout.main_layout);
    }
}
```

上述代码中通过调用 setContentView()方法加载当前 Activity 的布局，在 setContentView()方法中利用 R 文件来获取布局资源的 id。

4.2.3　在 AndroidManifest 文件中注册

AndroidManifest 文件在 app/src/main 目录下，需要注意的是，所有的 Activity 都需要在 AndroidManifest.xml 中注册才能生效。打开 AndroidManifest.xml 文件可看到如下代码：

```
<?xml version="1.0" encoding="utf-8"?>
<manifest xmlns:android="http://schemas.android.com/apk/res/android"
    package="edu.tust.activitytest">
    <application
        android:allowBackup="true"
        android:icon="@mipmap/ic_launcher"
        android:label="@string/app_name"
        android:roundIcon="@mipmap/ic_launcher_round"
        android:supportsRtl="true"
        android:theme="@style/AppTheme">
        <activity android:name=".MainActivity"></activity>
    </application>
</manifest>
```

可以看到，Activity 的注册声明要在<application>标签内，通过<activity>标签可对 Activity 进行注册。在<activity>标签中使用 android:name 可指明具体注册的 Activity 名，这里填入的.MainActivity 是 edu.tust.activitytest.MainActivity 的缩写。因为在最外层<manifest> 标签中已经通过 package 属性指定程序的包名，即 edu.tust.activitytest，所以在注册 Activity 的时候这一部分可以省略，直接使用.MainActivity 即可。

在 AndroidManifest 文件中还需要为主程序配置主 Activity，即当程序运行时首先启动的 Activity。为主程序配置 Activity 需要在<activity>标签的内部加入<intent-filter>标签，并且在<intent-filter>标签里面添加<action android:name="android.intent.action.MAIN"/>和<category android:name="android.intent.category.LAUNCHER"/>声明，其中 android.intent.action.MAIN 决定程序启动时最先显示的 Activity；android.intent.category. LAUNCHER 表示 Activity 应该被列入系统启动器。

此外，还可以在<activity>标签内通过 android:label 为 Activity 指定标题栏内容，标题栏显示在 Activity 最顶部。修改 AndroidManifest.xml 文件中的代码，如下所示。

```
<?xml version="1.0" encoding="utf-8"?>
<manifest xmlns:android="http://schemas.android.com/apk/res/android"
    package="edu.tust.activitytest">
    <application
        android:allowBackup="true"
        android:icon="@mipmap/ic_launcher"
        android:label="@string/app_name"
        android:roundIcon="@mipmap/ic_launcher_round"
        android:supportsRtl="true"
        android:theme="@style/AppTheme">
        <activity android:name=".MainActivity"
            android:label="手动创建 Activity">
            <intent-filter>
                <action android:name="android.intent.action.MAIN"/>
                <category android:name="android.intent.category.LAUNCHER"/>
            </intent-filter>
        </activity>
    </application>
</manifest>
```

运行程序，结果如图 4.8 所示。

图 4.8　运行结果

4.2.4　使用 Toast 提醒方式

Toast 是 Android 系统提供的一种提醒方式，它可以在程序运行时提示用户一些简短的信息，这些信息并不会长时间显示，而是在一段时间后就消失了，不会占用屏幕的空间。

在前面手动创建 Activity 程序的基础上，对 MainActivity.java 中的代码进行修改，具体代码如下：

```
public class MainActivity extends AppCompatActivity {
    @Override
    protected void onCreate(Bundle savedInstanceState) {
        super.onCreate(savedInstanceState);
        setContentView(R.layout.main_layout);
        Button button = (Button) findViewById(R.id.button);
        button.setOnClickListener(new View.OnClickListener() {
            @Override
            public void onClick(View v) {
            Toast.makeText(MainActivity.this,"提示：你点击了按钮",Toast.LENGTH_
                        SHORT).show();
            }
        });
    }
}
```

上述代码中通过 findViewById()方法获取布局文件中定义的元素 R.id.button，从而得到 Button 按钮实例。接着为 Button 按钮注册一个监听器，当点击按钮时便会执行监听器中的 onClick()方法。Toast 提醒的内容需要在 onClick()方法中实现。通过 Toast 的静态方法 makeText()创建一个 Toast 对象，然后通过调用 show()方法在界面显示。其中 makeText()方法中需要传入三个参数：第一个参数是 Context，是 Toast 的上下文，由于 Activity 本身就是一个 Context 对象，因此使用当前 Activity 的名字即可；第二个参数是 Toast 需要显示的内容；第三个参数是内容显示的时长，可以选择 Toast.LENGTH_SHORT 或 Toast.LENGTH_LONG 这两个内置常量，其中 Toast.LENGTH_SHORT 显示的时长大约 2 秒，而 Toast.LENGTH_LONG 显示的时长约 3.5 秒。

图 4.9　Toast 提醒

运行程序，点击界面上的按钮，会看到 Toast 提醒信息，如图 4.9 所示。

4.2.5 使用 Menu

由于手机屏幕的空间非常有限，在手机应用程序中如何充分利用屏幕空间显得非常重要。如果在 Activity 中需要显示多个菜单，那么可以使用 Android 提供的一种方式——Menu，它不仅不占用屏幕空间，还可以让许多菜单里的界面都显示出来。

右键点击 res 目录下的 New→Directory，新建一个 menu 文件夹，如图 4.10 所示，点击 OK 按钮完成创建。

图 4.10　新建 menu 文件夹

在新建的 menu 文件夹下右键点击 New→Menu resource file，新建一个名为 main 的资源文件，如图 4.11 所示，点击 OK 按钮完成创建。

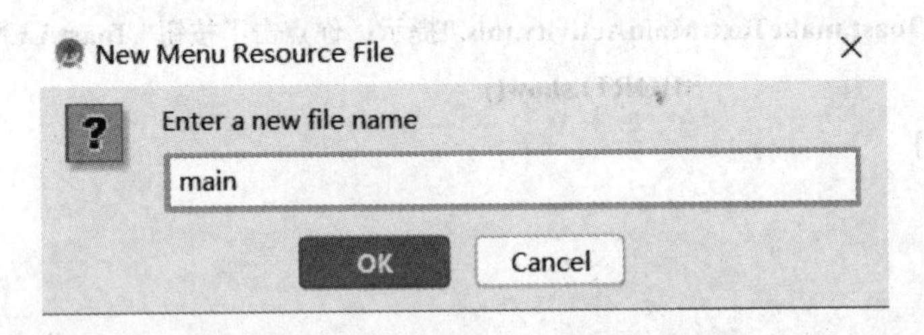

图 4.11　新建 Menu 资源文件

完成创建后会出现 main.xml，接着在 main.xml 中添加如下代码：

```
<?xml version="1.0" encoding="utf-8"?>
<menu xmlns:android="http://schemas.android.com/apk/res/android">
    <item
        android:id="@+id/add"
        android:title="新增"/>
    <item
        android:id="@+id/remove"
        android:title="删除"/>
</menu>
```

我们可以看到，代码中通过<item> 标签创建了两个菜单项，然后通过 android:id 给菜单项指定唯一的标识符，通过 android:title 给菜单项指定名称。

回到 MainActivity.java 中，在 Android Studio 的菜单栏中选择 Code→Override Methods…(也可以通过快捷方式 Ctrl+O)，这时会弹出如图 4.12 所示的窗口，找到 onCreateOptionsMenu()并选中，点击 OK 按钮。

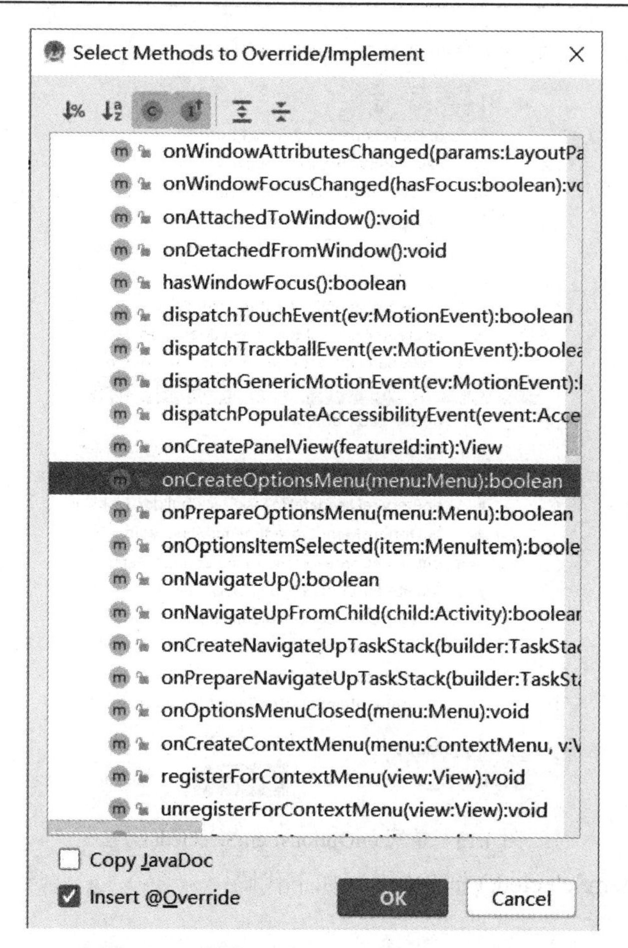

图 4.12　重写 onCreateOptionsMenu()方法

在 onCreateOptionsMenu()方法中添加如下代码：

```
@Override
    public boolean onCreateOptionsMenu(Menu menu) {
        getMenuInflater().inflate(R.menu.main,menu);
        return true;
    }
```

在 onCreateOptionsMenu()方法中通过 getMenuInflater()方法可以得到 MenuInflater 对象，然后调用 inflate()方法就可以给当前 Activity(MainActivity)创建菜单。在 inflate()方法中接收两个参数，第一个参数是指定资源文件；第二个参数是指定菜单项将添加到哪一个 Menu 对象中。方法返回 true，表示允许所创建的菜单显示出来；返回 false，表示不允许所创建的菜单显示出来。

完成重写 onCreateOptionsMenu()方法后还需要定义菜单响应事件，这样创建的菜单不仅可以显示出来，还可以有响应事件。定义菜单响应事件需要重写 onOptionsItemSelected()方法同上(或使用快捷方式：Ctrl+O)，选中 onOptionsItemSelected()，点击 OK 按钮，如图 4.13 所示。

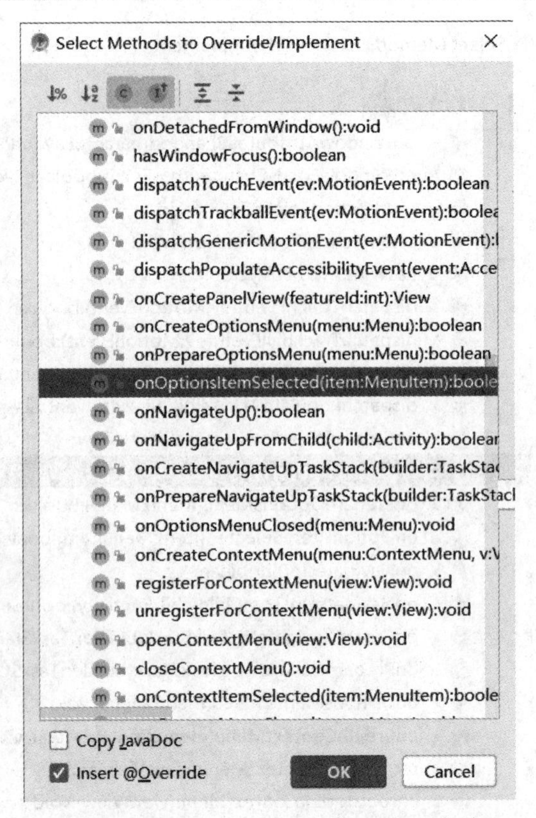

图 4.13　重写 onOptionsItemSelected()方法

在 onOptionsItemSelected()方法中编写如下代码：

```
@Override
    public boolean onOptionsItemSelected(@NonNull MenuItem item) {
        switch (item.getItemId()) {
            case R.id.add:
                Toast.makeText(this,"点击了【新增】",Toast.LENGTH_SHORT).show();
                break;
            case R.id.remove:
                Toast.makeText(this,"点击了【删除】",Toast.LENGTH_SHORT).show();
                break;
            default:
        }
        return true;
    }
```

可以看到，在 onOptionsItemSelected()方法中，通过调用 item.getItemId()来判断用户点击的是哪一个菜单项，给每个菜单项都加入 4.2.4 节所学习的 Toast 提醒。

重新运行程序，发现屏幕的右上方多了一个“⋮”的符号，点击后看到新创建的菜单项，然后点击其中任一菜单项都会有相应的 Toast 提醒。具体如图 4.14 所示。

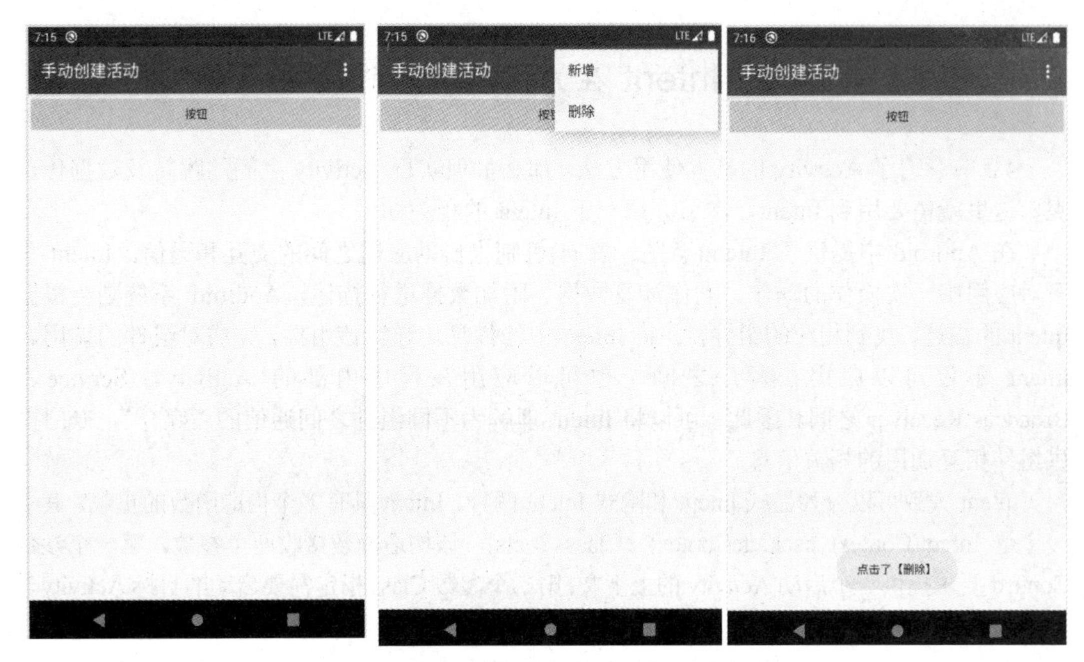

图 4.14　点击带菜单按钮的 Activity 运行界面

4.2.6　销毁 Activity

前面学习了如何创建 Activity，接下来学习如何销毁 Activity。其实销毁 Activity 非常简单，点击返回键就可以销毁当前 Activity。下面我们添加一个按钮，通过点击按钮的方式销毁 Activity。

在布局文件 main_layout.xml 中添加一个 Button，具体如下：

```
<Button
        android:id="@+id/button1"
        android:layout_width="match_parent"
        android:layout_height="wrap_content"
        android:text="销毁 Activity" />
```

然后在 MainActivity.java 中给新添加的 Button 设置点击监听事件，代码如下：

```
Button button1 = (Button)findViewById(R.id.button1);
        button1.setOnClickListener(new View.OnClickListener() {
            @Override
            public void onClick(View v) {
                finish();
            }
        });
```

重新运行程序，点击销毁 Activity 按钮，则会发现当前的 Activity 被销毁了。

4.3　Intent 在 Activity 中的使用

4.2 节学习了 Activity 的基本使用方法，那么如何实现 Activity 之间的跳转及数据传递呢？这里就需要用到 Intent，本节介绍一下 Intent 的相关知识。

在 Android 中提供了 Intent(意图、意向)机制来协助应用之间的交互和通信。Intent 负责对应用中一次操作的动作、动作涉及数据、附加数据进行描述，Android 系统则会根据 Intent 的描述，找到相应的组件，并将 Intent 中的信息传递给该组件，完成对组件的调用。Intent 不仅可以应用在程序之间，也可以应用在程序内部的 Activity、Service、BroadcastReceiver 之间。因此，可以将 Intent 理解为不同组件之间通信的“媒介”，专门提供组件相互调用的相关信息。

Intent 大致可以分为显式 Intent 和隐式 Intent 两种。Intent 具有多个构造函数的重载，其中一个是 Intent(Context packageContext，Class<?>cls)，该构造函数接收两个参数，第一个参数 Context 要求提供一个启动 Activity 的上下文；第二个参数 Class 指定需要启动的目标 Activity。

代码如下：

```
Intent intent = new Intent(FirstActivity.this,SecondActivity.class);
startActivity(intent);
```

在使用 Intent 时需要调用 startActivity(intent)方法，将构建好的 Intent 传入到 startActivity()方法中就可以启动目标 Activity。

4.3.1　使用显式 Intent

在 4.2 节创建的工程中，选中 app/src/main/java/edu.tust.activitytest 目录，右键点击 New→Activity→Empty Activity，在弹出的对话框中自定义将创建的 Activity 名(SecondaryActivity)和布局名(secondary_layout)，选中 Generate Layout File，但不要勾选 Launcher Activity，如图 4.15 所示。

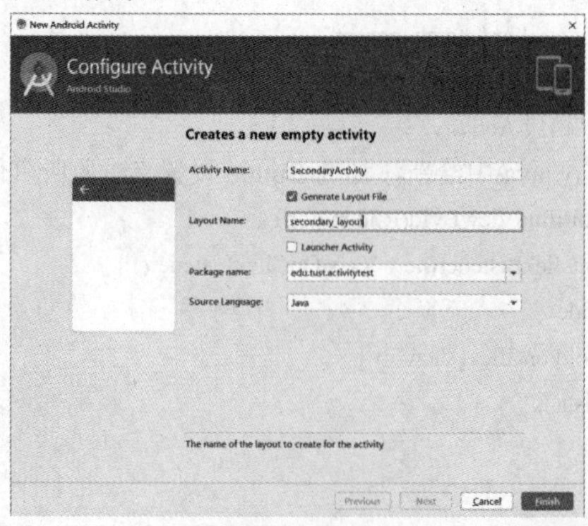

图 4.15　创建 SecondaryActivity

点击 Finish 按钮完成创建，Android Studio 会自动生成 SecondaryActivity.java 和 Secondary_layout.xml 两个文件。SecondaryActivity.java 中的代码如下：

```
public class SecondaryActivity extends AppCompatActivity {
    @Override
    protected void onCreate(Bundle savedInstanceState) {
        super.onCreate(savedInstanceState);
        setContentView(R.layout.secondary_layout);
    }
}
```

修改 Secondary_layout.xml 文件中的代码，具体如下：

```
<LinearLayout xmlns:android="http://schemas.android.com/apk/res/android"
    xmlns:app="http://schemas.android.com/apk/res-auto"
    xmlns:tools="http://schemas.android.com/tools"
    android:orientation="vertical"
    android:layout_width="match_parent"
    android:layout_height="match_parent"
    >
</LinearLayout>
```

可以看到，程序中使用的是 LinearLayout 布局，然后在 AndroidManifest.xml 中为 Android Studio 自动生成的 SecondaryActivity 加一个 label 标签，代码如下：

```
<activity android:name=".SecondaryActivity"
            android:label="第二个 Activity">
    </activity>
```

由于 SecondaryActivity 不是主 Activity，因此并不需要配置<intent-filter> 标签。接下来使用 Intent 去启动 SecondaryActivity。在 main_layout.xml 中再添加一个 Button 按钮，用于启动 SecondaryActivity。具体代码如下：

```
<Button
    android:id="@+id/button2"
    android:layout_width="match_parent"
    android:layout_height="wrap_content"
    android:text="启动第二个活动" />
```

接着在 MainActivity.java 中为新添加的 Button 按钮设置点击监听事件，代码如下：

```
Button2.setOnClickListener(new View.OnClickListener() {
        @Override
        public void onClick(View v) {
            Intent intent = new Intent(MainActivity.this, SecondaryActivity.class);
            startActivity (intent);
        }
    });
```

上述代码中构建了一个 Intent，并且传入 MainActivity.this 作为上下文，传入 SecondaryActivity.class 作为目标 Activity，然后通过调用 startActivity() 方法来执行该 Intent。

重新运行程序，在主 Activity 界面上点击“启动第二个活动”，跳转到我们创建的第二个 Activity，如图 4.16 所示。

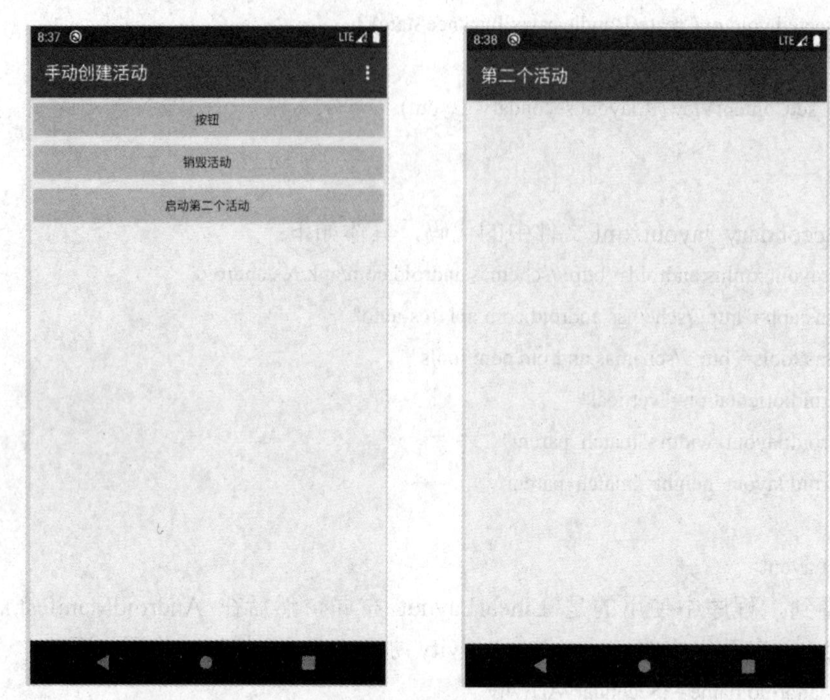

图 4.16　显示 Intent 从第一个 Activity 跳转至第二个 Activity

4.3.2　使用隐式 Intent

隐式 Intent 中并不明确指出想要启动哪一个 Activity，而是指定了一系列更为抽象的 action 和 category 等信息，然后由系统去分析 Intent，并启动目标 Activity。使用隐式 Intent 需要经过以下步骤：

首先，在 AndroidManifest.xml 文件中的<activity>标签下，为创建的 SecondaryActivity 添加<intent-filter>，并指定 SecondaryActivity 能够响应的 action 和 category，代码如下：

```
<activity
    android:name=".SecondaryActivity"
    android:label="第二个 Activity">
    <intent-filter>
        <action android:name="edu.tust.activitytest.ACTION_START"/>
        <category android:name="android.intent.category.DEFAULT"/>
    </intent-filter>
</activity>
```

可以看到，在<activity>标签中指明了当前 Activity 可以响应 edu.tust.activitytest.ACTION_START 这个 action，在<category>标签中包含一些附加信息，这里的 android.intent.

category.DEFAULT 是一种默认的 category，在调用 startActivity()方法时会自动将 category 添加到 Intent 中。需要注意的是，只有<action>和<category>中的内容同时匹配上 Intent 中指定的 action 和 category 时，对应的 Activity 才会响应。

修改 main_layout.xml 中的代码，在主 Activity 的布局文件中再添加一个 Button 按钮，代码如下：

```
<Button
    android:id="@+id/button3"
    android:layout_width="match_parent"
    android:layout_height="wrap_content"
    android:text="启动第二个活动(隐式)" />
```

接着，在 MainActivity.java 中为新添加的按钮设置点击事件，代码如下：

```
Button button3 = (Button) findViewById(R.id.button3);
button3.setOnClickListener(new View.OnClickListener() {
    @Override
    public void onClick(View v) {
        Intent intent = new Intent("edu.tust.activitytest.ACTION_START");
        startActivity(intent);
    }
});
```

重新运行程序，点击“启动第二个活动(隐式)”按钮，程序跳转到第二个 Activity，如图 4.17 所示。

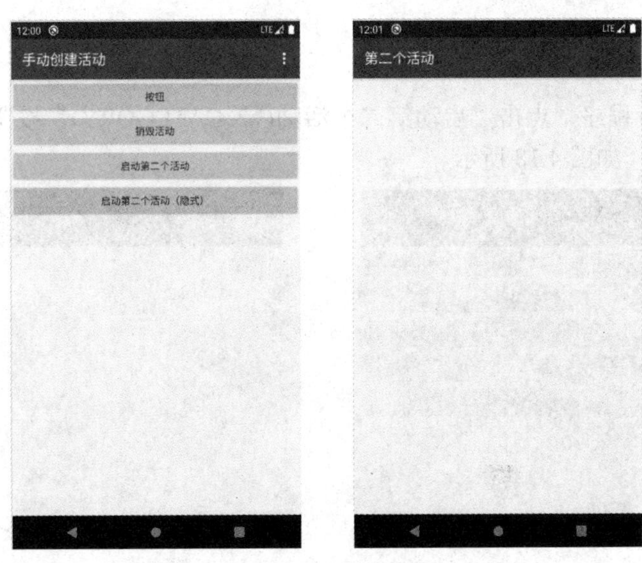

图 4.17　隐式 Intent 启动 Activity

每个 Intent 只能指定一个 action，但却能指定多个 category。下面我们在 AndroidManifest.xml 中新增一个名为“edu.tust.activitytest.MY_CATEGORY”的 category，代码如下：

```
<activity
    android:name=".SecondaryActivity"
```

```
        android:label="第二个 Activity">
        <intent-filter>
            <action android:name="edu.tust.activitytest.ACTION_START"/>
            <category android:name="android.intent.category.DEFAULT"/>
            <category android:name="edu.tust.activitytest.MY_CATEGORY"/>
        </intent-filter>
</activity>
```

然后在主 Activity 布局文件中再添加一个 Button 按钮，代码如下：

```
<Button
        android:id="@+id/button4"
        android:layout_width="match_parent"
        android:layout_height="wrap_content"
        android:text="启动第二个活动(带 category)" />
```

接着，在 MainActivity.java 中为新添加的按钮设置点击事件，代码如下：

```
Button button4 = (Button)findViewById(R.id.button4);
button4.setOnClickListener(new View.OnClickListener() {
        @Override
        public void onClick(View v) {
            Intent intent = new Intent("edu.tust.activitytest.ACTION_START");
            intent.addCategory("edu.tust.activitytest.MY_CATEGORY");
            startActivity(intent);
        }
});
```

最后重新运行程序，点击“启动第二个活动(带 CATEGORY)”按钮，同样会跳转到 SecondaryActivity，如图 4.18 所示。

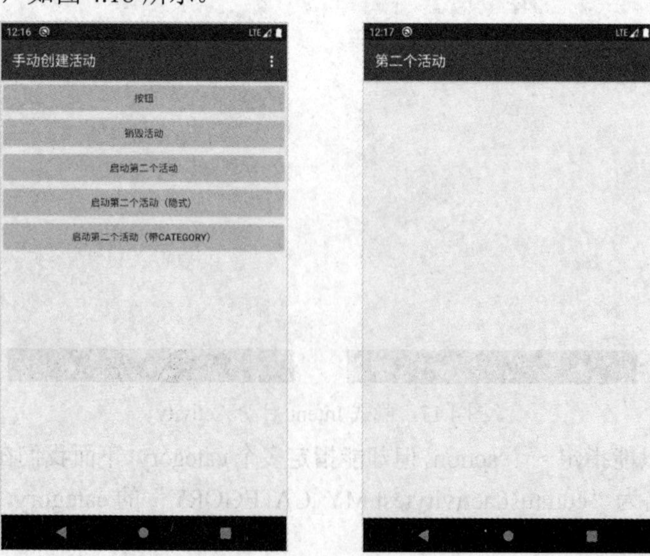

图 4.18　带 CATEGORY 从第一个 Activity 跳转至第二个 Activity

4.3.3　使用隐式 Intent 启动其他 Activity

使用隐式 Intent 不仅可以启动程序内部的 Activity，还可以启动程序外部的 Activity。比如需要在应用程序中展示网页时，不用专门实现一个浏览器，只需调用系统浏览器打开网页即可。使用隐式 Intent 使得在多个 Android 应用之间实现功能共享成为可能。

修改 4.3.2 节实例代码，在主 Activity 的布局文件中再添加一个 Button 按钮，代码如下：

```
<Button
    android:id="@+id/button5"
    android:layout_width="match_parent"
    android:layout_height="wrap_content"
    android:text="打开 TUST 官网" />
```

然后，在 MainActivity.java 中为这个按钮添加点击事件，代码如下：

```
Button button5 = (Button)findViewById(R.id.button5);
button5.setOnClickListener(new View.OnClickListener() {
    @Override
    public void onClick(View v) {
        Intent intent = new Intent(Intent.ACTION_VIEW);
        intent.setData(Uri.parse("http://www.tust.edu.cn"));
        startActivity(intent);
    }
});
```

可以看到，我们将 Intent 的 action 写为 Intent.ACTION_VIEW，这是 Android 系统内置的动作，然后通过调用 Uri.parse()方法，将一个网址字符串解析成一个 Uri 对象，再调用 Intent 的 setData()方法将这个 Uri 对象传递进去。

重新运行程序，然后点击“打开 TUST 官网”按钮，这时会自动打开浏览器并跳转到 TUST 官网，如图 4.19 所示。

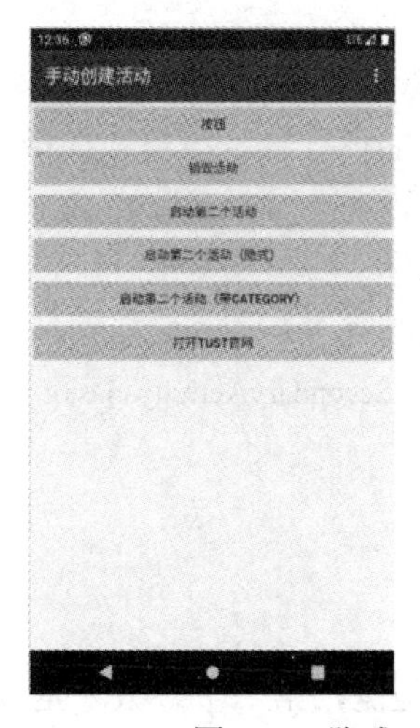

图 4.19　隐式 Intent 启动系统浏览器

此外还可以在<intent-filter>标签中配置一个<data>标签，用于更精确地指定当前Activity 所能响应的数据。<data>标签属性如表 4.1 所示。

表 4.1　<data>标签属性

属性名	说　明
android:scheme	用于指定数据的协议部分，例如 4.3.3 小节所举实例中的 http 表示网址，geo 表示显示地理位置，tel 表示拨打电话
android:host	用于指定数据的主机名部分，如上例中的 www.tust.edu.cn 部分
android:port	用于指定数据的端口部分，一般紧随在主机名之后
android:path	用于指定主机名和端口之后的部分，如一段网址中跟在域名之后的内容
android:mimeType	用于指定可以处理的数据类型，允许使用通配符的方式进行指定

只有当<data>标签中指定的内容和 Intent 中携带的 Data 完全一致时，当前 Activity 才能响应此 Intent。

4.3.3 小节中的例子是利用隐式 Intent 打开网页，那么如何使用隐式 Intent 打开系统拨号界面呢？其实也很简单，其核心代码如下：

```
Intent intent = new Intent(Intent.ACTION_DIAL);
intent.setData(Uri.parse("tel:10086"));
startActivity(intent);
```

上述实例都是简单地利用 Intent 启动一个 Activity，实际上 Intent 在启动 Activity 的时候还可以传递数据，下面介绍利用 Intent 传递数据给下一个 Activity。

4.3.4　传递数据给下一个 Activity

Intent 中提供了一系列 putExtra()方法的重载，将要传递的数据暂时存在 Intent 中，在启动另一个 Activity 后，只需要把数据从 Intent 中取出即可。下面用实例演示将数据从MainActivity 传递给 SecondaryActivity。

在 MainActivity 布局文件中添加一个 Button 按钮，并为这个按钮添加点击事件。MainActivity.java 中的代码如下：

```
Button button6 = (Button) findViewById(R.id.button6);
button6.setOnClickListener(new View.OnClickListener() {
    @Override
    public void onClick(View v) {
        String data = "向第二个 Activity 传递数据";
        Intent intent = new Intent(MainActivity.this, SecondaryActivity.class);
        intent.putExtra("key", data);
        startActivity(intent);
    }
});
```

putExtra()方法接收两个参数，第一个参数是键，第二个参数才是真正要传递的数据。

在 SecondaryActivity.java 中添加如下代码：

```
public class SecondaryActivity extends AppCompatActivity {
    @Override
    protected void onCreate(Bundle savedInstanceState) {
        super.onCreate(savedInstanceState);
        setContentView(R.layout.secondary_layout);
        Intent intent = getIntent();
        String data = intent.getStringExtra("key");
        Log.d("SecondaryActivity", data);
    }
}
```

本实例中传递的是字符串，所以使用 getStringExtra()方法来获取传递的数据。如果传递的是整型数据，则使用 getIntExtra()方法；如果传递的是布尔型数据，则使用 getBooleanExtra()方法，以此类推。

重新运行程序，点击刚添加的按钮，会跳转到 SecondaryActivity，观察 Logcat 中打印的信息，如图 4.20 所示，表明已经成功将数据从 MainActivity 传递给 SecondaryActivity。

```
21:21:33.196 6055-6055/edu.tust.activitytest D/SecondaryActivity: 向第二个活动传递数据
```

图 4.20 Logcat 打印的信息

4.3.5 返回数据给上一个 Activity

返回数据给上一个 Activity 需要用到 startActivityForResult()方法，该方法接收两个参数，第一个参数是 Intent；第二个参数是请求码，用于在回调中判断数据的来源。

接下来演示如何从 SecondaryActivity 中返回数据给 MainActivity。首先需要修改 MainActivity.java 中的按钮点击事件。代码如下：

```
public class MainActivity extends AppCompatActivity {
    private Button button7;
    @Override
    protected void onCreate(final Bundle savedInstanceState) {
        super.onCreate(savedInstanceState);
        setContentView(R.layout.main_layout);
        button7 = (Button) findViewById(R.id.button7);
        button7.setOnClickListener(new View.OnClickListener() {
            @Override
            public void onClick(View v) {
                Intent intent = new Intent(MainActivity.this, SecondaryActivity.class);
                //第一个参数是 intent,第二个参数是请求码
                startActivityForResult(intent, 1);
```

```
            }
        });
    }
```

注：请求码必须唯一！

然后在 SecondaryActivity 的布局文件中添加 Button 按钮，修改 SecondaryActivity.java 中的代码。具体代码如下：

```
public class SecondaryActivity extends AppCompatActivity {
    private Button button8;
    @Override
    protected void onCreate(Bundle savedInstanceState) {
        super.onCreate(savedInstanceState);
        setContentView(R.layout.secondary_layout);
        button8 = (Button) findViewById(R.id.button8);
        button8.setOnClickListener(new View.OnClickListener() {
            @Override
            public void onClick(View v) {
                Intent intent = new Intent();
                //将要传给 MainActivity 的数据存放在 intent 中
                intent.putExtra("data", "返回数据给上一个活动");
                //第一个参数用于向上一个 Activity 返回结果，一般有 RESULT_OK 和
                    RESULT_CANCEL 两个值，第二个参数把带有数据的 intent 传回去
                setResult(RESULT_OK, intent);
                finish();
            }
        });
    }
}
```

可以看到，将要传给 MainActivity 的数据存放在 intent 中，然后调用 setResult()方法。setResult()方法接收两个参数，第一个参数用于向上一个 Activity 返回结果，一般有 RESULT_OK 和 RESULT_CANCEL 两个值，第二个参数把带有数据的 intent 传回去，接着调用 finish()方法销毁该 Activity。

在 MainActivity 中调用 startActivityForResult()方法来启动 SecondaryActivity，如果当前的 Activity 被销毁，那么系统会回调上一个 Activity 中的 onActivityResult()方法，所以，在 MainActivity 中需要重写 onActivityResult()方法。代码如下：

```
@Override
protected void onActivityResult(int requestCode, int resultCode, Intent data) {
    super.onActivityResult(requestCode, resultCode, data);
    switch (requestCode) {
```

```
            case 1:
    //判断请求的结果是否成功，resultCode == RESULT_OK，代表成功了
                if (resultCode == RESULT_OK) {
                    String getData = data.getStringExtra("data");
                    Log.d("MainActivity",getData);
                }
                break;
            default:
        }
    }
```

onActivityResult()方法中有三个参数，第一个参数是 requestCode，即在启动 Activity 的时候传入的唯一请求码；第二个参数是 resultCode，指在返回数据时传入的处理结果；第三个参数是 data，即携带着返回数据的 Intent。然后通过 requestCode 的值来判断数据的来源，若 resultCode == RESULT_OK，则代表成功了。最后从 data 中取值，完成返回数据给上一个 Activity。

重新运行程序，点击 MainActivity 界面按钮便会跳转至 SecondaryActivity，然后点击 SecondaryActivity 界面上的按钮便可以返回到 MainActivity，这时注意观察 Logcat 的打印信息，如图 4.21 所示。

```
14:22:47.648 10719-10719/edu.tust.activitytest D/MainActivity: 返回数据给上一个活动
```

图 4.21　Logcat 打印的信息

Logcat 中打印出“返回数据给上一个活动”的信息，说明 SecondaryActivity 已经成功将数据返回给 MainActivity 了。

本实例是通过在 SecondaryActivity 中点击按钮返回到 MainActivity 的，其实按下系统自带的返回键也可以返回到 MainActivity 中，只需在 SecondaryActivity 中重写 onBackPressed()方法即可，具体代码如下：

```
@Override
public void onBackPressed() {
    Intent intent = new Intent();
    intent.putExtra("data", "返回数据给上一个活动");
    setResult(RESULT_OK, intent);
    finish();
}
```

4.4　Activity 的生命周期

通过前几节的学习，读者对 Android 系统的 Activity 有了一定的认识。下面进入对 Activity 生命周期的学习。理解 Activity 生命周期可以更合理地管理应用资源，写出更加流

畅的应用程序。

Android 中使用任务(Task)来管理 Activity，一个任务就是一组存放在栈里的 Activity 集合，这里引入返回栈(Back Stack)的概念。栈是一种后进先出的数据结构，默认情况下，每当启动一个新的 Activity 时，它都会在返回栈中入栈，并且处于栈顶的位置。每当按下 Back 返回键或者调用 finish()方法销毁一个 Activity 时，处于栈顶的 Activity 就会出栈，此时上一个入栈的 Activity 就会重新处于栈顶的位置。系统总是显示处于栈顶位置的 Activity。返回栈的示意图如图 4.22 所示。

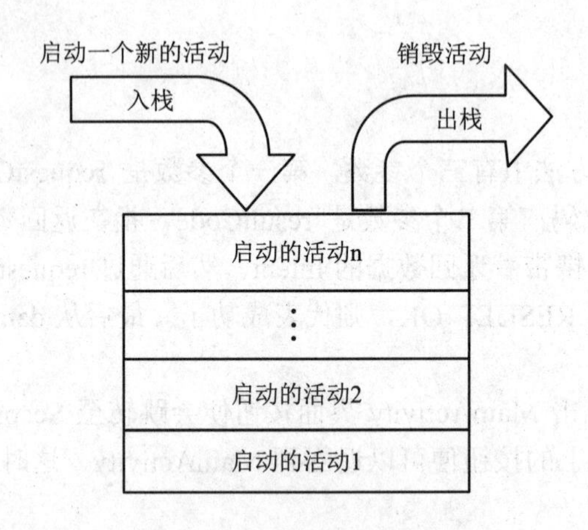

图 4.22　返回栈的示意图

4.4.1　Activity 的四种状态

每个 Activity 在其生命周期中都有四种状态，分别为运行状态、暂停状态、停止状态和销毁状态。

1. 运行状态

当一个 Activity 位于返回栈的栈顶时，它处于可见并可与用户交互的激活状态，即为运行状态。

2. 暂停状态

当一个 Activity 不再处于返回栈的栈顶位置，但依然可见时，该 Activity 就会进入暂停状态。并不是所有的 Activity 都会占满整个屏幕，例如，对话框形式的 Activity 只会占用部分屏幕空间。这种处于暂停状态的 Activity 依然是存活的。

3. 停止状态

当一个 Activity 不再处于返回栈的栈顶位置，并且完全不可见时，该 Activity 就处于停止状态。此时系统仍然会给处于停止状态的 Activity 保存相应的状态和成员变量。但是，当其他地方需要内存时，处于停止状态的 Activity 就有可能被系统回收。

4. 销毁状态

当一个 Activity 从返回栈中被移除后，该 Activity 就变成了销毁状态。

4.4.2　Activity 的生存期

在不同的状态下，Android 系统对 Activity 类中的方法进行相应的回调。因此，在程序中编写 Activity 时，一般都是继承 Activity 类并重写相应的回调方法。Activity 类中定义了 7 个回调方法，覆盖了 Activity 生命周期的每一个环节。

(1) onCreate()。

每当新创建一个 Activity 时，都会看到该方法，因为每个 Activity 中都需要重写 onCreate()方法，完成 Activity 的初始化操作，例如加载布局、绑定事件等。

(2) onStart()。

当某一个 Activity 由不可见变为可见的时候，调用 onStart()方法。

(3) onResume()。

当 Activity 准备好与用户进行交互，并且该 Activity 一定位于返回栈的栈顶位置时，处于运行状态，则调用 onResume()方法。

(4) onPause()。

当系统准备去启动或者恢复另一个 Activity 时，调用 onPause()方法。这个方法的执行速度一定要快，否则会影响到新的栈顶 Activity 的使用。

(5) onStop()。

当 Activity 处于完全不可见的时候调用 onStop()方法。该方法与 onPause()方法的区别是，如果启动的新 Activity 是对话框 Activity，覆盖了原有 Activity，但原有 Activity 仍然可见，则执行的是 onPause()。

(6) onDestroy()。

在 Activity 被销毁之前调用 onDestroy()方法，之后 Activity 的状态将会变成销毁状态。

(7) onRestart()。

在 Activity 由停止状态变为运行状态之前调用 onRestart()方法，Activity 将被重新启动。

以上七个方法中除了 onRestart()方法，其他方法都是两两相对的，所以又可以将 Activity 分为 3 个生存期。

(1) 完整生存期。

Activity 从 onCreate()方法到 onDestroy()方法之间所经历的就是完整生存期。

(2) 可见生存期。

Activity 从 onStart()方法到 onStop()方法之间所经历的就是可见生存期。在可见生存期内，无论该 Activity 与用户是否有交互，Activity 对用户都是可见的。

(3) 前台生存期。

Activity 从 onResume()方法到 onPause()方法之间所经历的就是前台生存期。在前台生存期内，Activity 总是处于运行状态，并且此时的 Activity 可以与用户进行交互。

Activity 生命周期示意图如图 4.23 所示。

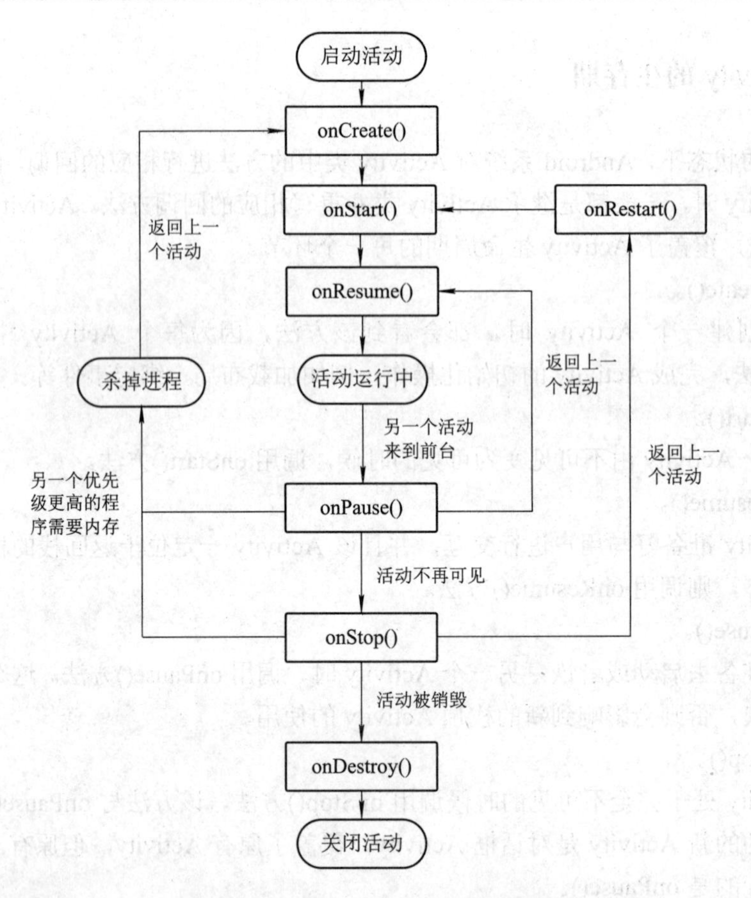

图 4.23　Activity 的生命周期示意图

以上介绍了有关 Activity 生命周期的相关理论知识，下面通过一个实例来直观地理解 Activity 的生命周期。

首先，需要将前面章节中介绍的 ActivityTest 项目关闭(File→Close Project)，然后新建一个 ActivityLifeCycleTest 项目，在新建的项目中创建 FirstActivity 并将其作为主 Activity，再创建 SecondActivity 和 ThirdActivity 作为子 Activity。其中 SecondActivity 是一个普通的 Activity，ThirdActivity 是一个对话框式的 Activity。新建项目和手动创建 Activity 的方法前面章节已经介绍，这里不再叙述。

在 FirstActivity 的布局文件 first_layout.xml 中添加两个 Button 按钮，一个 Button 按钮用于启动 SecondActivity，另一个 Button 按钮用于启动 ThirdActivity。具体代码如下：

```
<LinearLayout xmlns:android="http://schemas.android.com/apk/res/android"
    xmlns:tools="http://schemas.android.com/tools"
    android:layout_width="match_parent"
    android:layout_height="match_parent"
    android:orientation="vertical"
    tools:context=".FirstActivity">
    <Button
        android:id="@+id/button_second"
```

```
        android:layout_width="match_parent"
        android:layout_height="wrap_content"
        android:text="启动 SecondActivity" />
    <Button
        android:id="@+id/button_third"
        android:layout_width="match_parent"
        android:layout_height="wrap_content"
        android:text="启动 ThirdActivity" />
</LinearLayout>
```

接着，修改 SecondActivity 的布局文件 second_layout.xml，具体代码如下：

```
<LinearLayout xmlns:android="http://schemas.android.com/apk/res/android"
    xmlns:tools="http://schemas.android.com/tools"
    android:layout_width="match_parent"
    android:layout_height="match_parent"
    android:orientation="vertical"
    tools:context=".SecondActivity">

    <TextView
        android:id="@+id/text_second"
        android:layout_width="match_parent"
        android:layout_height="wrap_content"
        android:text="这是 SecondActivity" />
</LinearLayout>
```

可以看到，在 second_layout.xml 布局文件中添加了一个 TextView，用于显示“这是 SecondActivity”文本。

然后，修改 ThirdActivity 的布局文件 third_layout.xml，具体代码如下：

```
<LinearLayout xmlns:android="http://schemas.android.com/apk/res/android"
    xmlns:tools="http://schemas.android.com/tools"
    android:layout_width="match_parent"
    android:layout_height="match_parent"
    android:orientation="vertical"
    tools:context=".ThirdActivity">
    <TextView
        android:id="@+id/text_third"
        android:layout_width="match_parent"
        android:layout_height="wrap_content"
        android:text="这是对话框 AlertDialog" />
</LinearLayout>
```

同样地，在 third_layout.xml 的布局文件中也添加了一个 TextView，用于显示“这是对话框 AlertDialog”文本。

SecondActivity.java 和 ThirdActivity.java 中的代码不需要修改，保持默认即可。

接下来在 AndroidManifest.xml 中对 FirstActivity、SecondActivity 和 ThirdActivity 进行配置。具体代码如下：

```
<manifest xmlns:android="http://schemas.android.com/apk/res/android"
    package="edu.tust.activitylifecycletest">
    <application
        android:allowBackup="true"
        android:icon="@mipmap/ic_launcher"
        android:label="@string/app_name"
        android:roundIcon="@mipmap/ic_launcher_round"
        android:supportsRtl="true"
        android:theme="@style/AppTheme">
        <activity android:name=".ThirdActivity"
            android:label="ThirdActivity"
            android:theme="@style/Theme.AppCompat.Dialog">
        </activity>
        <activity android:name=".SecondActivity"
            android:label="SecondActivity">
        </activity>
        <activity android:name=".FirstActivity"
            android:label="Activity 生命周期示例">
            <intent-filter>
                <action android:name="android.intent.action.MAIN"/>
                <category android:name="android.intent.category.LAUNCHER"/>
            </intent-filter>
        </activity>
    </application>
</manifest>
```

可以看到，在清单文件中对 FirstActivity、SecondActivity 和 ThirdActivity 都设置了 label，并且将 FirstActivity 设置为主 Activity，在<intent-filter>标签中添加<action android:name="android.intent.action.MAIN"/> 和 <category android:name="android.intent.category.LAUNCHER"/>这两句声明。此外，对 ThirdActivity 使用了 android:theme 属性，设置为@style/Theme.AppCompat.Dialog，即对话框式的主题。

最后，修改 FirstActivity.java 中的代码，具体代码如下：

```
public class FirstActivity extends AppCompatActivity {
    public static String TAG = "FirstActivity";
    @Override
    protected void onCreate(Bundle savedInstanceState) {
```

```
        super.onCreate(savedInstanceState);
        setContentView(R.layout.first_layout);
        Log.d(TAG, "onCreate");
        Button buttonSecond = (Button) findViewById(R.id.button_second);
        Button buttonThird = (Button) findViewById(R.id.button_third);
        buttonSecond.setOnClickListener(new View.OnClickListener() {
            @Override
            public void onClick(View v) {
                Intent intent = new Intent(FirstActivity.this, SecondActivity.class);
                startActivity(intent);
            }
        });
        buttonThird.setOnClickListener(new View.OnClickListener() {
            @Override
            public void onClick(View v) {
                //显示 Intent 启动 Activity
                Intent intent = new Intent(FirstActivity.this, ThirdActivity.class);
                startActivity(intent);
            }
        });
    }
    @Override
    protected void onStart() {
        super.onStart();
        Log.d(TAG, "onStart");
    }
    @Override
    protected void onResume() {
        super.onResume();
        Log.d(TAG, "onResume");
    }
    @Override
    protected void onPause() {
        super.onPause();
        Log.d(TAG, "onPause");
    }
    @Override
    protected void onStop() {
        super.onStop();
```

```
        Log.d(TAG, "onStop");
    }
    @Override
    protected void onDestroy() {
        super.onDestroy();
        Log.d(TAG, "onDestroy");
    }
    @Override
    protected void onRestart() {
        super.onRestart();
        Log.d(TAG, "onRestart");
    }
}
```

可以看到，在 onCreate()方法中分别为添加的两个 Button 按钮注册了点击事件，点击第一个 Button，会跳转至正常 Activity；点击第二个 Button，会跳转至对话框 Activity。然后在 Activity 的 7 个回调方法中分别打印一句话，这样能够通过 Logcat 更加直观地理解 Activity 的生命周期。

一切就绪后，运行程序，其界面如图 4.24 所示。

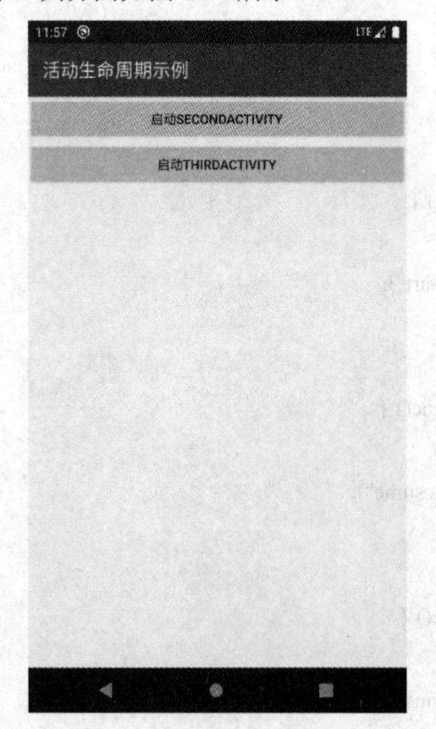

图 4.24　FirstActivity 主界面

此时注意观察 Logcat 中打印的信息，如图 4.25 所示。

```
15:25:08.925 16228-16228/edu.tust.activitylifecycletest D/FirstActivity: onCreate
15:25:08.955 16228-16228/edu.tust.activitylifecycletest D/FirstActivity: onStart
15:25:08.956 16228-16228/edu.tust.activitylifecycletest D/FirstActivity: onResume
```

图 4.25　启动程序时的 Logcat

从 Logcat 中可以看到，在 FirstActivity 第一次被创建时，会依次执行 onCreate()方法、onStart()方法和 onResume()方法。然后点击第一个按钮，则会跳转至 SecondActivity，并注意观察 Logcat 中的信息，如图 4.26 和图 4.27 所示。

图 4.26　SecondActivity 界面

```
15:22:05.389 16228-16228/edu.tust.activitylifecycletest D/FirstActivity: onPause
15:22:06.153 16228-16228/edu.tust.activitylifecycletest D/FirstActivity: onStop
```

图 4.27　打开 SecondActivity 时的 Logcat

我们可以看到 Logcat 上出现 onPause 和 onStop，这是因为 SecondActivity 已经把 FirstActivity 完全遮挡住，所以会执行 onPause()方法和 onStop()方法。接着，按下 Back 返回键，回到 FirstActivity，此时注意观察 Logcat，如图 4.28 所示。

```
15:25:14.484 16228-16228/edu.tust.activitylifecycletest D/FirstActivity: onRestart
15:25:14.485 16228-16228/edu.tust.activitylifecycletest D/FirstActivity: onStart
15:25:14.485 16228-16228/edu.tust.activitylifecycletest D/FirstActivity: onResume
```

图 4.28　按下 Back 键返回至 FirstActivity 时的 Logcat

onRestart()方法最先被执行，这是因为之前的 FirstActivity 已经处于停止状态，那么重新回到运行状态需要执行 onRestart()方法、onStart()方法以及 onResume()方法，但是相比首次运行时，这次并没有执行 onCreate()方法，因为 FirstActivity 并没有重新创建。然后再点击第二个按钮，启动 ThirdActivity，并注意观察 Logcat，如图 4.29 和图 4.30 所示。

图 4.29 ThirdActivity 界面

```
15:25:16.044 16228-16228/edu.tust.activitylifecycletest D/FirstActivity: onPause
```

图 4.30 打开 ThirdActivity 时的 Logcat

由于 ThirdActivity 是一个对话框式的 Activity，启动后并没有完全遮挡住 FirstActivity，此时的 FirstActivity 只是进入了暂停状态，所以只执行了 onPause()方法。按下 Back 返回键后会回到 FirstActivity，相应地也只会执行 onResume()方法，如图 4.31 所示。

```
15:25:18.954 16228-16228/edu.tust.activitylifecycletest D/FirstActivity: onResume
```

图 4.31 从 ThirdActivity 回到 FirstActivity 时的 Logcat

再按一次 Back 返回键，则会退出该程序，这时观察 Logcat，如图 4.32 所示。

```
15:25:21.163 16228-16228/edu.tust.activitylifecycletest D/FirstActivity: onPause
15:25:22.228 16228-16228/edu.tust.activitylifecycletest D/FirstActivity: onStop
15:25:22.229 16228-16228/edu.tust.activitylifecycletest D/FirstActivity: onDestroy
```

图 4.32 退出程序时的 Logcat

我们可以看到，依次执行了 onPause()方法、onStop()方法和 onDestroy()方法。按照上述流程下来，就经历了一次完整的 Activity 生命周期。

4.4.3 系统回收 Activity

当一个 Activity 进入停止状态时，是有可能被系统回收的。设想一下，如果在 FirstActivity

中输入一段文字，然后启动 SecondActivity，这时倘若由于系统内存不足而导致 FirstActivity 被回收，那么当程序从 SecondActivity 返回到 FirstActivity 时，会发现刚刚输入的文字全部消失了。这就使得 Activity 进入停止状态且被系统回收后，之前 Activity 上的数据和状态全部都被销毁。

那么该如何解决 Activity 被回收时需要临时保存数据的问题呢？Activity 中提供了 onSaveInstanceState()回调方法，该方法可以有效解决上述问题。onSaveInstanceState()方法会携带一个 Bundle 类型的参数，Bundle 提供了一系列的方法用于保存数据，如可以使用 putString()保存字符串、使用 putInt() 保存整型数据等。每个方法需要传入两个参数，第一个参数是键，第二个参数是需要保存的内容。

以 FirstActivity 为例，修改 FirstActivity.java 中代码，具体代码如下：

```
@Override
protected void onSaveInstanceState(Bundle outState) {
    super.onSaveInstanceState(outState);
    String temporary_data = "临时数据"
    outState.putString("key", " temporary_data ");
}
```

以上代码实现了保存临时数据，那么还需要恢复临时数据，这便需要在 FirstActivity 中使用 onCreate()方法取出临时数据，具体代码如下：

```
@Override
protected void onCreate(Bundle savedInstanceState) {
    super.onCreate(savedInstanceState);
    setContentView(R.layout.first_layout);
    Log.d(TAG, "onCreate");
    if (savedInstanceState != null) {
        String temporary_data = savedInstanceState.getString("key");
        Log.d(TAG, temporary_data); }
}
```

可以看到，通过 if 语句判断临时保存的数据是否为空，若不为空，则会在 Activity 重新创建时被恢复。

4.5 Activity 的启动模式

在实际项目中，应根据特定的需求为每一个 Activity 指定恰当的启动模式。Activity 的启动模式共有四种，分别为：standard、singleTop、singleTask 和 singleInstance。在使用时可以通过在 AndroidManifest.xml 中给<activity>标签指定 android:launchMode 属性来选择启动模式。

1. standard

standard 是 Activity 默认的启动模式，前面创建的 Activity 都没有指明启动模式，但都能够正常使用，这是因为当不指定 Activity 的启动模式时，Activity 就会以默认的 standard 模式启动。standard 模式的原理示意图如图 4.33 所示，在该模式下，每当启动一个新的 Activity 时，它就会在返回栈中入栈，并且处于栈顶位置。系统不会去判断该 Activity 是否已经存在返回栈中，而是每次启动都会创建该 Activity 的一个新的实例。

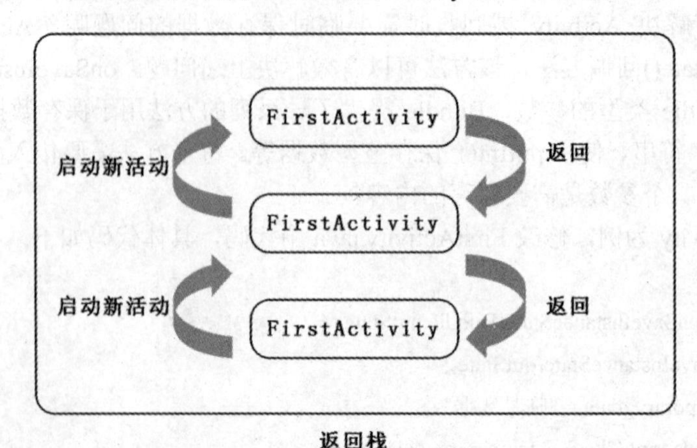

图 4.33　standard 模式的原理示意图

下面通过一个实例，来直观地理解 standard 模式。首先，新建一个 ActivityLaunch ModeTest 项目，然后新建一个 FirstActivity，并在布局文件中添加一个 Button 按钮，接着编写 FirstActivity.java 中的代码，实现在 FirstActivity 的基础上启动 FirstActivity，并打印当前 Activity 的实例。具体代码如下：

```
public class FirstActivity extends AppCompatActivity {
    @Override
    protected void onCreate(Bundle savedInstanceState) {
        super.onCreate(savedInstanceState);
        setContentView(R.layout.first_layout);
        Log.d("FirstActivity", this.toString());
        Button button = (Button) findViewById(R.id.button);
        button.setOnClickListener(new View.OnClickListener() {
            @Override
            public void onClick(View v) {
                Intent intent = new Intent(FirstActivity.this, FirstActivity.class);
                startActivity(intent);
            }
        });
    }
}
```

运行程序，然后在 FirstActivity 界面点击两次按钮，这时观察 Logcat 中的信息，如图 4.34 所示。

```
15:33:12.386 9147-9147/edu.tust.activitylaunchmodetest D/FirstActivity: edu.tust.activitylaunchmodetest.FirstActivity@75c9730
15:33:16.627 9147-9147/edu.tust.activitylaunchmodetest D/FirstActivity: edu.tust.activitylaunchmodetest.FirstActivity@c072384
15:33:18.050 9147-9147/edu.tust.activitylaunchmodetest D/FirstActivity: edu.tust.activitylaunchmodetest.FirstActivity@ab77411
```

图 4.34　standard 模式下的 Logcat 信息

可以看到，每次点击按钮都会创建一个新的 FirstActivity 实例。如果点击返回键，则会回到上一个 FirstActivity 实例。

2. singleTop

在 singleTop 模式下，当启动 Activity 时，如果发现该 Activity 在返回栈的栈顶，则会直接使用它，而不会像 standard 模式一样再次创建新的 Activity 实例。singleTop 模式的原理示意图如图 4.35 所示。

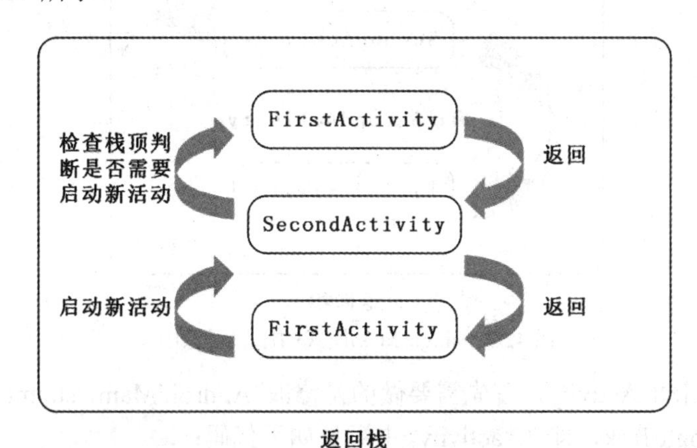

图 4.35　singleTop 模式的原理示意图

具体使用时，在 AndroidManifest.xm 中，将启动模式修改为 singleTop 模式即可，代码如下：

```
<activity android:name=".FirstActivity"
    android:launchMode="singleTop">//启动模式
    <intent-filter>
        <action android:name="android.intent.action.MAIN"/>
        <category android:name="android.intent.category.LAUNCHER"/>
    </intent-filter>
</activity>
```

重新运行程序，可以看到 Logcat 中已经创建了一个 FirstActivity 实例。无论点击多少次按钮，Logcat 中都不会有新的信息出现。这是因为当前的 Activity 处于返回栈的栈顶，singleTop 模式下不会再次创建新的 Activity 实例，如图 4.36 所示。

```
16:01:29.970 9909-9909/? D/FirstActivity: edu.tust.activitylaunchmodetest.FirstActivity@3a14d9c
```

图 4.36　singleTop 模式下的 Logcat 信息

需要注意，如果在 singleTop 模式下，FirstActivity 并不处于返回栈的栈顶，这时当再次启动 FirstActivity 时，将重新创建 FirstActivity 实例。

3. singleTask

当 Activity 的启动模式为 singleTask 时，每次启动该 Activity，系统首先会在返回栈中检查该 Activity 的实例是否存在。若发现该 Activity 的实例存在，则会在启动时直接使用该实例，并且会把该 Activity 之上的所有 Activity 全部出栈；如果返回栈中不存在该 Activity 的实例，则启动时会创建 Activity 实例。singleTask 模式的原理示意图如图 4.37 所示。

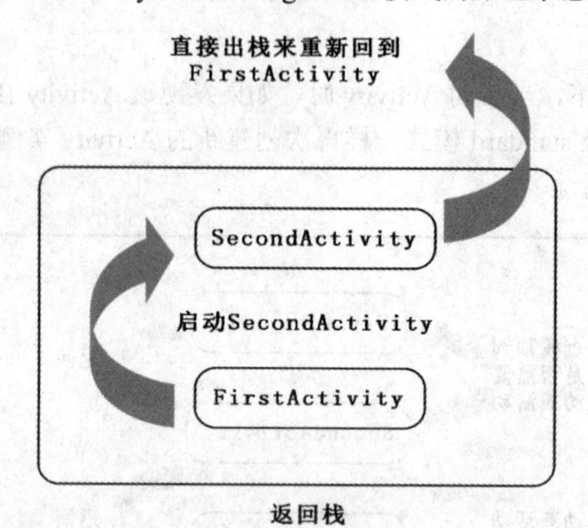

图 4.37　singleTask 模式的原理示意图

使用该模式启动 Activity，首先需要做的是修改 AndroidManifest.xml 中 FirstActivity 的启动模式为 singleTask，即在<activity>中添加如下代码：

```
android:launchMode="singleTask">//启动模式
```

4. singleInstance

singleInstance 模式可以解决某个程序和其他运行程序共享某个 Activity 实例时产生的问题。该模式下会有一个单独的返回栈来管理 Activity，无论哪个应用程序来访问此 Activity，都共用同一个返回栈。singleInstance 模式的原理示意图如图 4.38 所示。

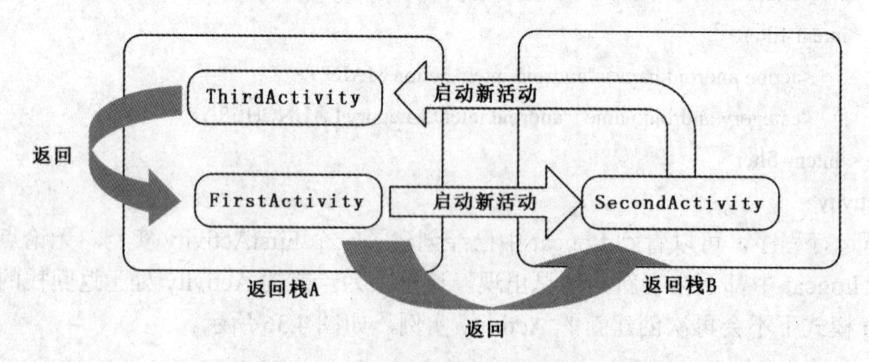

图 4.38　singleInstance 模式的原理示意图

同样地，使用该模式启动 Activity，首先需要做的是修改 AndroidManifest.xml 中 FirstActivity 的启动模式为 singleInstance，即在<activity>中添加如下代码：

```
android:launchMode=" singleInstance ">//启动模式
```

4.6　Android 系统的日志工具——Log

在前面章节的实例中，运行程序时经常需要使用 Android 系统的日志工具 Log。因为在调试项目的过程中，很可能会出现一些 Bug，或者需要查看程序中的某些结果，这时候就要使用 Log 工具。Log 类其实是 Android 中的日志工具类，该工具类提供了如表 4.2 所示的 5 种方法来进行相关日志的输出，不同的方法所对应的级别也不相同。

表 4.2　Log 的五种打印日志的方法

方法	用　途	对应级别
Log.v()	用于打印最为烦琐、意义最小的日志信息	verbose 是 Android 日志中级别最低的一种
Log.d()	用于打印一些调试信息，通常用来辅助调试程序和分析问题	debug(高于 verbose)
Log.i()	用于打印比较重要的数据信息	info(高于 debug)
Log.w()	用于打印程序中的警告信息，提示程序潜在的风险，最好修复一下出现警告的地方	warn(高于 info)
Log.e()	用于打印程序中的错误信息，若有信息打印，则表示该程序有错误，需要尽快修复	error(高于 warn)

Log 的所有打印方法中都需要输入两个参数。第一个参数为 tag，一般输入当前的类名即可，主要用于对打印信息进行过滤；第二个参数为 msg，即为想要打印的具体内容。当调试程序时，可在 Android Studio 左下方点击 Logcat 即可查看打印的信息。

除了使用 Log 日志工具打印信息外，还可以用 System.out.println()方法来打印日志，但 System.out.println()方法有很多的缺点，例如打印时间无法确定、日志没有级别区分、不能添加过滤器等，因此，通常不使用 System.out.println()方法来打印日志。

本章总结

本章主要介绍了 Activity 的基本使用方法、Activity 的启动及数据交互、Activity 的生命周期及启动模式等知识，此外还简单介绍了 Android 中日志工具的使用。在理论知识介绍的同时，也通过实例向读者演示具体的效果，以加深读者的理解。Activity 是 Android 四大组件之一，在后面的学习中，读者还将继续了解 Activity 的使用。

第 5 章　Android 应用界面

Android 应用程序除了要包含很多的逻辑功能之外，还需要有良好的图形界面与用户交互，良好的 UI 界面设计在开发 Android 程序时十分重要。

通过本章的学习可以熟悉 Android 应用界面开发的基本方法，了解 Android 开发中常用的布局、控件、界面等，利用 Android 提供的 UI 开发工具，开发出各种界面。

★学习目标

- 了解各种控件的使用方法；
- 掌握各种布局的特点和使用方法；
- 掌握碎片的特点和使用方法。

5.1　Android 应用界面开发概述

用户在接触一个新的 Android 应用程序时，首先看到的一定是应用界面，一个美观的界面会大大提高用户选择该应用的概率，因此开发设计美观的应用界面十分重要。接下来我们认识一下 Android 应用界面中常见的控件。

5.1.1　视图组件与容器组件

View 类是 Android 中最基本的一个 UI 类，基本上所有的高级 UI 组件都是继承 View 类实现的。Android 应用中绝大部分 UI 组件都放在 android.widget 包及其子包、android.view 包及其子包中，Android 应用的所有 UI 组件都继承了 View 类。View 类是 Android 系统平台上用户界面表示的基本单元，View 的一些子类被统称为 Widgets(工具)，提供了文本输入框和按钮等 UI 对象的完整实现。一个 View 类视图在屏幕上占据了一块矩形区域，它负责渲染这块矩形区域(如将这块矩形区域变成其他颜色)，也可以处理这块矩形区域发生的事件(如用户单击事件)，并且可以设置这块区域是否可见、是否可以获取焦点等。

View 类有一个非常重要的子类 ViewGroup，它是 View 的一个扩展，可以容纳多个 View，通过 ViewGroup 类可以创建有联系的子 View 组成的复合控件。图 5.1 表示 Android 图形用户界面的组件层次。

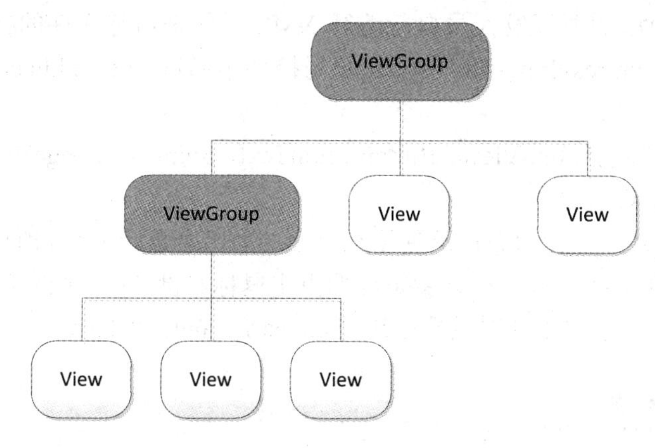

图 5.1 Android 图形用户界面的组件层次

5.1.2 Android 控制 UI 界面的方式

Android 推荐在 XML 布局文件中控制视图，这样可以将应用的视图控制逻辑从 Java 代码中分离出来，方便用户进行开发。在 Android 应用的 app\src\main\res\layout 目录下定义一个任意文件名的 XML 布局文件，然后在 Java 代码中可以通过 setContentView (R.layout.<资源文件名字>)在 Activity 中加载该视图。

当在布局文件中添加多个控件时，用户都可以通过增加 android:id 的属性来添加唯一的标识符，然后在 Java 代码的 onCreate()方法中调用，通过以下方式来访问：

```
findViewById(R.id.<属性标识符>);
```

Android 中使用 XML 布局文件进行界面开发有以下几点好处：首先是能够更好地被 UI 编辑器所识别，编辑器也能够很好地根据编辑的 UI 生成 XML 文件；其次是能够使 UI 的设计与逻辑代码分开，提高编辑工程的效率；最后就是 XML 使用广泛，结构清晰。因此推荐使用 XML 布局文件进行 UI 界面的设计，本书在进行应用界面设计时也采用该方法。

虽然 Android 推荐使用 XML 布局文件来控制 UI 界面，但如果开发者愿意，Android 允许开发者通过 Java 代码进行界面的编辑。如果想在 Java 代码中控制 UI 界面，那么所有的 UI 组件都将通过 new 关键字创建出来，然后通过合适的方式搭建在一起。

5.1.3 Android 中 UI 界面开发的常用尺寸单位

因为不同的屏幕具有不同的像素密度，因此同样数量的像素在不同设备上可能对应不同的物理尺寸。Android 常用 dp 和 sp 作为尺寸单位。dp 是一种密度无关像素，对应于 160 dpi 屏幕上一个像素的长度，多用于指定布局与控件的长度和宽度；sp 通常用于指定字体的大小，当用户修改手机显示的字体时，字体大小会随之改变。

5.2 常用界面控件

Android 中的控件主要分为两类：一种是系统自带控件，用户可以直接在工程中使用；

另一种是自定义控件，需要开发人员自行编写 XML 文件来指定文件的样式，并将该 XML 文件放在 app\src\main\res\drawable 中，在布局控件中通过 android:background 方法进行调用。

常见的系统控件包括 TextView、Button、EditText、Spinner、ImageView、AlertDialog、ListView 及 RecyclerView 等。

新建一个 UIBestTest 工程(布局的使用在后面的章节会逐步介绍，所以目前工程中先使用最简单的线性布局)。在布局可视化编辑界面点击鼠标右键，在出现的菜单中选择 Convert view，如图 5.2 所示，在弹出的对话框中选择 LinearLayout，如图 5.3 所示，即可转换为线性布局。

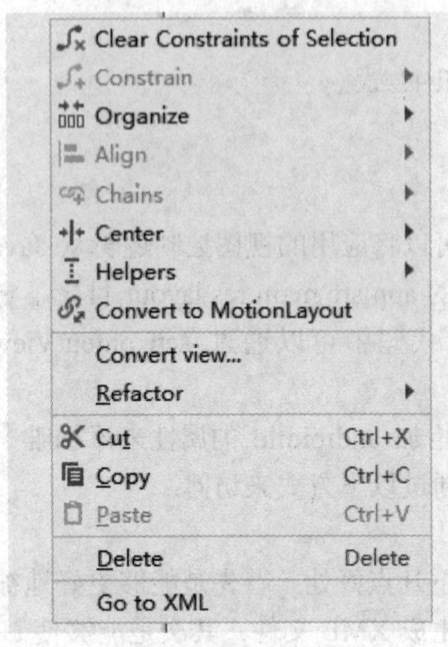

图 5.2　转换布局样式

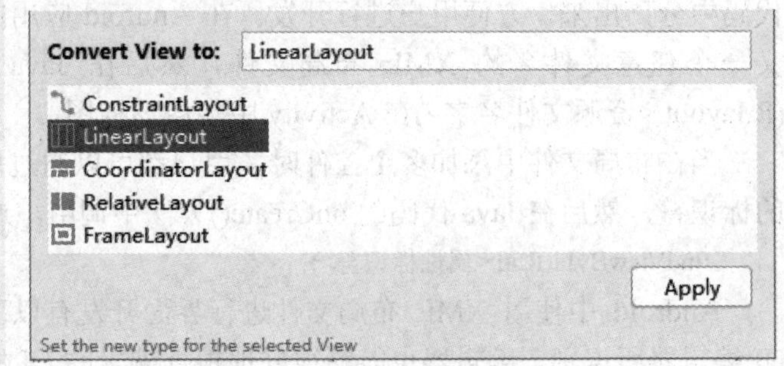

图 5.3　转换为 LinearLayout

5.2.1　TextView

TextView 是用于显示字符串的控件。如果用户想要在 App 中获得信息，那么一定离不开 TextView 控件。下面学习 TextView 的具体用法。

修改 activity_main.xml 中的代码，如下所示。

```
<?xml version="1.0" encoding="utf-8"?>
<LinearLayout xmlns:android="http://schemas.android.com/apk/res/android"
    xmlns:tools="http://schemas.android.com/tools"
    android:layout_width="match_parent"
    android:layout_height="match_parent"
    android:orientation="vertical"
    tools:context=".MainActivity">
    <TextView
        android:id="@+id/text_view"
        android:layout_width="match_parent"
```

```
        android:layout_height="wrap_content"
        android:text="我是一串文本" />
</LinearLayout>
```

在 TextView 中使用 android:id 为该控件定义唯一的标识符，以便在程序代码中引用。使用 android:layout_width 和 android:layout_height 定义控件的宽度和高度，可选值有两种：match_parent 和 wrap_content。match_parent 表示当前控件的大小和父布局一样，如果将一个控件的宽度指定为 match_parent，那么它的宽度和父布局是一样的。wrap_content 表示当前控件的大小刚好能够包裹住里面的内容，由控件中的内容来决定控件的大小。在早期的工程中，也存在 fill_parent 的写法，它的作用与 match_parent 一样，但是目前官方的开发文档已经不推荐使用 fill_parent 了。此外控件的宽度和高度还可以指定固定的值，单位为 dp，但不推荐这么做，因为在不同的手机上适配会出现问题。android:text 用于指定显示文本的内容。

运行程序，效果图如图 5.4 所示。

图 5.4　TextView 控件运行效果图

从效果图来看，文本并没有充满整个父布局，这是因为文本长度不够，而且 TextView 中的文字默认为左上角对齐，因此看不出效果。重新修改 activity_main 中 TextView 的代码：

```
<?xml version="1.0" encoding="utf-8"?>
<LinearLayout xmlns:android="http://schemas.android.com/apk/res/android"
    xmlns:tools="http://schemas.android.com/tools"
    android:layout_width="match_parent"
    android:layout_height="match_parent"
    android:orientation="vertical"
```

```
    tools:context=".MainActivity">
    <TextView
        android:id="@+id/text_view"
        android:layout_width="match_parent"
        android:layout_height="wrap_content"
        android:gravity="center"
        android:textSize="30sp"
        android:text="我是一串文本" />
</LinearLayout>
```

修改后的代码中，android:gravity 的作用是指定控件的对齐方式，可选的值主要有 top、bottom、left、right、center 等。android:textSize 的作用是指定字体的大小。重新运行程序，效果如图 5.5 所示。

图 5.5　再次运行 TextView 控件效果图

可以看到，TextView 显示在屏幕中间，说明 TextView 的宽度与父布局是一致的。除了上述代码中的属性，还可以更改控件的其他属性，比如用 android:textColor 来更改文本的颜色等，此处不再赘述，相关的开发请查阅官方文档。

5.2.2 Button

Button 是一种按钮控件，用户能够点击该控件，并引发相应的事件处理函数。我们继续在 5.2.1 节工程的基础上学习 Button 控件，首先修改 activity_main.xml 中的代码，在原布局代码的基础上添加如下代码：

```
<Button
    android:id="@+id/button"
```

```
    android:layout_width="match_parent"
    android:layout_height="wrap_content"
    android:text="按钮" />
```

修改 Mainactivity 中的代码，为 Button 控件的点击事件注册一个监听器，具体代码如下：

```
public class MainActivity extends AppCompatActivity {
    Button button;
    @Override
    protected void onCreate(Bundle savedInstanceState) {
        super.onCreate(savedInstanceState);
        setContentView(R.layout.activity_main);
        button = findViewById(R.id.button);
        button.setOnClickListener(new View.OnClickListener() {
            @Override
            public void onClick(View v) {
                Toast.makeText(MainActivity.this, "您已点击了该按钮", Toast.LENGTH_
                                SHORT).show();
            }
        });
    }
}
```

运行程序，并点击按钮，结果如图 5.6 所示。可以看到，屏幕上出现了 Toast 提示，说明已经成功地利用按钮实现了用户与 App 之间的交互。

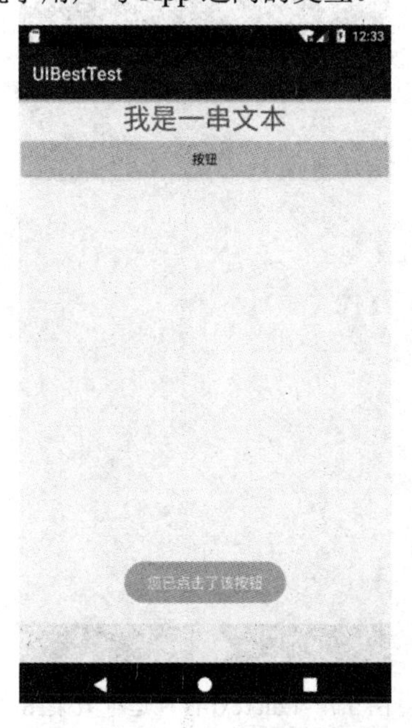

图 5.6　Button 控件运行效果图

在 Button 中，同样可以用 android:textColor 以及 android:textSize 等属性去改变 Button 字体的颜色和大小，读者可以自行添加，查看效果。

5.2.3 EditText

EditText 是 Android 中另一种与用户交互非常重要的控件。用户平时在 Android 手机上发短信、发微信、聊 QQ 等都离不开 EditText 控件。接下来介绍该控件的具体用法。在 activity_main.xml 布局文件中加入如下代码：

```
<?xml version="1.0" encoding="utf-8"?>
<LinearLayout xmlns:android="http://schemas.android.com/apk/res/android"
    xmlns:tools="http://schemas.android.com/tools"
    android:layout_width="match_parent"
    android:layout_height="match_parent"
    android:orientation="vertical"
    tools:context=".MainActivity">
    …
    <EditText
        android:id="@+id/edit_text"
        android:layout_width="match_parent"
        android:layout_height="wrap_content" />
</LinearLayout>
```

运行程序，效果如图 5.7 所示，可以看到，程序界面中已经有了 EditText 控件，用户可以在该控件中编辑文字。

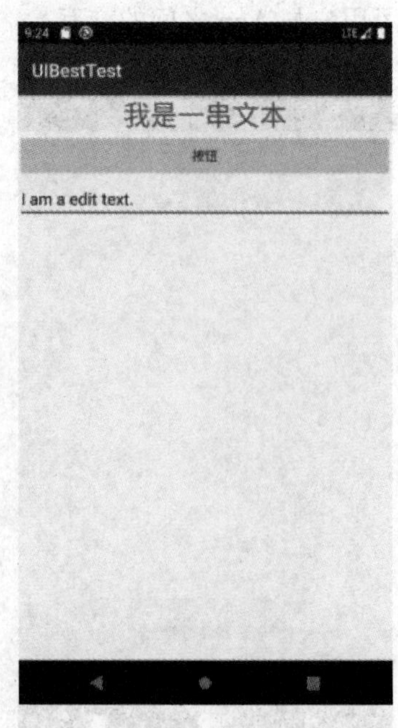

图 5.7　EditText 控件运行效果图

平时在使用某些 App 的时候，大家会发现一些可编辑文本框中有提示字符，当输入文字的时候，这些提示字符就消失了。这个功能在 Android 中不难实现，因为系统已经帮我们处理好了，修改 activity_main.xml 布局文件中的代码，具体如下所示。

```
<?xml version="1.0" encoding="utf-8"?>
<LinearLayout xmlns:android="http://schemas.android.com/apk/res/android"
    xmlns:tools="http://schemas.android.com/tools"
    android:layout_width="match_parent"
    android:layout_height="match_parent"
    android:orientation="vertical"
    tools:context=".MainActivity">
    …
    <EditText
        android:id="@+id/edit_text"
        android:layout_width="match_parent"
        android:layout_height="wrap_content"
        android:hint="请在这里输入文字..."
        />
</LinearLayout>
```

重新运行程序，效果如图 5.8 所示，可以看到，EditText 中已经成功添加了提示文字。

图 5.8　带提示文字的 EditText 控件运行效果图

接下来结合 Button 和 EditText 控件做一个简单的交互，修改 MainActivity 中的代码如下：

```
public class MainActivity extends AppCompatActivity {
    private Button button;
```

```
    private EditText editText;
    String inputText;
    @Override
    protected void onCreate(Bundle savedInstanceState) {
        super.onCreate(savedInstanceState);
        setContentView(R.layout.activity_main);
        button = findViewById(R.id.button);
        editText = findViewById(R.id.edit_text);
        button.setOnClickListener(new View.OnClickListener() {
            @Override
            public void onClick(View v) {
                inputText = editText.getText().toString();
                Toast.makeText(MainActivity.this, "您输入的内容是：" + inputText, Toast.LENGTH_
                                SHORT).show();
            }
        });
    }
}
```

首先定义一个 EditText 变量，通过 findViewById()方法得到 EditText 的实例，然后在 Button 的点击事件里调用 EditText 的 getText()方法获取到输入的内容，再通过调用 toString()方法将输入的内容转换成字符串，最后将输入的内容以 Toast 的形式展现在界面上。运行程序，并输入一段文字，点击按钮，效果如图 5.9 所示。可以看到输入的内容成功地以 Toast 形式显示了出来。

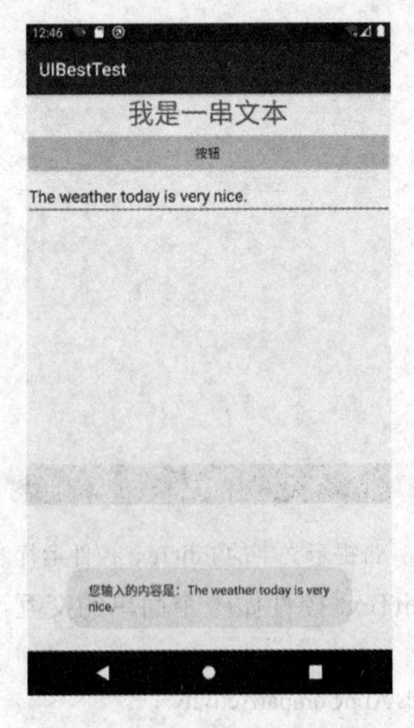

图 5.9　EditText 与 Button 交互的运行效果图

5.2.4 Spinner

Spinner 是一个列表选择框控件，只是该列表选择框不需要显示下拉列表，而是通过浮动菜单的形式为用户提供选项进行选择。下面学习 Spinner 控件的具体用法。首先在 activity_main 中添加 Spinner 控件，代码如下：

```
<?xml version="1.0" encoding="utf-8"?>
<LinearLayout xmlns:android="http://schemas.android.com/apk/res/android"
    xmlns:tools="http://schemas.android.com/tools"
    android:layout_width="match_parent"
    android:layout_height="match_parent"
    android:orientation="vertical"
    tools:context=".MainActivity">
   …
    <Spinner
        android:id="@+id/spinner"
        android:layout_width="200dp"
        android:layout_height="wrap_content" />
</LinearLayout>
```

然后修改 MainActivity 中的代码，具体如下：

```
public class MainActivity extends AppCompatActivity {
    private Button button;
    private EditText editText;
    String inputText;
    private final String[] options = {"选项 1", "选项 2", "选项 3", "选项 4"};
    private Spinner spinner;
    private ArrayAdapter<String> adapter;
    @Override
    protected void onCreate(Bundle savedInstanceState) {
        super.onCreate(savedInstanceState);
        setContentView(R.layout.activity_main);
        button = findViewById(R.id.button);
        editText = findViewById(R.id.edit_text);
        button.setOnClickListener(new View.OnClickListener() {
            @Override
            public void onClick(View v) {
                inputText = editText.getText().toString();
                Toast.makeText(MainActivity.this, "您输入的内容是：" + inputText,
                            Toast.LENGTH_SHORT).show();
            }
```

```
            });
            spinner = findViewById(R.id.spinner);
            adapter = new ArrayAdapter<String>(MainActivity.this, android.R.layout.simple _spinner
                _item, options);
            adapter.setDropDownViewResource(android.R.layout.simple_spinner_dropdown_item);
            spinner.setAdapter(adapter);
            spinner.setVisibility(View.VISIBLE);
        }
    }
```

首先定义一个字符数组 options，里面放入 4 个元素，通过 findViewById()方法得到 Spinner 的实例，然后建立一个 ArrayAdapter 的数组适配器，数组适配器能够将界面控件和底层数据绑定在一起，在上述代码中 ArrayAdapter 和字符数组绑定在一起，字符数组中的所有数据将显示在 Spinner 的浮动菜单中，通过 setAdapter()方法来实现，并通过 setDropDownViewResource()方法提供系统内置的一种浮动菜单。

为了保证用户界面显示的内容和应用程序数据一致，应用程序需要监视数据的变化，如果数据更改了，那么用户界面的显示内容也会更改。通过适配器绑定界面控件和数据后，应用程序就不需要再监视数据的变化，极大地简化了代码。Spinner 控件的运行效果如图 5.10 所示，可以看到，通过 Spinner 实现了一个下拉菜单，可以选择其中任意一项。

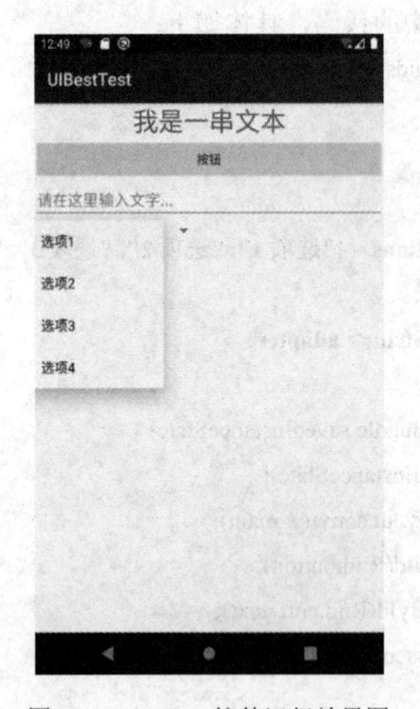

图 5.10　Spinner 控件运行效果图

下面像 5.2.3 节一样，实现 Spinner 与 Button 控件的交互，首先我们新建一个 Button 控件，在 activity_main.xml 中添加如下代码：

```
<?xml version="1.0" encoding="utf-8"?>
<LinearLayout xmlns:android="http://schemas.android.com/apk/res/android"
```

```
    xmlns:tools="http://schemas.android.com/tools"
    android:layout_width="match_parent"
    android:layout_height="match_parent"
    android:orientation="vertical"
    tools:context=".MainActivity">
    …
    <Button
        android:id="@+id/button2"
        android:layout_width="match_parent"
        android:layout_height="wrap_content"
        android:text="按钮 2" />
</LinearLayout>
```

修改 MainActivity 中代码如下：

```
public class MainActivity extends AppCompatActivity {
    private Button button;
    private EditText editText;
    String inputText;
    private final String[] options = {"选项 1", "选项 2", "选项 3", "选项 4"};
    private Spinner spinner;
    private ArrayAdapter<String> adapter;
    private Button button2;
    String optionText;
    @Override
    protected void onCreate(Bundle savedInstanceState) {
        super.onCreate(savedInstanceState);
        setContentView(R.layout.activity_main);
        button = findViewById(R.id.button);
        editText = findViewById(R.id.edit_text);
        button.setOnClickListener(new View.OnClickListener() {
            @Override
            public void onClick(View v) {
                inputText = editText.getText().toString();
                Toast.makeText(MainActivity.this, "您输入的内容是：" + inputText,
                            Toast.LENGTH_SHORT).show();
            }
        });
        spinner = findViewById(R.id.spinner);
        adapter = new ArrayAdapter<String>(MainActivity.this, android.R.layout.simple_spinner_item,
options);
```

```
            adapter.setDropDownViewResource(android.R.layout.simple_spinner_dropdown_item);
            spinner.setAdapter(adapter);
            spinner.setVisibility(View.VISIBLE);
            button2 = findViewById(R.id.button2);
            button2.setOnClickListener(new View.OnClickListener() {
                @Override
                public void onClick(View v) {
                    optionText = spinner.getSelectedItem().toString();
                    Toast.makeText(MainActivity.this, "您选择的选项是：" + optionText,
                                Toast.LENGTH_SHORT).show();
                }
            });
        }
    }
```

可以看到，添加的代码与 5.2.3 节中 EditText 和 Button 控件交互的代码很相似，不同的是：在 spinner 中需要调用 getSelectItem()方法来获取 spinner 中的内容，再通过调用 toString()方法转换成字符串。运行程序，效果如图 5.11 所示，我们选择 Spinner 中的一个选项，点击按钮 2，界面有 Toast 提示我们选择了哪个选项。

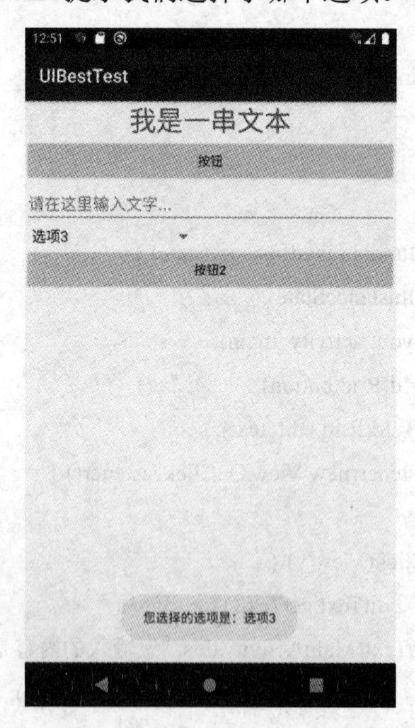

图 5.11　Spinner 控件与 Button 控件交互运行效果图

5.2.5　ImageView

ImageView 控件可以帮助用户在界面上展示图片，它会让程序的界面变得更加美观。

在学习该控件之前，首先要准备一些图片，Android 程序中的图片通常都是放在以“drawable”开头的文件夹下。目前在 app\src\main\res 目录下已经有了 drawable 文件夹，但是该文件夹并没有指定具体的分辨率，所以一般不在这里面放置图片。在 res 目录下新建一个 drawable-xhdpi 文件夹，然后准备一张图片，将其命名为 image1.png，并复制到该文件夹下。接着在 activity_main.xml 中添加如下代码：

```
<?xml version="1.0" encoding="utf-8"?>
<LinearLayout xmlns:android="http://schemas.android.com/apk/res/android"
    xmlns:tools="http://schemas.android.com/tools"
    android:layout_width="match_parent"
    android:layout_height="match_parent"
    android:orientation="vertical"
    tools:context=".MainActivity">
    …
    <ImageView
        android:id="@+id/image_view"
        android:layout_width="wrap_content"
        android:layout_height="wrap_content"
        android:src="@drawable/image1" />
</LinearLayout>
```

在 ImageView 控件中，我们通过 android:src 为 ImageView 加入一张存在的图片。运行程序，结果如图 5.12 所示。

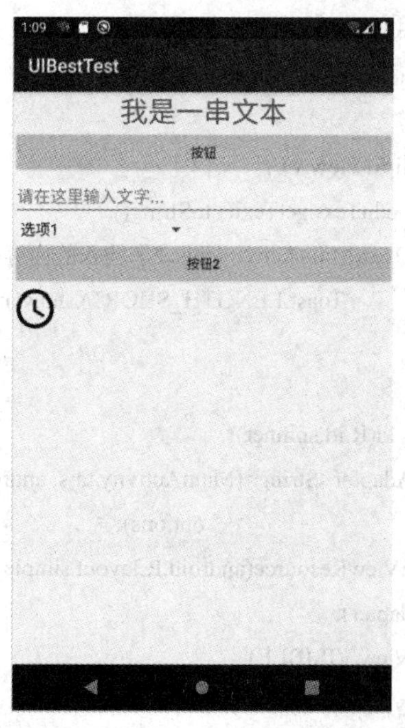

图 5.12　ImageView 控件运行效果图

5.2.6 AlertDialog

Android 中一些重要的信息可以通过对话框的形式对用户进行提示，这里经常会用到 AlertDialog 控件。AlertDialog 控件可以在 Android 的界面上弹出一个对话框，该对话框会置顶于所有界面元素之上，屏蔽掉其他控件的交互能力。下面学习如何在界面中添加 AlertDialog 控件。

修改 MainActivity 中按钮 2 的点击事件，代码如下：

```
public class MainActivity extends AppCompatActivity {
    private Button button;
    private EditText editText;
    String inputText;
    private final String[] options = {"选项 1", "选项 2", "选项 3", "选项 4"};
    private Spinner spinner;
    private ArrayAdapter<String> adapter;
    private Button button2;
    String optionText;
    @Override
    protected void onCreate(Bundle savedInstanceState) {
        super.onCreate(savedInstanceState);
        setContentView(R.layout.activity_main);
        button = findViewById(R.id.button);
        editText = findViewById(R.id.edit_text);
        button.setOnClickListener(new View.OnClickListener() {
            @Override
            public void onClick(View v) {
                inputText = editText.getText().toString();
                Toast.makeText(MainActivity.this, "您输入的内容是：" + inputText,
                            Toast.LENGTH_SHORT).show();
            }
        });
        spinner = findViewById(R.id.spinner);
        adapter = new ArrayAdapter<String>(MainActivity.this, android.R.layout.simple_spinner_item,
                            options);
        adapter.setDropDownViewResource(android.R.layout.simple_spinner_dropdown_item);
        spinner.setAdapter(adapter);
        spinner.setVisibility(View.VISIBLE);
        button2 = findViewById(R.id.button2);
        button2.setOnClickListener(new View.OnClickListener() {
            @Override
```

```
            public void onClick(View v) {
                AlertDialog.Builder dialog = new AlertDialog.Builder(MainActivity.this);
                dialog.setTitle("对话提示框");
                dialog.setMessage("已成功显示对话框！");
                dialog.setCancelable(false);
                dialog.setPositiveButton("确定", new DialogInterface.OnClickListener() {
                    @Override
                    public void onClick(DialogInterface dialog, int which) { }
                });
                dialog.setNegativeButton("取消", new DialogInterface.OnClickListener() {
                    @Override
                    public void onClick(DialogInterface dialog, int which) { }
                });
                dialog.show();
            }
        });
    }
}
```

首先通过 AlertDialog.Builder 创建一个 AlertDialog 的实例，并为 AlertDialog 控件设置标题、显示内容、是否可取消等属性，然后调用 setPositiveButton()方法为对话框设置确定按钮的点击事件，调用 setNegativeButton()方法为对话框设置取消按钮的点击事件，最后调用 show()方法将对话框显示出来。运行程序，结果如图 5.13 所示。

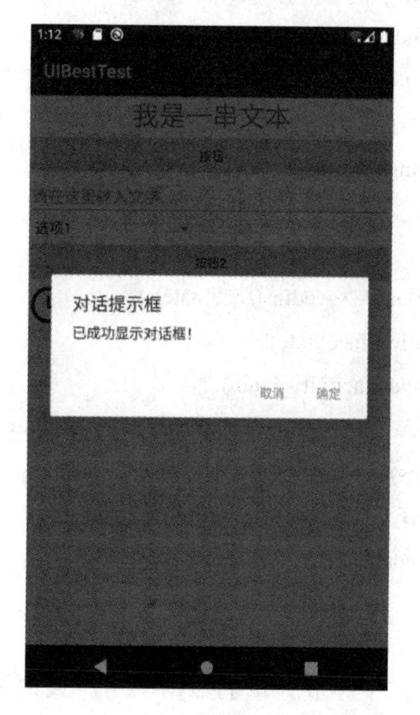

图 5.13　AlertDialog 控件运行效果图

5.2.7 ListView

ListView 是一个用于垂直显示列表的控件，如果界面显示的内容过多，则会出现垂直的滚动条，因为它能够通过适配器将数据和显示控件进行绑定，在有限的屏幕上提供大量内容供用户选择，而且支持点击事件。

接下来学习 ListView 的基本用法。首先新建一个 ListViewBasicTest 工程，采用线性布局，修改 activity_main.xml 中的代码，如下所示。

```
<?xml version="1.0" encoding="utf-8"?>
<LinearLayout xmlns:android="http://schemas.android.com/apk/res/android"
    xmlns:tools="http://schemas.android.com/tools"
    android:orientation="vertical"
    android:layout_width="match_parent"
    android:layout_height="match_parent"
    tools:context=".MainActivity">
    <ListView
        android:id="@+id/list_view"
        android:layout_width="match_parent"
        android:layout_height="match_parent" />
</LinearLayout>
```

在布局中加入 ListView 控件非常简单，就像加入 Button、EditText 等控件一样。将 ListView 控件的宽度和高度都指定为 match_parent，使其充满整个父布局。

接下来修改 MainActivity 中的代码，如下所示。

```
public class MainActivity extends AppCompatActivity {
    private String[] options = {"子项 1", "子项 2", "子项 3", "子项 4", "子项 5", "子项 6", "子项 7", "子项 8", "子项 9", "子项 10","子项 11", "子项 12", "子项 13", "子项 14", "子项 15", "子项 16", "子项 17"};
    private ArrayAdapter<String> adapter;
    private ListView listView;
    @Override
    protected void onCreate(Bundle savedInstanceState) {
        super.onCreate(savedInstanceState);
        setContentView(R.layout.activity_main);
        adapter = new ArrayAdapter<String>(MainActivity.this, android.R.layout.simple_list_item_1,
                options);
        listView = findViewById(R.id.list_view);
        listView.setAdapter(adapter);
    }
}
```

实际开发中会在 ListView 中存放大量的数据供用户查询浏览，这里我们通过一个字符数组作一个示例，数组里包含了许多子项。由于数组中的数据无法直接传递给 ListView，因此，还要像 Spinner 控件一样，用适配器来完成数据和控件的绑定，具体用法与 Spinner 控件基本相同，请参阅 5.2.4 节 Spinner 相关内容。

运行程序，结果如图 5.14 所示。对于在 ListView 界面上一页未能全部显示的内容，可以通过上下滑动的方式去查看。

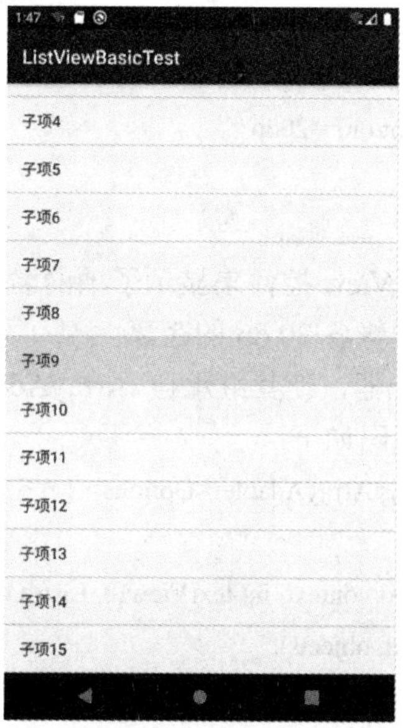

图 5.14　ListView 控件运行效果图

ListView 也可以像 Button 一样设置点击事件，下面介绍该功能的实现。新建 ListViewAdvancedTest 工程，布局文件为 activity_main.xml，向布局中添加 ListView 控件，可参照之前内容。

首先新建一个 Java 实体类 Options，代码如下：

```
public class Options {
    private String name;
    public Options(String name) {
        this.name = name;
    }
    public String getName() {
        return name;
    }
}
```

Options 类中只有一个字段——name，用来表示每个子项的名字。为了不让 ListView 的子项使用系统的菜单布局，在 layout 下新建 options_item.xml 文件，代码如下：

```
<?xml version="1.0" encoding="utf-8"?>
<LinearLayout xmlns:android="http://schemas.android.com/apk/res/android"
    android:layout_width="match_parent"
    android:layout_height="wrap_content">
```

```
    <TextView
        android:id="@+id/option_name"
        android:layout_width="wrap_content"
        android:layout_height="wrap_content"
        android:layout_gravity="center_vertical"
        android:layout_marginLeft="20dp"
        android:layout_marginTop="20dp"
        android:layout_marginBottom="20dp"
        />
</LinearLayout>
```

在该布局中，定义一个 TextView 控件来显示子项的名称，让其在垂直方向上居中，并距离自身上边缘、下边缘和左边缘各 20 dp 的距离。

然后创建一个自定义的适配器，使其继承自 ArrayAdapter，并将泛型指定为 Options 类。新建 OptionsAdapter 类，代码如下：

```
public class OptionsAdapter extends ArrayAdapter<Options> {
    private int Id;
    public OptionsAdapter(Context context, int textViewId, List<Options> objects) {
        super(context, textViewId, objects);
        Id = textViewId;
    }
    @Override
    public View getView(int position, View convertView, ViewGroup parent) {
        Options options = getItem(position); //获取当前 Options 实例
        View view = LayoutInflater.from(getContext()).inflate(Id, parent, false);
        TextView OptionsName = (TextView) view.findViewById(R.id.option_name);
        OptionsName.setText(options.getName());
        return view;
    }
}
```

OptionsAdapter 类中重写了父类的一组构造函数，将上下文、ListView 子项布局的 id 以及数据全部传递进来。然后重写 getView()方法，该方法的作用是当子项滚动到屏幕内时被调用。在 getView()方法中，先通过 getItem()方法获取当前项的 Options 实例，然后使用 LayoutInflater 为子项传入事先写好的自定义布局，接下来通过 findViewById()方法获取到 TextView 的实例，再调用 setText()方法显示获取到的内容，最后将布局返回。

接下来修改 MainActivity 中的代码，如下所示。

```
public class MainActivity extends AppCompatActivity {
    private List<Options> optionsList = new ArrayList<>();
    private ArrayAdapter<String> adapter;
    private ListView listView;
```

```
@Override
protected void onCreate(Bundle savedInstanceState) {
    super.onCreate(savedInstanceState);
    setContentView(R.layout.activity_main);
    initOptions();
    OptionsAdapter adapter = new OptionsAdapter(MainActivity.this, R.layout.options_item,
                                                optionsList);
    listView = findViewById(R.id.list_view);
    listView.setAdapter(adapter);
    listView.setOnItemClickListener(new AdapterView.OnItemClickListener() {
        @Override
        public void onItemClick(AdapterView<?> parent, View view, int position, long id) {
            Options options = optionsList.get(position);
            Toast.makeText(MainActivity.this, "您点击的选项是" + options.getName(),
                           Toast.LENGTH_SHORT).show();
        }
    });
}
private  void  initOptions() {
        Options option1 = new Options("子项 1");
        optionsList.add(option1);
        Options option2 = new Options("子项 2");
        optionsList.add(option2);
        Options option3 = new Options("子项 3");
        optionsList.add(option3);
        Options option4 = new Options("子项 4");
        optionsList.add(option4);
        Options option5 = new Options("子项 5");
        optionsList.add(option5);
        Options option6 = new Options("子项 6");
        optionsList.add(option6);
        Options option7 = new Options("子项 7");
        optionsList.add(option7);
        Options option8 = new Options("子项 8");
        optionsList.add(option8);
        Options option9 = new Options("子项 9");
        optionsList.add(option9);
        Options option10 = new Options("子项 10");
        optionsList.add(option10);
```

```
            Options option11 = new Options("子项 11");
            optionsList.add(option11);
            Options option12 = new Options("子项 12");
            optionsList.add(option12);
            Options option13 = new Options("子项 13");
            optionsList.add(option13);
            Options option14 = new Options("子项 14");
            optionsList.add(option14);
            Options option15 = new Options("子项 15");
            optionsList.add(option15);
            Options option16 = new Options("子项 16");
            optionsList.add(option16);
            Options option17 = new Options("子项 17");
            optionsList.add(option17);
        }
    }
```

在 MainActivity 中，定义了一个 initOptions()方法，用于初始化所有子项的数据。然后在 onCreate()方法中创建了 OptionsAdapter 对象，并为 ListView 设置 OptionsAdapter 适配器。接下来加入点击事件，使用 setOnItemClickListener()方法为 ListView 注册一个监听器，当点击 ListView 中的任何一个子项时，都会调用 onItemClick()方法。在该方法中通过 position 参数判断用户点击的是哪一个子项，然后获取相应的子项名称，最后通过 Toast 将其名称显示到界面上。

运行程序，效果如图 5.15 所示。可以看到，点击任意子项，都会有相应的 Toast 提示用户点击了哪个子项。

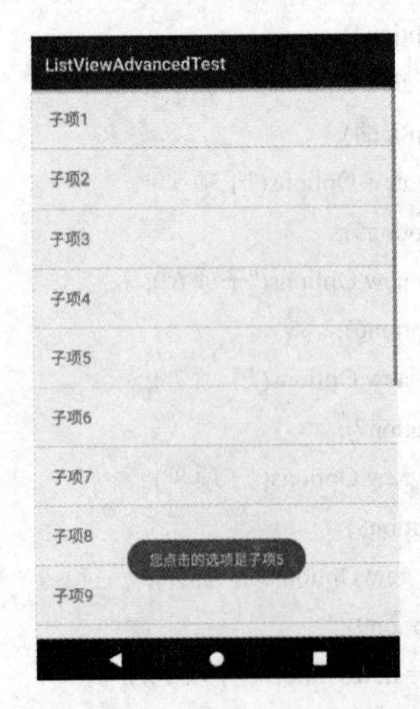

图 5.15　带有点击事件的 ListView 控件运行效果图

5.2.8 RecyclerView

在早期的 Android 开发中，ListView 因其能用简单的代码实现复杂的功能被广大开发者青睐，目前有许多的开发者在使用 ListView。而 ListView 也有其自身缺点，比如，ListView 只能实现纵向滚动，运行效率并不高等。为解决上述缺点，Android 官方推出了一个全新的控件——RecyclerView。该控件不仅继承了 ListView 的所有优点，而且还有许多 ListView 所不具备的优势。目前，Android 官方更推荐开发者使用新的 RecyclerView 控件，未来它也会逐渐代替 ListView。

接下来学习 RecyclerView 控件的使用。新建 RecyclerViewTest 工程，布局文件为 activity_main.xml，点击左上角 File，再点击 Project Structure，出现如图 5.16 所示的窗口。

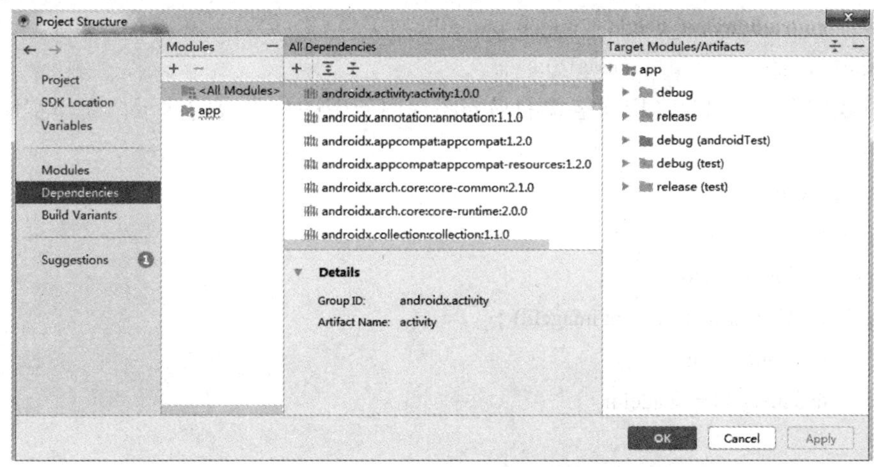

图 5.16 Project Structure 窗口图

然后选择左侧的 Dependencies，点击 All Dependencies 下面的“+”，选择 Library Dependency，在 Step 1 的文本框中输入 recyclerview，点击 Search 按钮，出现如图 5.17 所示界面，选择 androidx.recyclerview，版本选择 1.2.0-alpha02，点击 OK 即可添加依赖库。

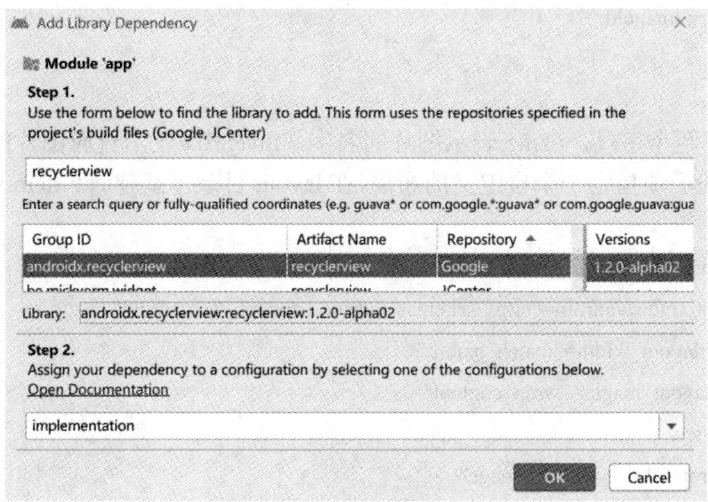

图 5.17 添加依赖库界面

添加完依赖库后，修改 activity_main.xml 中的代码，如下所示。

```
<?xml version="1.0" encoding="utf-8"?>
<LinearLayout xmlns:android="http://schemas.android.com/apk/res/android"
    xmlns:tools="http://schemas.android.com/tools"
    android:layout_width="match_parent"
    android:layout_height="match_parent"
    tools:context=".MainActivity">
    <androidx.recyclerview.widget.RecyclerView
        android:id="@+id/recycler_view"
        android:layout_width="match_parent"
        android:layout_height="match_parent" />
</LinearLayout>
```

这里我们准备了 17 张相同格式的猫的图片用于带图片内容的演示，新建实体类 Cat，代码如下：

```
public class Cat {
    private String name;
    private   int imageId;
    public   Cat(String name, int imageId) {
        this.name = name;
        this.imageId = imageId;
    }
    public   String getName() {
        return name;
    }
    public int getImageId() {
        return imageId;
    }
}
```

Cat 类中有两个字段，name 表示图片的名字，imageID 表示对应图片的资源。然后为 RecyclerView 的子项指定一个自定义的布局，在 layout 目录下新建 cat_item.xml 布局文件，代码如下：

```
<?xml version="1.0" encoding="utf-8"?>
<LinearLayout xmlns:android="http://schemas.android.com/apk/res/android"
     android:layout_width="match_parent"
    android:layout_height="wrap_content">
    <ImageView
        android:id="@+id/cat_image"
        android:layout_width="wrap_content"
        android:layout_height="wrap_content"
```

```
        android:layout_marginTop="20dp"
        android:layout_marginBottom="20dp"
        android:layout_marginLeft="10dp"
        android:layout_gravity="center_vertical"
        />
    <TextView
        android:id="@+id/cat_name"
        android:layout_width="wrap_content"
        android:layout_height="wrap_content"
        android:layout_gravity="center_vertical"
        android:layout_marginLeft="10dp"
        />
</LinearLayout>
```

在该布局中，定义了一个 ImageView 用于显示图片，再定义一个 TextView 来显示图片的名称。接下来和 ListView 一样，也需要为 RecyclerView 指定一个适配器，新建一个 CatAdapter 类，使其继承自 RecyclerView.Adapter，并将泛型指定为 CatAdapter.ViewHolder，这里面的 ViewHolder 是我们在 CatAdapter 中定义的一个内部类。具体代码如下：

```
public class CatAdapter extends RecyclerView.Adapter<CatAdapter.ViewHolder> {
    private List<Cat> aCatList;
    static class ViewHolder extends RecyclerView.ViewHolder {
        ImageView catImage;
        TextView catName;
        public ViewHolder (View view) {
            super(view);
            catImage = (ImageView) view.findViewById(R.id.cat_image);
            catName = (TextView) view.findViewById(R.id.cat_name);
        }
    }
    public CatAdapter(List<Cat> catList) {
        aCatList = catList;
    }
    @Override
    public ViewHolder onCreateViewHolder (ViewGroup parent,int viewType) {
        View view = LayoutInflater.from(parent.getContext()).inflate(R.layout.cat_item, parent, false);
        ViewHolder holder = new ViewHolder(view);
        return holder;
    }
    @Override
    public void onBindViewHolder(ViewHolder holder, int position) {
```

```
            Cat cat = aCatList.get(position);
            holder.catImage.setImageResource(cat.getImageId());
            holder.catName.setText(cat.getName());
        }
        @Override
        public int getItemCount() {
            return aCatList.size();
        }
    }
```

在 ViewHolder 的构造函数中传入一个 View 参数，这个参数一般就是 RecyclerView 子项的最外层布局，通过 findViewById()方法来获取布局中的 ImageView 和 TextView 的实例。在 CatAdapter 中也有一个构造函数，用于将需要展示的数据源传进来，并赋值给一个全局变量 aCatList，后续的所有操作都在这个数据源的基础上进行。

因为CatAdapter是继承自RecyclerView.Adapter的，所以必须要重写onCreateViewHolder()、onBindViewHolder()和 getItemCount()这三个方法。其中 onCreateViewHolder()方法是用于创建 ViewHolder 实例，并把加载出来的布局传入到构造函数中，然后将 ViewHolder 的实例返回；onBindViewHolder()方法用于对 RecyclerView 子项的数据进行赋值，会在每个子项滚动到屏幕内的时候执行，这里定义一个 position 参数来得到当前项的 Cat 实例，然后将数据设置到 ViewHolder 的 ImageView 和 TextView 当中即可；getItemCount()方法用于告诉 RecyclerView 一共有多少子项，这里直接返回数据源的长度即可。

最后修改 MainActivity 中的代码，如下所示。

```
public class MainActivity extends AppCompatActivity {
    private List<Cat> catList = new ArrayList<>();
    @Override
    protected void onCreate(Bundle savedInstanceState) {
        super.onCreate(savedInstanceState);
        setContentView(R.layout.activity_main);
        initCats();
        RecyclerView recyclerView = (RecyclerView) findViewById(R.id.recycler_view);
        LinearLayoutManager layoutManager = new LinearLayoutManager(this);
        recyclerView.setLayoutManager(layoutManager);
        CatAdapter adapter = new CatAdapter(catList);
        recyclerView.setAdapter(adapter);
    }
    private void initCats() {
        Cat cat1 = new Cat("Cat one", R.drawable.cat1);
        catList.add(cat1);
        Cat cat2 = new Cat("Cat two", R.drawable.cat2);
        catList.add(cat2);
```

```
        Cat cat3 = new Cat("Cat three", R.drawable.cat3);
        catList.add(cat3);
        Cat cat4 = new Cat("Cat four", R.drawable.cat4);
        catList.add(cat4);
        Cat cat5 = new Cat("Cat five", R.drawable.cat5);
        catList.add(cat5);
        Cat cat6 = new Cat("Cat six", R.drawable.cat6);
        catList.add(cat6);
        Cat cat7 = new Cat("Cat seven", R.drawable.cat7);
        catList.add(cat7);
        Cat cat8 = new Cat("Cat eight", R.drawable.cat8);
        catList.add(cat8);
        Cat cat9 = new Cat("Cat nine", R.drawable.cat9);
        catList.add(cat9);
        Cat cat10 = new Cat("Cat ten", R.drawable.cat10);
        catList.add(cat10);
        Cat cat11 = new Cat("Cat eleven", R.drawable.cat11);
        catList.add(cat11);
        Cat cat12 = new Cat("Cat twelve", R.drawable.cat12);
        catList.add(cat12);
        Cat cat13 = new Cat("Cat thirteen", R.drawable.cat13);
        catList.add(cat13);
        Cat cat14 = new Cat("Cat fourteen", R.drawable.cat14);
        catList.add(cat14);
        Cat cat15 = new Cat("Cat fifteen", R.drawable.cat15);
        catList.add(cat15);
        Cat cat16 = new Cat("Cat sixteen", R.drawable.cat16);
        catList.add(cat16);
        Cat cat17 = new Cat("Cat seventeen", R.drawable.cat17);
        catList.add(cat17);
    }
}
```

上述代码中定义了一个 initCats()方法，用于初始化所有的图片和对应的名称。然后在 onCreate()方法中获取 RecyclerView 的实例。接下来创建一个 LinearLayoutManager 对象，将其设置到 RecyclerView 中，作用是指定 RecyclerView 的布局方式为线性布局，效果与 ListView 类似。最后创建 CatAdapter 的实例，将所有数据传入到 CatAdapter 的构造函数中，调用 RecyclerView 的 setAdapter()方法完成适配器的设置，建立起 RecyclerView 和数据之间的联系。

运行程序，效果如图 5.18 所示。可以看到，界面看起来和 ListView 基本是一样的，该实例实现的只是 RecyclerView 的基本用法。下面介绍如何用 RecyclerView 实现 ListView 不能实现的横向滚动。

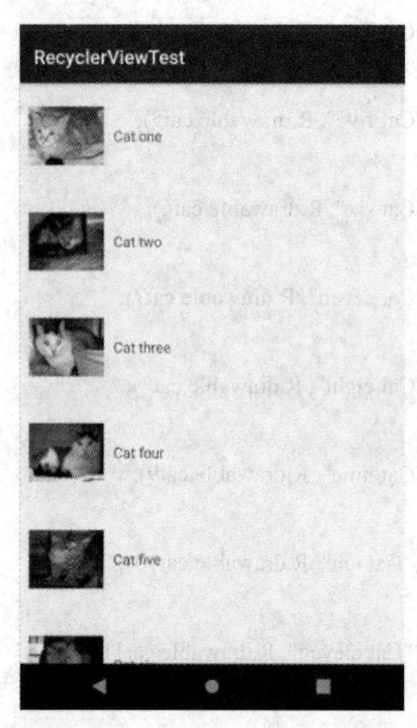

图 5.18 RecyclerView 运行效果图

首先修改 cat_item.xml 布局，代码如下：

```
<?xml version="1.0" encoding="utf-8"?>
<LinearLayout xmlns:android="http://schemas.android.com/apk/res/android"
    android:orientation="vertical"
    android:layout_width="100dp"
    android:layout_height="wrap_content">
    <ImageView
        android:id="@+id/cat_image"
        android:layout_width="wrap_content"
        android:layout_height="wrap_content"
        android:layout_marginTop="20dp"
        android:layout_gravity="center_horizontal"
        />
    <TextView
        android:id="@+id/cat_name"
        android:layout_width="wrap_content"
        android:layout_height="wrap_content"
        android:layout_gravity="center_horizontal"
        android:layout_marginTop="10dp"
        />
```

```
</LinearLayout>
```

要实现横向滚动，元素之间纵向排列会比较合理，所以在布局代码中添加了 orientation 属性，并赋值为 vertical。然后在 MainActivity 中添加一行代码，如下所示。

```
public class MainActivity extends AppCompatActivity {
    private List<Cat> catList = new ArrayList<>();
    @Override
    protected void onCreate(Bundle savedInstanceState) {
        super.onCreate(savedInstanceState);
        setContentView(R.layout.activity_main);
        initCats();
        RecyclerView recyclerView = (RecyclerView) findViewById(R.id.recycler_view);
        LinearLayoutManager layoutManager = new LinearLayoutManager(this);
        layoutManager.setOrientation(LinearLayoutManager.HORIZONTAL);
        recyclerView.setLayoutManager(layoutManager);
        CatAdapter adapter = new CatAdapter(catList);
        recyclerView.setAdapter(adapter);
    }
    …
}
```

通过调用 LinearLayoutManager 的 setOrientation()方法来实现布局的排列方向，默认是纵向排列的，加入 LinearLayoutManager.HORIZONTAL 这句代码代表横向排列，就能够实现横向滚动了。运行程序，效果如图 5.19 所示。

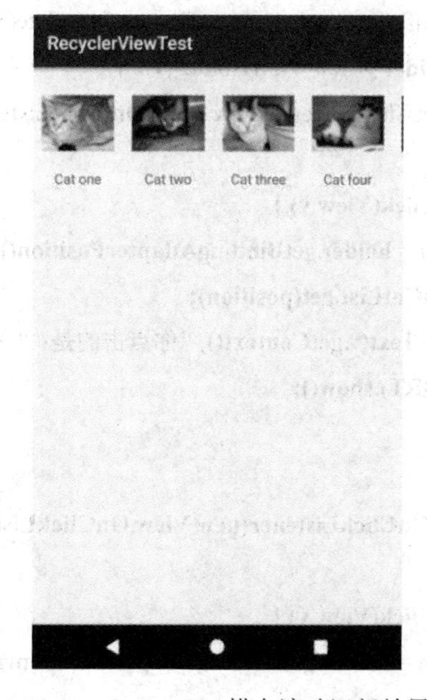

图 5.19　RecyclerView 横向滚动运行效果图

RecyclerView 同样也可以实现点击事件，但它与 ListView 的不同之处在于，RecyclerView 并没有提供类似 setOnItemClickListener()的注册监听器的方法，而是通过给子项具体的 view 去注册点击事件，因此其点击事件的实现要复杂一些。

接下来修改 CatAdapter 中的代码，来实现点击事件，具体代码如下：

```
public class CatAdapter extends RecyclerView.Adapter<CatAdapter.ViewHolder> {
    private List<Cat> aCatList;
    static class ViewHolder extends RecyclerView.ViewHolder {
        ImageView catImage;
        TextView catName;
        View catView;
        public ViewHolder (View view) {
            super(view);
            catImage = (ImageView) view.findViewById(R.id.cat_image);
            catName = (TextView) view.findViewById(R.id.cat_name);
            catView = view;
        }
    }
    public CatAdapter(List<Cat> catList) {
        aCatList = catList;
    }
    @Override
    public ViewHolder onCreateViewHolder (ViewGroup parent,int viewType) {
        View view = LayoutInflater.from(parent.getContext()).inflate(R.layout.cat_item, parent, false);
        final ViewHolder holder = new ViewHolder(view);
        holder.catView.setOnClickListener(new View.OnClickListener() {
            @Override
            public void onClick(View v) {
                int position = holder.getBindingAdapterPosition();
                Cat cat = aCatList.get(position);
                Toast.makeText(v.getContext(), "你点击的是：" + cat.getName(), Toast.LENGTH_
                        SHORT).show();
            }
        });
        holder.catImage.setOnClickListener(new View.OnClickListener() {
            @Override
            public void onClick(View v) {
                int position = holder.getBindingAdapterPosition();
                Cat cat = aCatList.get(position);
                Toast.makeText(v.getContext(), "你点击的是图片：" + cat.getName(), Toast
```

```
.LENGTH_SHORT).show();
            }
        });
        return holder;
    }
    …
}
```

首先修改 ViewHolder，在其中添加 catView 变量来保存子项最外层的布局实例。接下来在 onCreateViewHolder()方法中注册点击事件，分别为 catView 和 ImageView 注册点击事件，在点击事件中先获取用户点击的 position，然后得到 position 对应的 Cat 实例，最后通过 Toast 来显示点击的内容。

重新运行程序，点击任意一张图片，效果如图 5.20 所示，Toast 提示点击了哪张图片。再点击任意一个文字部分，由于没有为 TextView 注册点击事件，因此点击文字会被子项最外层布局捕获到，相应的 Toast 提示点击了哪张图片的名字，效果如图 5.21 所示。

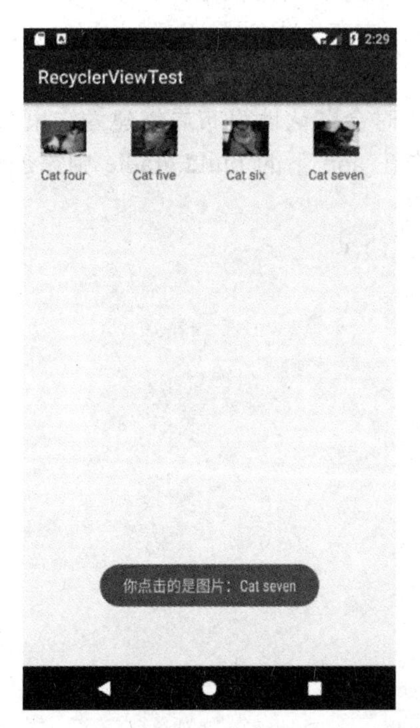

图 5.20　RecyclerView 点击图片运行效果图

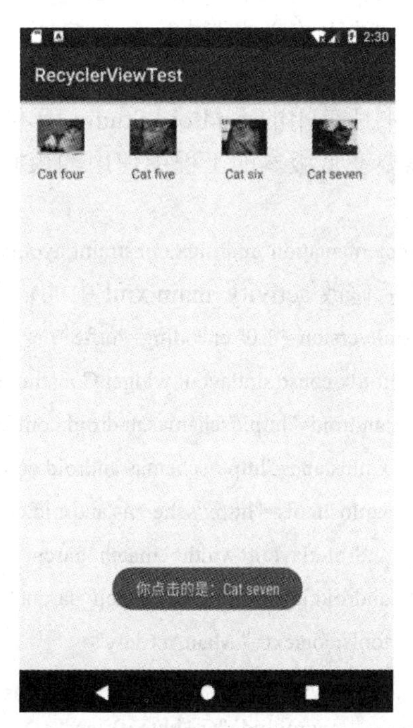

图 5.21　RecyclerView 点击文字运行效果图

5.3　常用布局

5.2 节介绍了常用的控件。但是，如果没有一个良好的布局，控件在界面上的显示就会杂乱无章。所谓布局，是一种可以放置很多控件的容器，它可以通过一些属性来调整放在其中的控件位置。因此，合理的使用布局可以设计出精美的交互界面。布局不仅可以用来放置各种控件，还可以进行布局的嵌套，方便开发人员设计实现比较复杂的界面。

下面主要讲述一下 Android 常用的 5 种布局。

新建 BestLayoutTest 工程，Activity 名和布局名都使用默认值。

5.3.1 ConstraintLayout

以往的 Android 开发中，界面基本都是通过 XML 代码完成的，同时 Android Studio 也支持可视化的方式来编写界面，但是操作起来并不方便。为了解决这一问题，2016 年的 Google I/O 大会发布了 ConstraintLayout。

ConstraintLayout 可以翻译为约束布局。和传统编写界面的方式相比，ConstraintLayout 更适合可视化操作布局界面，反而不太适合使用 XML 方式。当然，可视化操作的背后仍然还是依赖 XML 代码来实现的，只不过这些代码是由 Android Studio 根据可视化操作自动生成的。

另外，ConstraintLayout 还可以有效地解决布局嵌套过多的问题。在编写界面时，复杂的布局总会伴随着多层的嵌套，而嵌套越多，程序的性能也就越差。ConstraintLayout 则是通过约束的方式来指定各个控件的位置和关系，它有点类似于 RelativeLayout，但功能远比 RelativeLayout 强大。

本书所使用的 Android Studio 版本，在创建工程时会默认地将布局创建为约束布局。如果需要在低版本的工程中使用约束布局，需要先在 app 下的 build.gradle 中添加依赖，如下：

```
implementation 'androidx.constraintlayout:constraintlayout:1.1.3'
```

然后修改 activity_main.xml 中的代码，如下所示。

```
<?xml version="1.0" encoding="utf-8"?>
<androidx.constraintlayout.widget.ConstraintLayout
mlns:android="http://schemas.android.com/apk/res/android"
    xmlns:app="http://schemas.android.com/apk/res-auto"
    xmlns:tools="http://schemas.android.com/tools"
    android:layout_width="match_parent"
    android:layout_height="match_parent"
    tools:context=".MainActivity">
    <TextView
        android:id="@+id/textView"
        android:layout_width="wrap_content"
        android:layout_height="wrap_content"
        android:text="Hello World!"
        app:layout_constraintBottom_toBottomOf="parent"
        app:layout_constraintLeft_toLeftOf="parent"
        app:layout_constraintRight_toRightOf="parent"
        app:layout_constraintTop_toTopOf="parent" />
    <Button
```

```
        android:id="@+id/button"
        android:layout_width="wrap_content"
        android:layout_height="wrap_content"
        android:text="Button"
        app:layout_constraintBottom_toTopOf="@id/textView"
        app:layout_constraintEnd_toEndOf="parent"
        app:layout_constraintStart_toStartOf="parent"
        app:layout_constraintTop_toBottomOf="parent" />
</androidx.constraintlayout.widget.ConstraintLayout>
```

在 xml 中我们定义了两个控件，一个是 TextView，另一个是 Button，控件的宽度和高度都是 wrap_content。约束布局中控件的位置是通过一个控件和其他控件或者父布局的相对位置来确定的。对于 TextView 控件，app:layout_constraintBottom_toBottomOf="parent"的意思是 TextView 控件的左边与父布局的左边对齐，同理其他几个属性的意思也是类似的，因此该控件会放置在父布局的中央；对于 Button 控件，让 Button 的上边缘和 TextView 控件对齐，其余边缘和父布局对齐。运行程序，效果如图 5.22 所示。

图 5.22　约束布局运行效果图

为了实现稍复杂一些的界面布局，可以在界面中添加引导线，引导线本身也算是一个控件，但不会显示出来，它可以帮助开发者控制其他控件的位置。在 activity_main.xml 添加如下代码：

```
…
<androidx.constraintlayout.widget.Guideline
    android:id="@+id/guideline"
```

```
        android:layout_width="wrap_content"
        android:layout_height="wrap_content"
        android:orientation="vertical"
        app:layout_constraintGuide_percent="0.6" />
    <androidx.constraintlayout.widget.Guideline
        android:id="@+id/guideline2"
        android:layout_width="wrap_content"
        android:layout_height="wrap_content"
        android:orientation="horizontal"
        app:layout_constraintGuide_percent="0.3" />
    <Button
        android:id="@+id/button2"
        android:layout_width="wrap_content"
        android:layout_height="wrap_content"
        android:text="Button1"
        app:layout_constraintBottom_toTopOf="@+id/guideline2"
        app:layout_constraintEnd_toStartOf="@+id/guideline"
        app:layout_constraintStart_toStartOf="parent"
        app:layout_constraintTop_toTopOf="parent" />
    <Button
        android:id="@+id/button3"
        android:layout_width="wrap_content"
        android:layout_height="wrap_content"
        android:text="Button2"
        app:layout_constraintBottom_toTopOf="@+id/guideline2"
        app:layout_constraintEnd_toEndOf="parent"
        app:layout_constraintStart_toStartOf="@+id/guideline" />
    <Button
        android:id="@+id/button4"
        android:layout_width="wrap_content"
        android:layout_height="wrap_content"
        android:text="Button3"
        app:layout_constraintStart_toStartOf="parent"
        app:layout_constraintTop_toTopOf="@+id/guideline2" />
    <Button
        android:id="@+id/button5"
        android:layout_width="wrap_content"
        android:layout_height="wrap_content"
        android:text="Button4"
```

```
        app:layout_constraintBottom_toBottomOf="parent"
        app:layout_constraintEnd_toEndOf="parent"
        app:layout_constraintTop_toTopOf="@+id/guideline2" />
...
```

androidx.constraintlayout.widget.Guideline 是添加的引导线。对于第一条引导线，android:orientation="vertical"的意思是引导线的方向为竖直，app:layout_constraintGuide_percent="0.6"的意思是这条引导线将界面分成两部分，左边部分占整个界面的 60%；对于第二条引导线，android:orientation="horizontal"表示引导线的方向为水平，app:layout_constraintGuide_percent="0.3"表示引导线将界面分为上下两个部分，上边部分的占比为 30%。

运行程序，效果如图 5.23 所示。

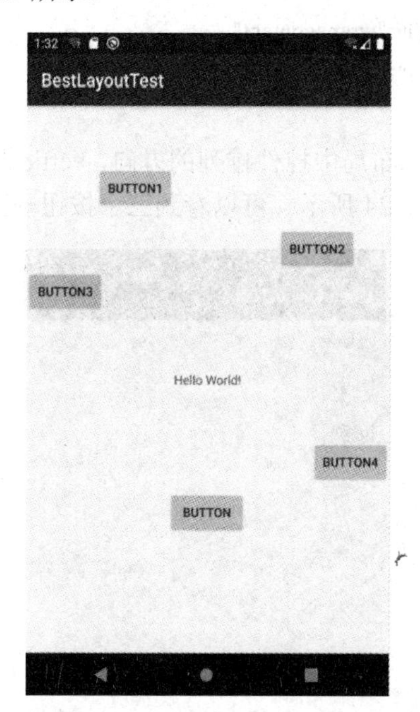

图 5.23　添加引导线的约束布局运行效果图

5.3.2　LinearLayout

LinearLayout 即为线性布局。线性布局是一种常用的布局，该布局中把所有控件按照线性方向依次排列。下面通过具体的实例来演示线性布局，新建 LinearLayoutTest 工程，布局名称为 activity_main.xml，修改代码如下：

```
<?xml version="1.0" encoding="utf-8"?>
<LinearLayout xmlns:android="http://schemas.android.com/apk/res/android"
    android:orientation="vertical"
    android:layout_width="match_parent"
    android:layout_height="match_parent"
```

```
>
<Button
    android:layout_width="wrap_content"
    android:layout_height="wrap_content"
    android:text="按钮 1" />
<Button
    android:layout_width="wrap_content"
    android:layout_height="wrap_content"
    android:text="按钮 2" />
<Button
    android:layout_width="wrap_content"
    android:layout_height="wrap_content"
    android:text="按钮 3" />
</LinearLayout>
```

其中，android:orientation 表示布局中控件排列的方向，vertical 表示控件按照竖直方向线性排列。运行程序，效果如图 5.24 所示。可以看到三个按钮垂直排列在左上方。

图 5.24　线性布局运行效果图 1

如果把 android:orientation 的方向改成 horizontal，按钮之间就会呈水平排列，水平排列时要注意 Button 的宽度不能指定为 match_parent，否则一个按钮就会充满整个父布局。修改 activity_main.xml 的代码，如下所示。

```
<?xml version="1.0" encoding="utf-8"?>
<LinearLayout xmlns:android="http://schemas.android.com/apk/res/android"
```

```
    android:orientation="horizontal"
    android:layout_width="match_parent"
    android:layout_height="match_parent"
    >
    <Button
        android:layout_width="wrap_content"
        android:layout_height="wrap_content"
        android:layout_gravity="top"
        android:text="按钮 1" />
    <Button
        android:layout_width="wrap_content"
        android:layout_height="wrap_content"
        android:layout_gravity="center_vertical"
        android:text="按钮 2" />
    <Button
        android:layout_width="wrap_content"
        android:layout_height="wrap_content"
        android:layout_gravity="bottom"
        android:text="按钮 3" />
</LinearLayout>
```

重新运行程序，效果如图 5.25 所示，三个按钮呈斜着的方式排列，android:layout_gravity 的用处是指定控件在布局中的对齐方式。

再次修改 activity_main.xml 中的代码，如下所示。运行工程，效果如图 5.26 所示。

```
<?xml version="1.0" encoding="utf-8"?>
<LinearLayout
    …
    <Button
        android:layout_width="0dp"
        android:layout_height="wrap_content"
        android:layout_weight="1"
        android:text="按钮 1" />
    <Button
        android:layout_width="0dp"
        android:layout_height="wrap_content"
        android:layout_weight="1"
        android:text="按钮 2" />
</LinearLayout>
```

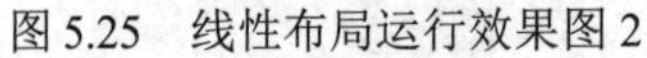

图 5.25　线性布局运行效果图 2

图 5.26　线性布局运行效果图 3

在代码中，按钮的宽度被指定为 0 dp，很显然这样会报错，但此处使用了一个新的属性：android:weight，该属性可以通过比例来调节控件的大小。比如在代码中，将按钮 1 和按钮 2 的权重都设为了 1，那么每个按钮宽度就各占父布局宽度的二分之一；如果将按钮 1 的比重设置为 3，按钮 2 的比重设置为 7，那么运行后按钮 1 的宽度应占父布局宽度的十分之三，按钮 2 的宽度应占父布局宽度的十分之七。

5.3.3　RelativeLayout

RelativeLayout 为相对布局，是一种比较灵活的布局方式。即便是在 Google 推出约束布局后，相对布局仍然被广大开发者所使用。相对布局和线性布局有一个共同的优点，就是它们的手机适配性好，在不同分辨率的屏幕上能保证布局的稳定性。

下面学习一下相对布局的使用方法。新建 RelativeLayoutTest 工程，默认布局名称为 activity_main.xml，修改代码如下：

```
<?xml version="1.0" encoding="utf-8"?>
<RelativeLayout xmlns:android="http://schemas.android.com/apk/res/android"
    android:layout_width="match_parent"
    android:layout_height="match_parent">
    <TextView
        android:id="@+id/textView_user"
        android:layout_width="match_parent"
        android:layout_height="wrap_content"
        android:text="账号：" />
    <EditText
        android:id="@+id/editText_user"
        android:layout_width="match_parent"
```

```
        android:layout_height="wrap_content"
        android:layout_below="@+id/textView_user" />
    <TextView
        android:id="@+id/textView_password"
        android:layout_width="match_parent"
        android:layout_height="wrap_content"
        android:text="密码："
        android:layout_below="@+id/editText_user" />
    <EditText
        android:id="@+id/editText_password"
        android:layout_width="match_parent"
        android:layout_height="wrap_content"
        android:layout_below="@+id/textView_password"/>
    <Button
        android:id="@+id/button_login"
        android:layout_width="wrap_content"
        android:layout_height="wrap_content"
        android:text="登录"
        android:layout_below="@+id/editText_password"
        />
</RelativeLayout>
```

此处设计了一个非常简单的登录界面。首先定义一个 TextView，在不指定任何位置属性的情况下，它位于布局的左上方；然后定义一个 EditText，让它位于 TextView 的下方，采用的是 android:layout_below 方法；接下来定义一个 TextView 和一个 EditText；最后定义了一个 Button。依次使用 android:layout_below 方法，让每一个控件依次在上一个控件的下方。运行程序，效果如图 5.27 所示。

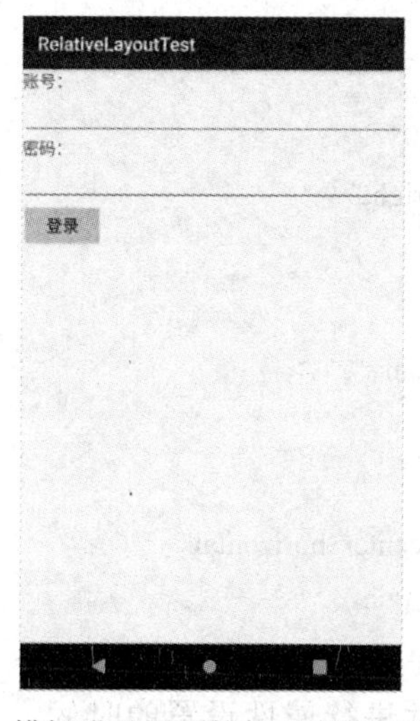

图 5.27　模拟登录界面的相对布局运行效果图

5.3.4 GridLayout

GridLayout 是网格布局，顾名思义就是将界面划分为很多的网格，可以将控件放置在这些网格之中，网格布局的优点在于可以设置行列，自动换行，适用于排列比较整齐的界面，比如计算器这种。下面演示一下网格布局的效果，仿照 5.2.3 节，使用网格布局来做一个简易的登录界面。新建 GridLayoutTest 工程，布局文件为 activity_main.xml，修改 activity_main 的代码如下：

```
<?xml version="1.0" encoding="utf-8"?>
<GridLayout xmlns:android="http://schemas.android.com/apk/res/android"
    android:layout_width="match_parent"
    android:layout_height="match_parent"
    android:useDefaultMargins="true"
    android:columnCount="4"
    >
    <TextView
        android:layout_columnSpan="4"
        android:layout_gravity="center_horizontal"
        android:text="登录界面"
        android:textSize="25sp" />
    <TextView
        android:text="账号："
        android:layout_gravity="right" />
    <EditText
        android:ems="8"
        android:layout_columnSpan="2" />
    <TextView
        android:text="密码："
        android:layout_column="0"
        android:layout_gravity="right" />
    <EditText
        android:ems="8"
        android:layout_columnSpan="2" />
    <Button
        android:text="登录"
        android:layout_gravity="center_horizontal"
        android:layout_column="1" />
</GridLayout>
```

可以看到，此处对每个控件进行属性设置的时候，缺少了 and-roid:layout_width 和

android:layout_height 这种常见的属性，这是由于在网格布局中没有定义的属性都是具有默认值的，只需要指定控件的其他属性即可。在可视化界面中，可以看到有很多网格，如图 5.28 所示。但是这些网格在运行后的界面中是不显示的。

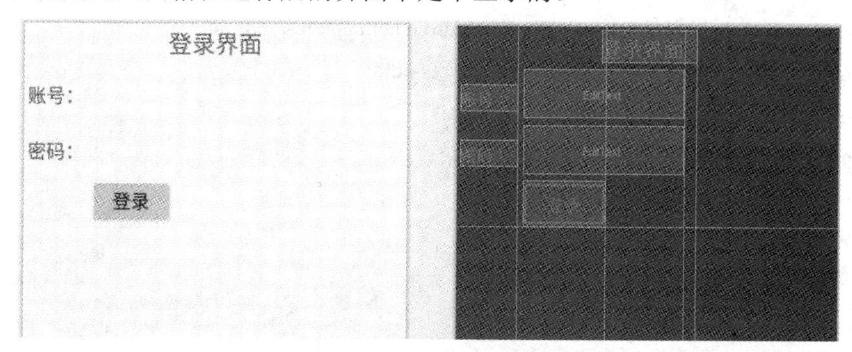

图 5.28　网格布局设计界面

上述代码中，android:useDefaultMargins 是将控件没有定义的属性设置为默认值。Android:columnCount 属性是设置网格的列数量，这里值设为 4，因此为 4 列。该界面左边第一列宽度是由“账号：”和“密码：”这两个 TextView 的宽度决定的，选择两个控件中最宽的作为第一列的宽度。同理，上方第一行的高度也是由“登录界面”这个 TextView 的高度决定的。android:layout_columnSpan 表示这个控件横跨几列。通过这些属性，就可以知道这些控件的相对位置关系。运行程序，效果如图 5.29 所示。

图 5.29　网格布局设计的登录界面

5.3.5　FrameLayout

FrameLayout 是帧布局，该布局的使用比较简单，它会默认把控件放在屏幕的左上角区域，后续添加的控件会覆盖在前一个控件上，如果多个控件的大小一样的话，在同一时刻，用户只能看到最上面的那个控件。

下面通过示例来看一下帧布局的效果。新建 FrameLayoutTest 工程，布局文件为 activity_main.xml，修改 activity_main 的代码如下：

```
<FrameLayout xmlns:android=http://schemas.android.com/apk/res/android
    xmlns:app=http://schemas.android.com/apk/res-auto
    xmlns:tools=http://schemas.android.com/tools
    android:layout_width="match_parent"
    android:layout_height="match_parent"
    tools:context=".MainActivity">
    <TextView
        android:layout_width="wrap_content"
        android:layout_height="wrap_content"
        android:text="帧布局" />
    <ImageView
        android:src="@drawable/android"
        android:layout_width="wrap_content"
        android:layout_height="wrap_content"/>
</FrameLayout>
```

布局中放置了一个 TextView 和一个 ImageView，ImageView 引用的图片资源是提前放在 drawable 目录下的，图片的名字为 android。

运行程序，效果如图 5.30 所示。

图 5.30　FrameLayout 运行效果

从图 5.30 中可以看到，文字和图片都位于布局的左上角，且图片压在了文字上面。上述效果是 FrameLayout 的默认效果，我们也可以通过使用 layout_gravity 属性指定控件在布局中的对齐方式。修改 activity_main 的代码如下：

```
<FrameLayout xmlns:android="http://schemas.android.com/apk/res/android"
    xmlns:app="http://schemas.android.com/apk/res-auto"
    xmlns:tools="http://schemas.android.com/tools"
    android:layout_width="match_parent"
    android:layout_height="match_parent"
    tools:context=".MainActivity">
    <TextView
        android:textSize="20sp"
        android:layout_width="wrap_content"
        android:layout_height="wrap_content"
        android:layout_gravity="bottom"
        android:text="帧布局" />
    <ImageView
        android:src="@drawable/android"
        android:layout_width="wrap_content"
        android:layout_height="wrap_content"/>
</FrameLayout>
```

在上述代码中，指定 TextView 在 FrameLayout 中底部对齐，重新运行程序，效果如图 5.31 所示。

图 5.31 指定对齐方式的效果

5.4　碎　片

5.4.1　碎片简介

碎片(Fragment)是 Android 3.0 版本中的新增概念。在 Android 智能设备领域，不仅有品牌众多的 Android 智能手机，还有很多的 Android 平板电脑。而平板电脑和手机的屏幕尺寸相差较大，同一个 App 的界面在手机上看起来十分美观，在平板电脑上可能就会很不协调，为了能够兼顾手机和平板电脑，Google 推出了碎片这个概念。

碎片是一种可以嵌入 Activity 中的 UI 片段，可以将其理解为子 Activity，使 Activity 设计更加模块化。当 Activity 运行时，可以在 Activity 中添加或者移除碎片；开发者可以在一个单一的 Activity 中通过合并多个碎片来构建多栏的 UI；碎片的生命周期和它的宿主 Activity 生命周期紧密关联，这意味着当 Activity 被暂停时，Activity 中的所有碎片也被停止。

下面介绍碎片的状态和回调。碎片和 Activity 类似，也有运行状态、暂停状态、停止状态和销毁状态。

(1) 运行状态：当一个碎片是可见的，且与它相关的 Activity 处于运行状态时，该碎片也处于运行状态。

(2) 暂停状态：当另一个未占满屏幕的 Activity 处于栈顶时，与上一个 Activity 相关的可见碎片就会进入到暂停状态。

(3) 停止状态：当与一个碎片相关联的 Activity 进入停止状态时，该碎片就会进入停止状态。除此之外，通过调用 FragmentTransaction()的 remove()和 replace()方法将碎片从 Activity 中移除时，碎片也会进入停止状态。

(4) 销毁状态：碎片是依附于 Activity 而存在的，因此当与之相关联的 Activity 被销毁时，碎片也会进入销毁状态。

碎片的完整生命周期示意图如图 5.32 所示。

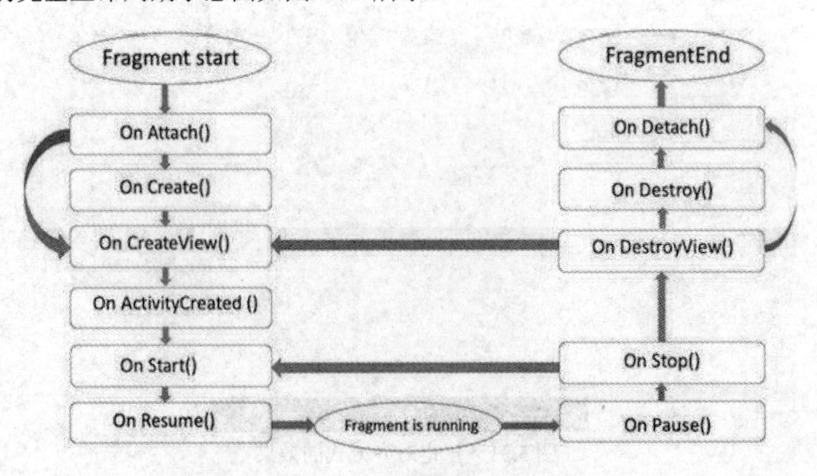

图 5.32　碎片的完整生命周期示意图

5.4.2 碎片的使用

为了体验碎片的运行效果，我们创建一个 Android 平板电脑模拟器，并新建 FragmentTest 工程，拟建立两个碎片来平分 Activity 空间。下面首先新建一个左侧碎片的布局 fragment_left.xml，代码如下：

```
<LinearLayout xmlns:android="http://schemas.android.com/apk/res/android"
    android:orientation="vertical" android:layout_width="match_parent"
    android:background="#CDCD00"
    android:layout_height="match_parent">
    <Button
        android:layout_width="wrap_content"
        android:layout_height="wrap_content"
        android:id="@+id/button"
        android:layout_gravity="center_horizontal"
        android:text="点击我" />
</LinearLayout>
```

然后新建右侧碎片的布局 fragment_right.xml，代码如下：

```
<?xml version="1.0" encoding="utf-8"?>
<LinearLayout xmlns:android="http://schemas.android.com/apk/res/android"
    android:orientation="vertical" android:layout_width="match_parent"
    android:layout_height="match_parent">
    <TextView
        android:layout_width="wrap_content"
        android:layout_height="wrap_content"
        android:text="这是 Activity 右侧的碎片。"
        android:textColor="#0A0A0A"
        android:textSize="30sp"
        android:layout_gravity="center_horizontal"/>
</LinearLayout>
```

接着新建一个 FragmentLeft 类，使其继承自 Fragment，代码如下：

```
public class FragmentLeft extends Fragment {
    @Override
   public View onCreateView(LayoutInflater inflater, ViewGroup container, Bundle savedInstanceState)
    {
        View view= inflater.inflate(R.layout.fragment_left, container, false);
        return view;
    }
}
```

这里重写了 Fragment 的 onCreateView()方法，通过 LayoutInflater 中的 inflate()方法将

fragment_left.xml 布局文件加载进来。同理新建一个 FragmentRight 类，代码如下：

```
public class FragmentRight extends Fragment {
    @Override
    public View onCreateView(LayoutInflater inflater, ViewGroup container, Bundle savedInstanceState)
    {
        View view = inflater.inflate(R.layout.fragment_right, container, false);
        return view;
    }
}
```

接下来修改 activity_main.xml 的代码，代码如下：

```
<?xml version="1.0" encoding="utf-8"?>
<LinearLayout xmlns:android="http://schemas.android.com/apk/res/android"
    android:layout_width="match_parent"
    android:layout_height="match_parent">
    <fragment
        android:id="@+id/fragment_left"
        android:name="edu.tust.fragmenttest.FragmentLeft"
        android:layout_width="0dp"
        android:layout_height="match_parent"
        android:layout_weight="1" />
    <fragment
        android:id="@+id/fragment_right"
        android:name="edu.tust.fragmenttest.FragmentRight"
        android:layout_width="0dp"
        android:layout_height="match_parent"
        android:layout_weight="1" />
</LinearLayout>
```

在布局代码中，通过<fragment>标签在布局中添加碎片，在添加碎片时一定要通过 android:name 来指明添加的碎片类名，且一定要在类名前面加上包名。运行程序，效果图如图 5.33 所示。

图 5.33　碎片的运行效果图

此外，还可以通过一系列操作来实现碎片的变化。下面新建布局文件 replace_fragment_right.xml，代码如下：

```
<?xml version="1.0" encoding="utf-8"?>
<LinearLayout xmlns:android="http://schemas.android.com/apk/res/android"
    android:orientation="vertical" android:layout_width="match_parent"
    android:background="#0A0A0A"
    android:layout_height="match_parent">
    <TextView
        android:layout_width="wrap_content"
        android:layout_height="wrap_content"
        android:layout_gravity="center_horizontal"
        android:textSize="30sp"
        android:textColor="#FFFFFF"
        android:text="这是 Activity 右侧的碎片。" />
</LinearLayout>
```

然后新建 ReplaceFragmentRight 类，代码如下：

```
public class ReplaceFragmentRight extends FragmentRight {
    @Override
public View onCreateView(LayoutInflater inflater, ViewGroup container, Bundle savedInstanceState) {
        View view = inflater.inflate(R.layout.replace_fragment_right, container, false);
        return view;
    }
}
```

通过上述操作就准备好了另一个碎片，接下来修改 activity_main.xml 中的代码，如下所示。

```
<?xml version="1.0" encoding="utf-8"?>
<LinearLayout xmlns:android="http://schemas.android.com/apk/res/android"
    android:layout_width="match_parent"
    android:layout_height="match_parent">
    <fragment
        android:id="@+id/fragment_left"
        android:name="edu.tust.fragmenttest.FragmentLeft"
        android:layout_width="0dp"
        android:layout_height="match_parent"
        android:layout_weight="1" />
    <FrameLayout
        android:id="@+id/layout_right"
        android:layout_width="0dp"
```

```
        android:layout_height="match_parent"
        android:layout_weight="1" />
</LinearLayout>
```

然后修改 MainActivity 中的代码，如下所示。

```
public class MainActivity extends AppCompatActivity {
    @Override
    protected void onCreate(Bundle savedInstanceState) {
        super.onCreate(savedInstanceState);
        setContentView(R.layout.activity_main);
        Button button = (Button) findViewById(R.id.button);
        replaceFragment(new FragmentRight());
        button.setOnClickListener(new View.OnClickListener() {
            @Override
            public void onClick(View v) {
                replaceFragment(new ReplaceFragmentRight());
            }
        });
    }
    private void replaceFragment(Fragment fragment) {
        FragmentManager fragmentManager = getSupportFragmentManager();
        FragmentTransaction transaction = fragmentManager.beginTransaction();
        transaction.replace(R.id.layout_right, fragment);
        transaction.commit();
    }
}
```

可以看到，我们为左边的按钮添加了一个点击事件。通过调用 replaceFragment()方法添加了 FragmentRight 碎片。当点击左侧按钮时，又会调用 replaceFragment()方法将右侧碎片替换成 ReplaceFragmentRight。重新运行程序，点击按钮，效果如图 5.34 所示。

图 5.34　加入点击事件的碎片运行效果图

5.5　动态加载布局的技巧

通过 5.4 节的学习，我们了解了碎片的基本概念和使用。而程序怎么实现调用不同的 Activity 和碎片呢？这就涉及一个常用的技巧——动态加载布局，它可以实现不同设备分辨率下调用不同的布局文件，实现最适合的布局展示。

5.5.1　使用限定符

下面我们学习使用限定符动态加载布局的方法，限定符是 Android 中设定的固定字符串，当程序识别到不同的设备分辨率时，会自动加载对应的布局文件。下面通过一个示例来学习限定符的使用。

修改 Fragment 中 activity_main.xml 文件中代码，如下所示。

```
<LinearLayout xmlns:android="http://schemas.android.com/apk/res/android"
    android:orientation="vertical"
    android:layout_width="match_parent"
    android:layout_height="match_parent">
    <fragment
        android:id="@+id/left_fragment"
        android:name="edu.tust.fragmenttest.FragmentLeft"
        android:layout_width="match_parent"
        android:layout_height="match_parent"/>
</LinearLayout>
```

将原文件中的 right_fragment 删掉，只保留 left_fragment，并让它充满整个屏幕，然后在 res 目录下新建 layout-large 文件夹，并在该文件夹下新建 activity_main.xml 文件，代码如下：

```
<LinearLayout xmlns:android="http://schemas.android.com/apk/res/android"
    android:orientation="horizontal"
    android:layout_width="match_parent"
    android:layout_height="match_parent">
    <fragment
        android:id="@+id/left_fragment"
        android:name="edu.tust.fragmenttest.FragmentLeft"
        android:layout_width="0dp"
        android:layout_height="match_parent"
        android:layout_weight="1"/>
    <fragment
        android:id="@+id/right_fragment"
```

```
        android:name="edu.tust.fragmenttest.FragmentRight"
        android:layout_width="0dp"
        android:layout_height="match_parent"
        android:layout_weight="3"/>
</LinearLayout>
```

我们可以看到这两个 activity_main.xml 文件的区别，layout 文件夹中只有一个碎片，且铺满了整个屏幕，layout-large 文件夹中有两个碎片，且将屏幕按 1:3 分开。将 MainActivity 中 replaceFragment()方法里的代码注释掉，并在平板模拟器上重新运行程序，效果如图 5.35 所示。

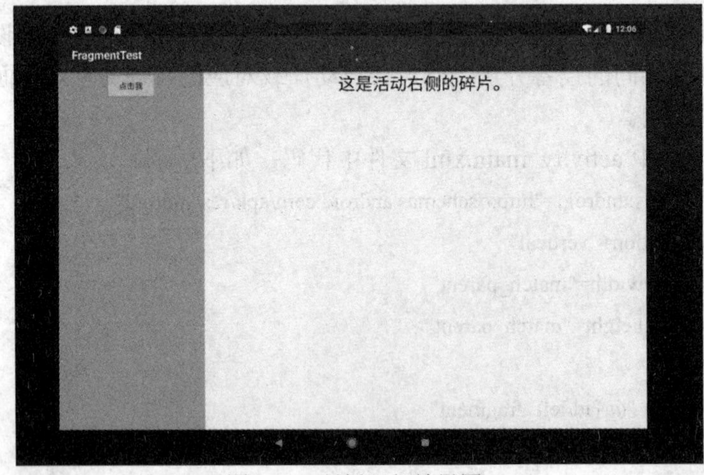

图 5.35　平板运行效果图

再启动手机模拟器，运行程序后效果如图 5.36 所示。

图 5.36　手机效果图

之所以能够做到在手机和平板上显示不同的布局效果，原因是在 res 目录下新建了一个 layout-large 文件夹，并在它下面新建了一个 activity_main.xml 文件。该 activity_main.xml 文件是主 Activity 的布局文件，一般程序只使用一个，这里存在了两个，但位于不同的文件夹下。当程序读取设备的硬件信息时，若发现是大屏幕，那么自动寻找 layout-large 文件夹下的 activity_main.xml 文件，若是小屏幕就加载 layout 文件夹下的 activity_main.xml 文件。此处的 layout-large 是固定单词，它会被程序识别，实现动态加载。

这里列出几个常用的限定符，如表 5.1 所示。

表 5.1　Android 中常用限定符

特　征	限　定　符	描　述
大小	Small	小屏幕
	Normal	中等屏幕
	Large	大屏幕
	Xlarge	超大屏幕
分辨率	Ldpi	低分辨率
	mdpi	中等分辨率
	hdpi	高分辨率
	xdpi	超高分辨率
	Xxdpi	超超高分辨率
方向	Land	横屏
	Port	竖屏

5.5.2　使用最小宽度限定符

在 5.5.1 节中实现了程序在手机和平板上显示不同的布局，当碰到大屏幕时，自动加载双碎片的布局，小屏幕则自动加载单碎片的布局，但是具体多小算小屏幕？多大算大屏幕呢？使用限定符时程序会自动判定，如果开发者想自己限定可以吗？这里就用到了最小宽度限定符。

最小宽度限定符允许开发者自己设定屏幕的 dp 限定值，当大于这个 dp 值时就算大屏幕，当小于这个值时就算小屏幕，下面通过示例来学习最小宽度限定符的使用。

还是在 FragmentTest 中，在 res 目录下新建 layout-sw600dp 文件夹，然后在文件夹下新建 activity_main.xml 文件，代码如下：

```
<?xml version="1.0" encoding="utf-8"?>
<LinearLayout xmlns:android="http://schemas.android.com/apk/res/android"
    android:orientation="horizontal"
    android:layout_width="match_parent"
    android:layout_height="match_parent">
    <fragment
        android:id="@+id/left_fragment"
```

```
        android:name="edu.tust.fragmenttest.FragmentLeft"
        android:layout_width="0dp"
        android:layout_height="match_parent"
        android:layout_weight="1"/>
    <fragment
        android:id="@+id/right_fragment"
        android:name="edu.tust.fragmenttest.FragmentRight"
        android:layout_width="0dp"
        android:layout_height="match_parent"
        android:layout_weight="3"/>
</LinearLayout>
```

运行程序时，程序会识别屏幕的宽度，当宽度大于 600 dp 时会加载 layout-sw600dp/activity_main.xml 文件，当宽度小于 600 dp 时就会加载 layout 下的布局文件。

本 章 总 结

本章主要介绍了 Android 的 UI。首先对 UI 开发进行了概述，然后介绍了常用的 UI 控件及常见的布局方式，最后介绍了平板与手机 UI 端的设计。本书中介绍了 Android 使用两个方式实现同一程序在手机端和平板端的展示。一种方式利用碎片，碎片也可理解为小型的 Activity，其必须依赖 Activity 存在；另一种方式采用动态加载布局，碎片和动态加载的配合可以完成手机和平板的 UI 展示切换。

第 6 章　Android 的广播机制

提到广播，大多数人最先想到的可能是大喇叭，或者是汽车里的收音机，又或者是校园里的广播站。在日常生活中广播随处可见，它主要是通过无线电波或者导线传播消息。

Android 中也有类似于大喇叭一样传播消息的广播机制，它主要用于监听/接收来自系统应用程序中的广播消息。例如，手机电量过低时弹出的消息，网络发生变化时弹出的提示等。通过本章的学习可以让读者了解 Android 广播机制，掌握广播的使用方法。

★学习目标

- 了解 Android 广播机制理论知识；
- 掌握接收、发送广播的使用方法。

6.1　广播机制概述

广播(Broadcast)是 Android 四大组件之一，是一个全局的监听器，在系统组成上占据重要的位置，也是一种被广泛用于应用程序之间传递信号的机制。Android 中的广播机制灵活地穿梭在各个应用程序之间或者是单个应用程序的内部，并且只对感兴趣的事件(如收到短信、手机内存不足或网络发生变化等)进行监听/接收并做出响应。Android 提供了一整套的 API，允许应用程序自由地发送和接收广播。

Android 广播有两个角色：广播发送者和广播接收者。通常情况下，BroadcastReceiver 指的就是广播接收者。Android 广播角色示意图如图 6.1 所示。

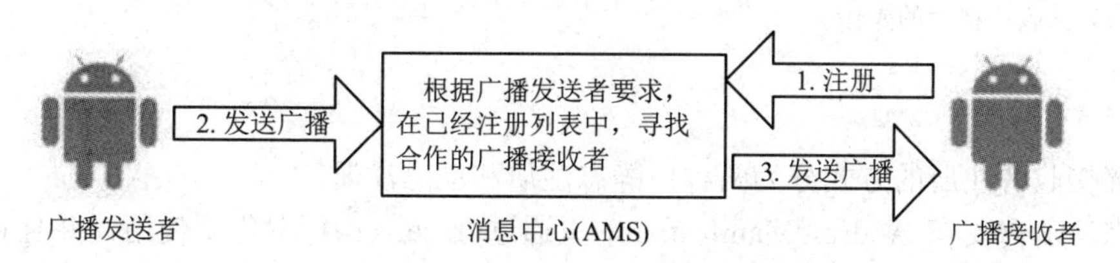

图 6.1　Android 广播角色示意图

首先，广播接收者向消息中心(AMS)进行注册，接着广播发送者向消息中心发送广播，消息中心会查找符合相应条件的广播接收者并发送至相应广播接收者的消息循环队列中。

Android 广播接收者的使用流程分为程序员手动完成和系统自动完成两部分，广播接收者使用流程图如图 6.2 所示。

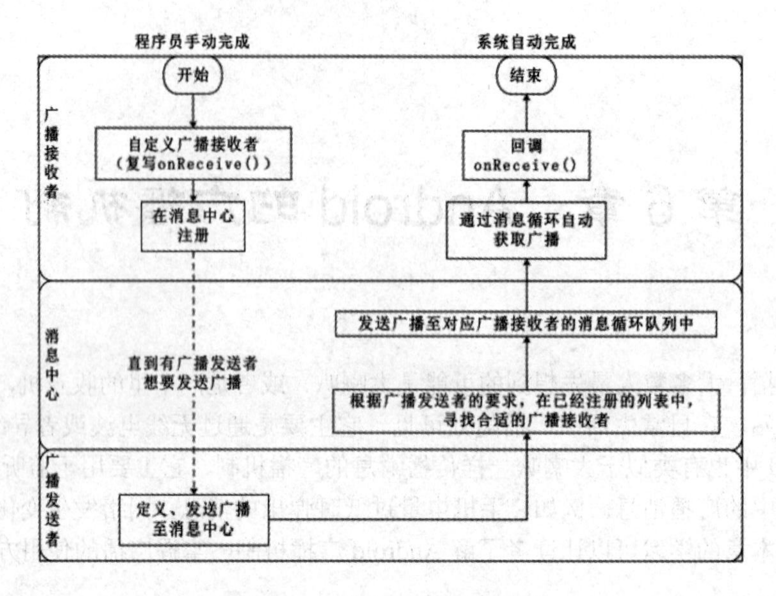

图 6.2　广播接收者使用流程图

6.2　广播接收者注册

在注册之前要先自定义广播接收者，只需要继承 BroadcastReceiver 基类，并且重写父类的 onReceive()方法即可。广播接收者在收到相应广播后会自动回调 onReceive()方法。

代码示例如下：

```
// 继承 BroadcastReceivre 基类
public class mBroadcastReceiver extends BroadcastReceiver {
  // 复写 onReceive()方法
  // 接收到广播后，自动调用该方法
  @Override
  public void onReceive(Context context, Intent intent) {
  //写入接收广播后的操作
    }
}
```

广播接收者注册的方式分为两种：静态注册和动态注册。

静态注册需要在 AndroidManifest.xml 里通过<receiver>标签声明使用，并且它不受任何组件的生命周期的影响。当应用程序关闭后，如果有信息广播发出，则程序依旧会被系统调用。静态注册适用于需要时刻监听的广播。

动态注册需要在代码中调用 Context.registerReceiver()方法，非常灵活，可以跟随组件的生命周期变化，组件结束即相当于广播结束，所以在组件结束前必须移除广播接收者。动态注册适合需要特定时刻监听的广播。

下面我们将通过实例进一步学习静态注册和动态注册两种方式。

6.2.1　静态注册广播接收者并实现开机启动

在 AndroidManifest.xml 中进行静态注册，实现开机启动。可以通过 Android Studio 创建一个广播接收者并命名为 StaticReceiver。具体操作是：右击 edu.tust. broadcastreceivertest 包→New→other→Broadcast Receiver，在弹出的如图 6.3 所示的窗口中选中 Exported 和 Enabled，点击 Finish 完成创建。其中，Exported 属性表示是否允许这个广播接收者接受本程序以外的广播，Enabled 属性表示是否启用这个广播接收者。

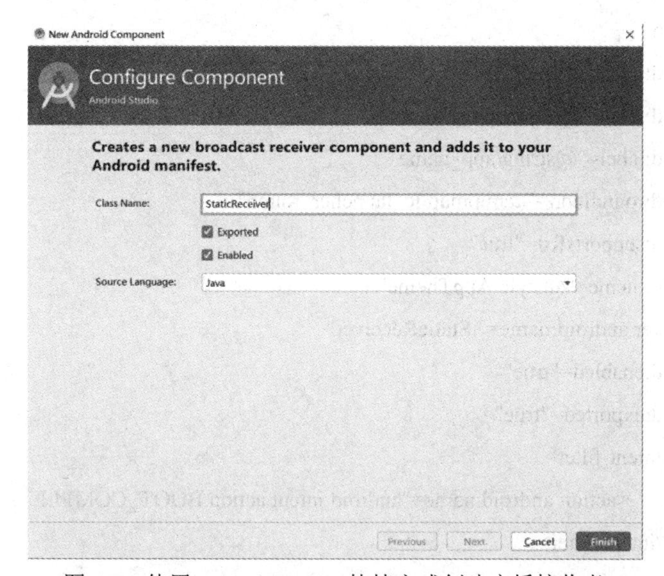

图 6.3　使用 Android Studio 快捷方式创建广播接收者

创建成功后代码如下：

```
public class StaticReceiver extends BroadcastReceiver {
    @Override
    public void onReceive(Context context, Intent intent) {
        //写入接收广播后的操作
        Toast.makeText(context, "静态注册实现开机启动提示信息", Toast.LENGTH_LONG).show();
    }
}
```

可通过 onReceive()方法写入接收广播后的一系列操作，这里使用 Toast 弹出“静态注册实现开机启动提示信息”的消息。

虽然静态注册需要在 AndroidManifest.xml 里通过<receiver>标签声明，但是上述方法是通过快捷方式来注册的，因此系统会自动完成<receiver>标签声明。打开 AndroidManifest.xml 文件，可以看到<receiver>标签声明代码如下：

```
<receiver android:name=".StaticReceiver"
//表示启用这个广播接收者，勾选自动生成
    android:enabled="true"
//表示允许这个广播接收者接收本程序以外的广播，勾选自动生成
```

```
        android:exported="true">
    </receiver>
```

上述操作完成后，还必须要在 AndroidManifest.xml 文件中加上权限，这样才能接收到开机广播，具体代码如下：

```
<manifest xmlns:android="http://schemas.android.com/apk/res/android"
    package="edu.tust.broadcastreceivertest">
    <uses-permission android:name="android.permission.RECEIVE_BOOT_COMPLETED" />
    <application
        android:allowBackup="true"
        android:icon="@mipmap/ic_launcher"
        android:label="@string/app_name"
        android:roundIcon="@mipmap/ic_launcher_round"
        android:supportsRtl="true"
        android:theme="@style/AppTheme">
        <receiver android:name=".StaticReceiver"
        android:enabled="true"
        android:exported="true">
            <intent-filter>
                <action android:name="android.intent.action.BOOT_COMPLETED"/>
            </intent-filter>
    </receiver>
    <activity android:name=".MainActivity">
        <intent-filter>
            <action android:name="android.intent.action.MAIN" />
            <category android:name="android.intent.category.LAUNCHER" />
         </intent-filter>
    </activity>
  </application>
  </manifest>
```

经过上述操作后，静态注册实现开机启动功能已完成。运行成功后再重启手机，开机就能收到“静态注册实现开机启动提示信息”广播，如图 6.4 所示。

图 6.4　静态注册开机启动提示信息

6.2.2　动态注册广播接收者并监听网络状态

静态注册广播接收者不受 Activity 生命周期的影响，只要设备处于开机状态，广播接收者就可以收到广播。但是静态注册和动态注册相比显得不够灵活，不能自由控制注册和注销。下面以动态注册监听网络变化为示例，学习如何使用动态注册广播接收者。

首先在 AndroidManifest.xml 文件中加入可以访问网络状态的权限，其代码如下:

```
<manifest xmlns:android="http://schemas.android.com/apk/res/android"
    package="edu.tust.broadcastreceivertest">
    <uses-permission
    //可以访问网络状态权限
    android:name="android.permission.ACCESS_NETWORK_STATE"/>
…
    </manifest>
```

接下来修改 MainActivity 中的代码，具体代码如下：

```
public class MainActivity extends AppCompatActivity {
    private NetChangeReceiver netChangeReceiver;
    private IntentFilter intentFilter;
    @Override
    protected void onCreate(Bundle savedInstanceState) {
        super.onCreate(savedInstanceState);
        setContentView(R.layout.activity_main);
        //实例化 IntentFilter
        intentFilter = new IntentFilter();
    //添加 action,当网络情况发生变化时，系统就是发送一条值为 android.net.conn.CONNECTIVITY_
CHANGE 的广播
  intentFilter.addAction("android.net.conn.CONNECTIVITY_CHANGE");
    //实例化 NetChangeReceiver
    netChangeReceiver = new NetChangeReceiver();
    //动态注册广播
      registerReceiver(netChangeReceiver, intentFilter);
        }
    @Override
    protected void onDestroy() {
        super.onDestroy();
        //取消注册，动态注册的广播接收者一定要取消注册才行
        unregisterReceiver(netChangeReceiver);
  }
     //创建一个名为 NetChangeReceive 的广播接收者
     //当接收到广播时便执行 onReceive()方法
     class NetChangeReceiver extends BroadcastReceiver {
```

```
        @Override
        public void onReceive(Context context, Intent intent) {
        //判断当前的网络情况，并给出提示
        //通过 getSystemService()方法得到 ConnectivityManager 的实例
      ConnectivityManager connectivityManager = (ConnectivityManager)
      getSystemService(Context.CONNECTIVITY_SERVICE);
      // 通过 ConnectivityManager 得到 NetworkInfo 的实例
      NetworkInfo networkInfo = connectivityManager.getActiveNetworkInfo();
      if (networkInfo != null && networkInfo.isAvailable()) {
                Toast.makeText(context, "当前网络连接正常", Toast.LENGTH_SHORT).show();
        } else {
                Toast.makeText(context, "无网络连接", Toast.LENGTH_SHORT).show();
        }
        }
    }
}
```

在 MainActivity 中定义了一个继承自 BroadcastReceiver 的内部类 NetChangeReceiver，并重写了父类的 onReceive()方法。在上述代码中，当用户手机网络状态发生变化时，onReceive()方法会执行相应操作，此处使用 Toast 提示“当前网络连接正常”或“无网络连接”。

整个实现步骤共分为 6 步：

(1) 首先创建并实例化 IntentFilter 类；

(2) 给 IntentFilter 的实例添加一个 action，当网络情况发生变化时，系统会发送一条值为 android.net.conn. CONNECTIVITY_CHANGE 的广播，而此 action 正是广播接收者想要监听的广播；

(3) 实例化创建好的广播接收者(这里创建的是 NetChangeReceiver)；

(4) 注册广播接收者，调用 registerReceiver()方法；

(5) 在重写的 onReceive()方法中实现相应的逻辑。首先需要通过 getSystemService()方法得到一个专门用于管理网络连接的系统服务类 ConnectivityManager，然后通过 ConnectivityManager 调用 getActiveNetworkInfo()方法得到 NetworkInfo 的实例，接着调用 networkInfo 的 isAvailable()方法，判断网络状态，最后通过 Toast 提示用户。

(6) 取消注册，使用 onDestroy()方法调用 unregisterReceiver()方法实现。

注：动态注册的广播接收者一定要取消注册。

打开 Android 模拟器，运行程序，然后打开 Android 模拟器中的 Settings→Network& internet→Mobile network→Mobile data，这时会发现 Toast 提示网络状态变化，如图 6.5 所示。

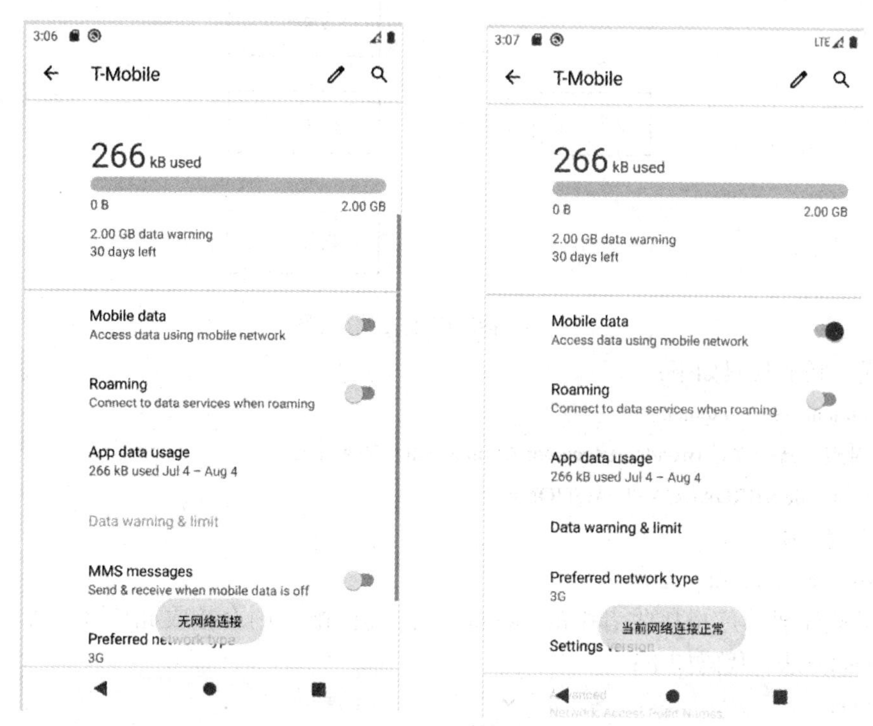

图 6.5　Toast 提示网络状态变化

6.3　广播发送者向 AMS 发送广播

本小节介绍如何在应用程序中向消息中心(AMS)发送广播。Android 中的广播用意图 Intent 标识，发送广播的本质是广播发送者将此广播的意图 Intent 通过 sendBroadcast()方法发送出去。Android 中的广播主要分为五类：① 普通广播(Normal Broadcast，又称标准广播)；② 系统广播(System Broadcast)；③ 有序广播(Ordered Broadcast)；④ App 应用内广播(Local Broadcast)；⑤ 黏性广播(Sticky Broadcast)，其在 Android5.0 & API 21 中已经失效，本书不再介绍。广播发送的基本代码如下：

```
Intent intent =  new Intent();
intent.setAction(Constant.WAIT_BROADCAST_ACTION);
context.sendBroadcast(intent);
```

下面进一步介绍上述前四类广播。

6.3.1　普通广播

普通广播又称标准广播，是开发者自己定义 intent 的广播。同时也是一种完全异步执行的广播，即当广播发出后所有被注册的广播接收者都会同时收到发送的广播，无先后顺序。其工作示意图如图 6.6 所示。

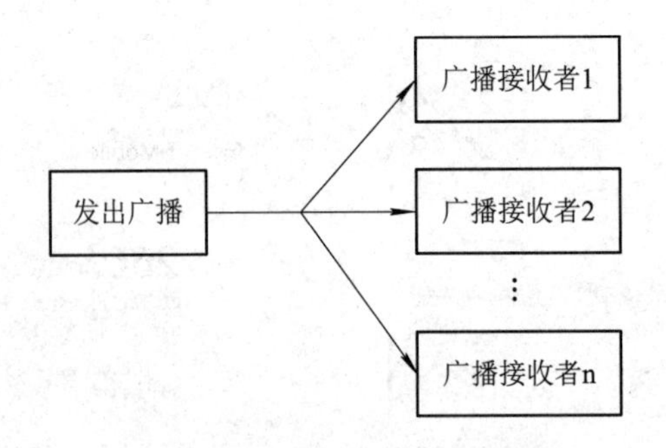

图 6.6　标准广播工作示意图

发送广播的代码如下：

```
Intent intent = new Intent();
    //对应广播接收者 BroadcastReceiver 中 intentFilter 的 action
intent.setAction(BROADCAST_ACTION);
    //发送广播
sendBroadcast(intent);
```

如果被注册的广播接收者中的 action 与上述匹配，则会接收此广播，即进行回调 onReceive()方法。代码如下：

```
<receiver
        //此广播接收者类是 BroadcastReceiver
        android:name=".BroadcastReceiver" >
        //用于接收网络状态改变时发出的广播
        <intent-filter>
            <action android:name="BROADCAST_ACTION" />
        </intent-filter>
</receiver>
```

6.3.2　系统广播

Android 中内置了许多系统广播，涉及手机的基本操作，如收到短信、网络状态变化、低电量提示等，都会发出相应的系统广播。系统广播是在系统内部有特定事件发生时发出的。每条系统广播都有特定的 action，表 6.1 列举了部分 Android 系统广播 action。

表 6.1　部分 Android 系统广播 action

系统操作	action
电池电量低	Intent.ACTION_BATTERY_LOW
监听网络变化	android.net.conn.CONNECTIVITY_CHANGE
屏幕锁屏	Intent.ACTION_CLOSE_SYSTEM_DIALOGS
插入耳机时	Intent.ACTION_HEADSET_PLUG

注： 当使用系统广播时，只需要在注册广播接收者时定义相关的 action 即可。

6.3.3　有序广播

有序广播是针对广播接收者 BroadcastReceiver 而言的，发送出去的广播被广播接收者按照先后顺序接收。它是一种同步执行的广播，即当广播发出后，同一时刻只会有一个注册的广播接收者接收到此广播，先后顺序判断标准为：按照 Priority 由大到小排序；有相同 priority 的动态广播和静态广播，动态广播会排在前面。其工作示意图如图 6.7 所示。

图 6.7　有序广播工作示意图

有序广播的使用过程与普通广播的差异仅存在于广播的发送方式，有序广播的发送方式如下：

```
sendOrderedBroadcast(intent);
```

6.3.4　App 应用内广播

Android 中使用 LocalBroadcastManager 统一处理 App 应用内的广播问题。具体方法如下：① 对于本地 App 内部发送和接收的广播，将 exported 属性设为 false；② 在发送和接收广播时，增加上相应的 permission，用于权限验证；③ 发送广播时，通过 intent.setPackage (packageName)指定广播接收者所在的包名。

本 章 总 结

本章主要介绍了 Android 系统的广播机制以及注册广播接收者的相关理论知识。同时，本章通过示例对广播接收者的静态注册和动态注册分别做了具体的介绍，使读者能够快速理解掌握广播的发送和接收。此外对常见广播的类型也做了介绍。

第 7 章　Android 服务

智能手机不仅可以实现边听音乐边与微信好友聊天，还可以边打电话边浏览手机，这都是通过服务实现的。本章将对 Android 服务相关理论知识以及 Android 多线程进行介绍，并且通过示例学习如何创建并使用服务。

★学习目标

- 了解 Android 服务理论知识；
- 熟悉 Android 多线程，与服务生命周期；
- 掌握启动服务和停止服务；
- 掌握前台服务的使用。

7.1　服 务 简 介

服务(Service)是一个应用程序的组件，也是 Android 四大组件之一。使用服务可以在后台执行长时间的操作并且不与用户产生 UI 交互。服务的运行并不需要依赖任何用户界面，即使用户切换到其他应用，启动的服务仍可在后台保持正常运行。此外，应用程序组件可以与服务绑定，并与服务进行交互，甚至能够跨进程通信(IPC)。例如，服务可以处理网络请求、播放音乐、执行文件读写操作或者与 content provider 交互等。

服务并不是运行在单独的进程中，而是运行在应用程序的主进程中，如果应用程序进程被关闭，那么所有依赖该进程的服务也会停止运行。此外，在实际使用中，服务默认运行在主线程中，而不是在一个新的子线程中。为了避免可能会出现的主线程被阻塞的情况，例如在服务中执行播放音乐、执行网络请求等较为耗时的操作，需要为服务创建新的子线程，这时就出现了多线程。下面介绍 Android 多线程相关知识。

7.2　Android 多线程

在学习 Android 多线程之前，首先需要弄清楚什么是线程。线程(Thread)指的是进程中单一顺序的控制流，线程本身依靠程序运行，只能使用分配给程序的资源和环境，其作用是减少程序在并发执行时造成的阻塞，提高操作系统的并发性能。多线程是指多个线程同时执行任务，目的就是为了更好地使用 CPU 的资源，用于解决系统中的阻塞现象。

Android 多线程的实现一般有三种方式，分别为：继承 Thread 类；实现 Runnable 接口；匿名类实现 Runnable 接口。下面分别介绍这三种方式。

1. 继承 Thread 类

这种方法需要新建一个继承 Thread 类的子类，并将处理耗时的逻辑重写入父类的 run() 方法，代码如下：

```
public class MyThread extends Thread {
    @Override
    public void run() {
        //处理耗时的逻辑
    }
}
```

当启动该线程时需要使用以下方法：

```
new MyThread().start();//新建实例，调用 start()方法
```

2. 实现 Runnable 接口

该方式的具体代码如下：

```
public class MyThread implements Runnable{
    @Override
    public void run() {
        // 处理耗时逻辑
    }
}
```

该方式的启动与继承 Thread 类不同，代码如下：

```
MyThread myThread = new MyThread();
new Thread(myThread).start();
```

3. 匿名类实现 Runnable 接口

该方式的代码如下：

```
new Thread(new Runnable() {
    @Override
    public void run() {
        //处理耗时逻辑
    }
});
```

7.2.1　在子线程中更新 UI

在 Android 的 UI 中线程是不安全的，如果想要更新应用程序的 UI 元素，就必须在主线程中进行，否则程序会出现异常(CalledFromWrongThreadException)。

下面来看一个在子线程中更新 UI 导致程序异常的例子。

首先新建一个 ThreadTest 项目，并且修改主布局 activity_main.xml 中的代码，添加一个 Button 按钮，用于改变 TextView 中的内容。具体代码如下：

```
<RelativeLayout xmlns:android="http://schemas.android.com/apk/res/android"
    android:layout_width="match_parent"
    android:layout_height="match_parent">
    <Button
        android:id="@+id/button"
        android:layout_width="match_parent"
        android:layout_height="wrap_content"
        android:text="改变文本" />
    <TextView
        android:id="@+id/text"
        android:layout_width="wrap_content"
        android:layout_height="wrap_content"
        android:layout_centerInParent="true"
        android:textSize="20sp"
        android:text="你好！" />
</RelativeLayout>
```

接下来修改 MainActivity.java 中的代码，要实现通过点击按钮来改变文本显示的功能，具体代码如下：

```
public class MainActivity extends AppCompatActivity implements View.OnClickListener {
    private TextView text;
    @Override
    protected void onCreate(Bundle savedInstanceState) {
        super.onCreate(savedInstanceState);
        setContentView(R.layout.activity_main);
        text = (TextView) findViewById(R.id.text);
        Button changeText = (Button) findViewById(R.id.button);
        changeText.setOnClickListener(this);
    }
    @Override
    public void onClick(View v) {
        switch (v.getId()) {
            case R.id.button:
                new Thread(new Runnable() {
                    @Override
                    public void run() {
                        text.setText("这是一个例子。");
                    }
```

```
                    }).start();
                    break;
                default:
                    break;
            }
        }
    }
```

完成后在模拟器上运行程序，并点击按钮，会出现如图 7.1 所示的错误信息。

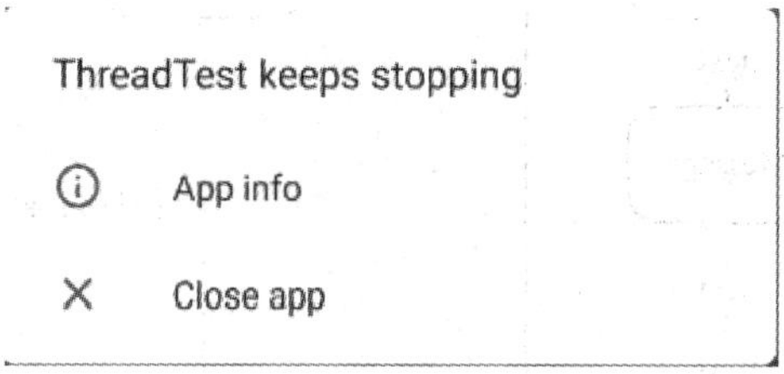

ThreadTest keeps stopping

ⓘ App info

✕ Close app

图 7.1　在子程序中更新 UI 测试结果

打开日志也可以发现程序报错，如图 7.2 所示。

```
Process: edu.tust.threadtest, PID: 23174
android.view.ViewRootImpl$CalledFromWrongThreadException: Only the original thread that created a view hierarchy can touch its views.
    at android.view.ViewRootImpl.checkThread(ViewRootImpl.java:8191)
    at android.view.ViewRootImpl.requestLayout(ViewRootImpl.java:1420)
```

图 7.2　测试结果出错的详细信息

通过上述示例可以看到，在 Android 中不允许在子线程中进行 UI 操作。那么如何在子线程中进行更新 UI 的操作呢？Android 中的解决方法是使用异步消息机制来更新 UI。

7.2.2　异步消息机制

异步消息处理由四个部分组成。

1. Message

Message 在线程中进行消息的传递，用于在不同线程间交换数据。其常用字段有 what、arg1、agr2、obj 等。

2. Handler

Handler 主要用于发送消息 sendMessage()和处理消息 handleMessage()。

3. MessageQueue

MessageQueue 指消息队列，用于存放 Handler 发送的所有消息，每个线程中只会有一个 MessageQueue 对象。

4. Looper

Looper 是每个线程中 MessageQueue 的管家，调用 Looper.loop()方法会进入消息循环中，将存在消息队列的消息取出一条，传递到 handleMessage()方法中。每个线程只会有一个 Looper 对象。

异步消息处理的整个流程主要分为四个步骤：① 在主线程中创建 Handler 对象，并重写 handleMessage()方法；② 子线程进行 UI 操作时，创建 Message 对象，通过 Handler 发送这条消息；③ Looper 从 MessageQueue 中取出待处理消息；④ 分发回 Handler 的 handleMessage()方法中。具体的流程示意图如图 7.3 所示。

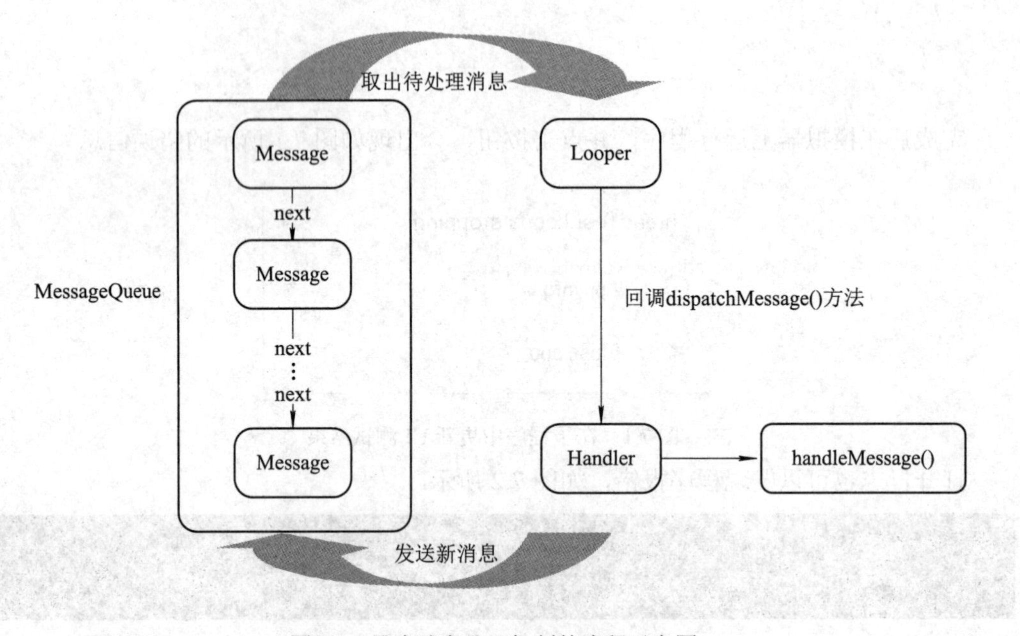

图 7.3　异步消息处理机制的流程示意图

下面采用异步消息机制来解决 7.2.1 小节案例中的问题。

修改 MainActivity.java 中的代码，具体如下：

```
public class MainActivity extends AppCompatActivity implements View.OnClickListener {
    private TextView text;
    private static final int UPDATE_TEXT = 1;
    private Handler handler = new Handler() {
        public void handleMessage(Message msg) {
            switch (msg.what) {
                case UPDATE_TEXT:
                    //在这里进行 UI 操作
                    text.setText("异步消息机制");
                    break;
                default:
                    break;
            }
        }
    };
    @Override
    protected void onCreate(Bundle savedInstanceState) {
```

```
        super.onCreate(savedInstanceState);
        setContentView(R.layout.activity_main);
        text = (TextView) findViewById(R.id.text);
        Button changeText = (Button) findViewById(R.id.button);
        changeText.setOnClickListener(this);
    }
    @Override
    public void onClick(View v) {
        switch (v.getId()) {
            case R.id.button:
                new Thread(new Runnable() {
                    @Override
                    public void run() {
                        Message message = new Message();
                        message.what = UPDATE_TEXT;
                      handler.sendMessage(message);//将 Message 对象发送出去
                    }
                }).start();
                break;
            default:
                break;
        }
    }
}
```

修改完成后，重新运行程序，并点击改变文本按钮，则会发送文本变换，如图 7.4 所示。

图 7.4　使用异步消息机制进行 UI 更新

7.2.3 使用 AsyncTask 更新 UI

为了更方便地在子线程中进行更新 UI 的操作，Android 系统在基于异步处理消息机制中封装了一个工具类 AsyncTask，该类是由 Thread+Handler 封装得到的，目的是方便开发者使用 UI Thread 和后台 Thread 的操作，例如：在后台下载文件，同时在 UI 线程中更新下载进度。

AsyncTask 是个抽象类，所以在使用时必须创建一个子类继承它，类声明如下：

public abstract class AsyncTask<Params, Progress, Result>

在继承时可以指定三个泛型参数，具体说明如表 7.1 所示。

表 7.1 AsyncTask 泛型参数说明

泛型参数	用　途
Params	在开始执行 AsyncTask 时传入参数，用于后台的服务
Progress	在执行后台任务时，如果需要在界面中显示当前的进度，便可以在这里指定进度单位
Result	在任务执行结束后，如果需要返回结果，那么可以在这里指定返回值的类型

一个简单的自定义 AsyncTask 可以写成如下方式：

class MyAsyncTask extends AsyncTask<Void, Integer, Bitmap>;

注：如果 AsyncTask 明确不需要传递具体参数，那么这三个泛型参数可以用 Void 来代替。

AsyncTask 提供了四个核心方法，在继承后还需要依次调用，这四个核心方法具体如下：

1. onPreExecute()

该方法运行在主线程中，在后台任务真正开始执行之前被调用，多用于进行界面上的一些初始化操作，如显示进度条的对话框。

2. doInBackground(Params…)

该方法运行在单独的线程中，而不是在主线程中运行，所以不会阻塞 UI 线程。当 onPreExecute()运行完成后该方法会立即运行，主要用于子线程中运行的耗时操作，将需要在后台运行的逻辑代码写入其中。如果在子类中指定了 AsyncTask 的第三个泛型参数，那么可以直接 return 语句返回执行结果。

注：该方法中不可以进行 UI 操作，如需要进行 UI 操作可以调用 publishProgress (Progress…)；

如果 AsyncTask 明确不需要传递具体参数，那么这三个泛型参数可以用 Void 来代替。

3. onProgressUpdate(Progress…)

该方法在主线程中运行，可以进行 UI 操作，并且利用参数中的数值就可以对界面元素进行相应的更新。当在后台任务中调用了 publishProgress(Progress…)方法后，该方法很快会被调用，并且所携带的参数是后台任务中传递过来的。

4. onPostExecute(Result)

该方法是在主线程中被调用的，当 doInBackground(Params···)方法执行结束后就代表任务结束了，doInBackgroud()方法的返回值就会作为参数在主线程中传入到 onPostExecute()方法中，这样就可以在主线程中根据任务的执行结果更新 UI。

下面通过示例来说明 AsyncTask 的具体使用。首先在主布局文件中添加两个 Button 按钮，按钮内容分别为“开始下载”和“取消下载”，然后再添加一个 ProgressBar 用于显示下载进度条，此外还需要添加一个 TextView 显示实时下载的进度。主布局文件 activity_main.xml 的代码如下：

```
<androidx.constraintlayout.widget.ConstraintLayout
xmlns:android="http://schemas.android.com/apk/res/android"
    xmlns:app="http://schemas.android.com/apk/res-auto"
    xmlns:tools="http://schemas.android.com/tools"
    android:layout_width="match_parent"
    android:layout_height="match_parent"
    tools:context=".MainActivity">
    <LinearLayout
        android:layout_width="409dp"
        android:layout_height="729dp"
        android:orientation="vertical">
        <Button
            android:id="@+id/start_button"
            android:layout_width="match_parent"
            android:layout_height="wrap_content"
            android:text="开始下载" />
        <TextView
            android:id="@+id/text"
            android:layout_width="match_parent"
            android:layout_height="wrap_content"
            android:text="等待下载" />
        <ProgressBar
            android:id="@+id/progressbar"
            style="?android:attr/progressBarStyleHorizontal"
            android:progress="0"
            android:max="100"
            android:layout_width="match_parent"
            android:layout_height="wrap_content" />
        <Button
            android:id="@+id/cancel_button"
            android:layout_width="match_parent"
```

```
        android:layout_height="wrap_content"
        android:text="取消下载" />
</LinearLayout>
```

修改 MainActivity.java 中代码，具体代码如下：

```
public class MainActivity extends AppCompatActivity {
    //线程变量
    MyTask myTask;
    //主布局中的 UI 组件
    Button start_button, cancel_button;//开始下载按钮、取消下载按钮
    TextView text;//更新的 UI 组件
    ProgressBar progressbar;//下载进度条
    private class MyTask extends AsyncTask<String, Integer, String> {
        //方法 1：onPreExecute()
        @Override
        protected void onPreExecute() {
            text.setText("加载中");//执行后台任务前的提示
        }
        //方法 2：doInBackground()
        @Override
        protected String doInBackground(String... params) {
            try {
                int count = 0;
                int length = 1;
                while (count < 99) {
                    count += length;
              //可以通过调用 publishProgress()显示进度，之后将执行 onProgressUpdate()
                    publishProgress(count);
                    //模拟耗时任务
                    Thread.sleep(50);
                }
            } catch (InterruptedException e) {
                e.printStackTrace();
            }
            return null;
        }
        //方法 3：onProgressUpdate()
        @Override
        protected void onProgressUpdate(Integer... progresses) {
            progressbar.setProgress(progresses[0]);
```

```
            text.setText("下载中" + progresses[0] + "%");
        }
        //方法4:onPostExecute()
        @Override
        protected void onPostExecute(String result) {
            //执行完毕后则更新UI
            text.setText("下载完成");
        }
        //onCancelled()方法，将异步任务设置为取消状态
        @Override
        protected void onCancelled() {
            text.setText("取消下载");
            progressbar.setProgress(0);
        }
    }
    @Override
    protected void onCreate(Bundle savedInstanceState) {
        super.onCreate(savedInstanceState);
        //绑定UI组件
        setContentView(R.layout.activity_main);
        start_button = (Button) findViewById(R.id.start_button);
        text = (TextView) findViewById(R.id.text);
        progressbar = (ProgressBar)findViewById(R.id.progressbar);
        cancel_button = (Button) findViewById(R.id.cancel_button);
        //创建AsyncTask子类的实例对象，即任务实例
        myTask = new MyTask();
        //点击开始下载按钮，则开始启动AsyncTask，任务完成更新文本
        start_button.setOnClickListener(new View.OnClickListener() {
            @Override
            public void onClick(View v) {
           //手动调用execute(Params...params)，从而执行异步线程任务
                myTask.execute();
            }
        });
        cancel_button.setOnClickListener(new View.OnClickListener() {
            @Override
            public void onClick(View v) {
                //取消下载，调用onCancelled()方法
                myTask.cancel(true);
```

```
            }
        });
    }
}
```

在上述代码中，首先定义了一个线程变量，然后创建了一个 AsyncTask 子类，在该子类中依次用到了前面介绍的 4 个方法，并且还使用了 onCancelled()方法用于取消下载。接着创建 AsyncTask 子类的实例对象，最后手动调用 execute(Params…params)执行异步线程任务。

注：同一个 AsyncTask 实例对象只能执行一次，如果执行第二次则会发生异常。

运行程序，应用的主界面如图 7.5 所示，点击开始下载按钮后，进度条会发生变化，并且 TextView 文本也会更新(如图 7.6 所示)，下载完成后会提示下载完成(如图 7.7 所示)，如果中途点击取消下载按钮则会终止下载(如图 7.8 所示)。

图 7.5　AsyncTask 主界面

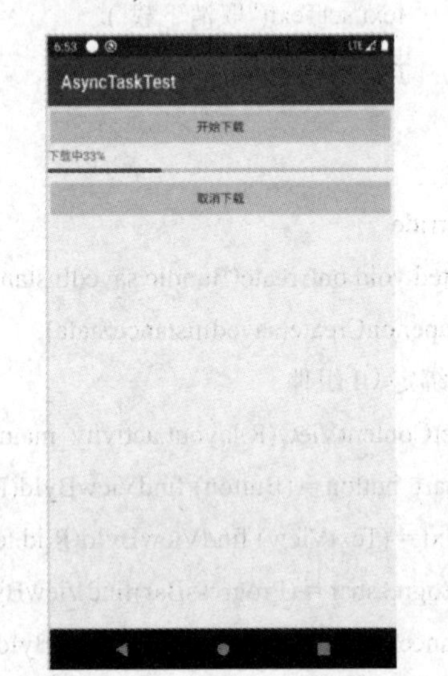

图 7.6　AsyncTask 下载中

图 7.7　AsyncTask 下载完成

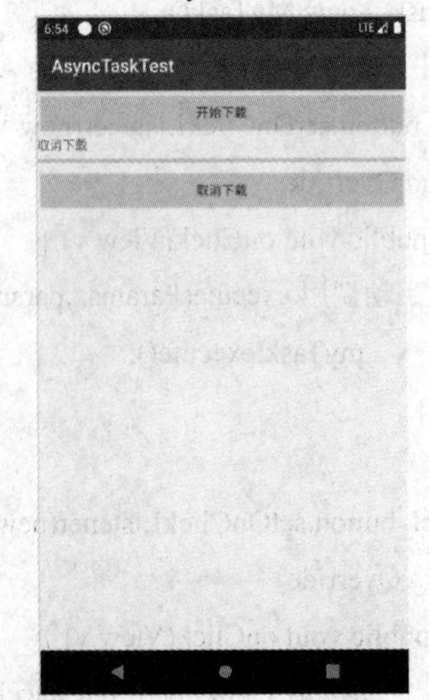

图 7.8　AsyncTask 取消下载

7.3　服务的生命周期

服务的生命周期相对比较简单，包括服务完整生命周期和 Activity 生命周期，还有 onCreate()、onStartCommand()、onBind()和 onDestroy()等回调函数。服务的生命周期流程图如图 7.9 所示。

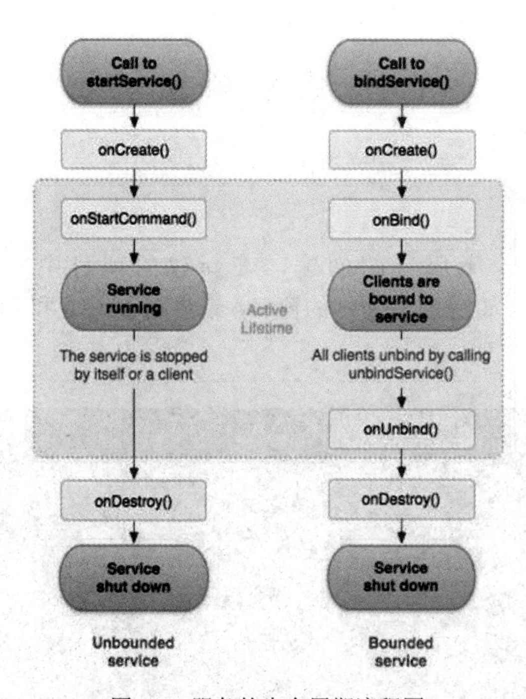

图 7.9　服务的生命周期流程图

服务完整的生命周期是从 onCreate()开始到 onDestroy()结束，在 onCreate()中完成初始设置，并在 onDestroy()中释放所有剩余资源。Android 服务的生命周期方法如下：

(1) onCreate()：首次创建服务的时候，系统会在 onBind()或 onStartCommand()之前调用该方法。如果服务已在运行，则不会调用该方法，该方法只调用一次。

(2) onStartCommand()：当另一个组件通过 startService()请求来启动服务时被调用。该方法一旦执行，服务将在后台无限期运行下去，并且在服务完成后需要调用 stopSelf()或 stopService 来停止服务。服务停止后，系统会将其销毁。

(3) onDestroy()：当服务不再使用且被销毁的时候，系统将调用此方法，使用该方法来清理所有资源，如线程、接收者等。

(4) onBind()：当有组件通过调用 bindService()请求与服务绑定时，系统将调用此方法。

(5) onUnbind()：当有组件通过调用 unbindService()请求与服务解绑时，系统将调用此方法。

(6) onRebind()：当旧的组件与服务解绑后，另一个新的组件与服务绑定，onUnbind()返回 true 时，系统将调用此方法。

Android 服务的使用方式分为启动方式和绑定方式。

启动方式中，在程序的任何位置可以通过调用 Context.startService()来启动服务，若想停止服务，则要通过调用 Context.stopService()或 Service.stopSelf()来停止服务。

在绑定方式中，需要通过 Context.bindService() 建立服务链接，使用 Context.unbindService()来停止服务链接。如果在绑定的过程中服务并没有启动，则 Context.bindService()会自动启动，并且同一个服务可以绑定多个服务链接，为多个不同组件提供服务。

7.4 服务的使用

7.4.1 服务的创建

首先我们来学习一下服务的创建，在新建的项目中右键点击包名→New→Service→Service，会出现如图 7.10 所示的窗口，选中 Exported 和 Enable，然后点击 Finish 按钮完成创建。

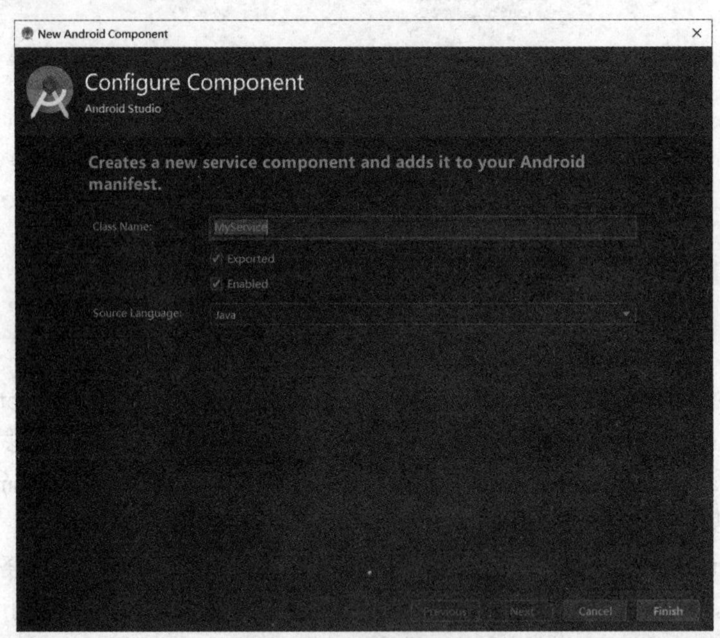

图 7.10　创建服务的窗口

图 7.10 中，选中 Exported 属性表示允许除了当前应用之外的其他应用访问这个服务；选中 Enabled 属性表示启用这个服务。完成创建后会出现 MyService.java 文件，其代码如下：

```
public class MyService extends Service {
    public MyService() {
    }
    @Override
    public IBinder onBind(Intent intent) {
```

```
            throw new UnsupportedOperationException("Not yet implemented");
        }
    }
```

目前这是一个空服务，若要将所需实现的逻辑写入，就需要重写父类的 onCreate()、onStartCommand()、onDestroy()和 onBind()方法。

完成上述操作后，会在 AndroidManifest.xml 文件中自动注册该服务。此外也可以通过点击 New→Class→Extend Service，然后手动在 AndroidManifest.xml 文件中注册该服务。

AndroidManifest.xml 文件中的主要代码如下：

```
<manifest xmlns:android="http://schemas.android.com/apk/res/android"
    package="edu.tust.servicetest">
    <application
        android:allowBackup="true"
        android:icon="@mipmap/ic_launcher"
        android:label="@string/app_name"
        android:roundIcon="@mipmap/ic_launcher_round"
        android:supportsRtl="true"
        android:theme="@style/AppTheme">
        //注册服务
        <service
            android:name=".MyService"
            android:enabled="true"
            android:exported="true">
        </service>
...
</manifest>
```

通过上述操作，一个服务基本创建完成，下面学习如何启动服务和停止服务。

7.4.2　启动服务和停止服务

为了在空服务中写入具体逻辑，需要重写 onCreate()、onStartCommand()、onDestroy()方法。为方便理解，此处仅以输出一条语句为例，具体代码如下：

```
public class MyService extends Service {
    @Override
    public void onCreate(){
        super.onCreate();
        System.out.println("执行了 onCreate()");
    }
    @Override
    public int onStartCommand(Intent intent, int flags, int startId){
```

```
        System.out.println("执行了 onStartCommand()");
        return super.onStartCommand(intent, flags,startId);
    }
    @Override
    public void onDestroy(){
        super.onDestroy();
        System.out.println("执行了 onDestroy()");
    }
    @Nullable
    @Override
    public IBinder onBind(Intent intent) {
        return null;
    }
}
```

然后在主布局文件中设置两个 Button 按钮，分别用于启动服务和停止服务，并修改 activity_main.xml 中的代码，具体代码如下：

```
<LinearLayout
        android:layout_width="match_parent"
        android:layout_height="wrap_content"
        android:orientation="vertical"
        >
        <Button
            android:id="@+id/startService"
            android:layout_width="match_parent"
            android:layout_height="wrap_content"
            android:text="启动服务" />
        <Button
            android:id="@+id/stopService"
            android:layout_width="match_parent"
            android:layout_height="wrap_content"
            android:text="停止服务" />
    </LinearLayout>
```

修改 MainActivity.java 中的代码，构建 Intent 对象，并调用 startService()启动服务、调用 stopService()停止服务。具体代码如下：

```
public class MainActivity extends AppCompatActivity implements View.OnClickListener {
    private Button startService;
    private Button stopService;
    @Override
    protected void onCreate(Bundle savedInstanceState) {
```

```
        super.onCreate(savedInstanceState);
        setContentView(R.layout.activity_main);
        startService = (Button) findViewById(R.id.startService);
        stopService = (Button) findViewById(R.id.stopService);
        startService.setOnClickListener(this);
        stopService.setOnClickListener(this);
    }
    @Override
    public void onClick(View v) {
        switch (v.getId()) {
            //点击启动服务按钮
            case R.id.startService:
                //构建启动服务的 Intent 对象
                Intent startIntent = new Intent(this, MyService.class);
                //调用 startService()方法，传入 Intent 对象，以此启动服务
                startService(startIntent);
                //点击停止服务按钮
            case R.id.stopService:
                //构建停止服务的 Intent 对象
                Intent stopIntent = new Intent(this, MyService.class);
                //调用 stopService()方法，传入 Intent 对象，以此停止服务
                stopService(stopIntent);
        }
    }
}
```

上述操作完成后，运行程序，程序的主界面如图 7.11 所示。

图 7.11　服务测试程序的主界面

点击启动服务按钮，然后观察 Logcat 中的打印日志，如图 7.12 所示。

```
21:21:41.528 10216-10216/edu.tust.servicetest I/System.out: 执行了onCreate()
21:21:41.528 10216-10216/edu.tust.servicetest I/System.out: 执行了onStartCommand()
21:21:41.535 10216-10216/edu.tust.servicetest I/System.out: 执行了onDestroy()
```

图 7.12　启动服务时的日志

从打印的日志中可以看到程序依次执行了 onCreate()、onStartCommand()和 onDestroy()方法，这说明创建的服务已经成功启动。停止服务的效果读者可以自行测试。

综上可将启动服务和停止服务的过程概括为四步。

(1) 新建子类继承 Service 类，并重写父类的 onCreate()、onStartCommand()、onDestroy()方法；

(2) 构建用于启动 Service 的 Intent 对象；

(3) 调用 startService()启动服务，调用 stopService()停止服务；

(4) 在 AndroidManifest.xml 中注册 Service，在 Android studio 环境中会完成自动注册 Service。

7.4.3　绑定启动服务和解绑服务

本节介绍 Service 与 Activity 间通信的功能，主要用到 onBind()方法。在 7.4.2 节启动和停止服务基础上，新建一个子类继承 Binder 类，写入与 Activity 关联需要的方法并创建实例。修改 MyService.java 中的代码，具体代码如下：

```
public class MyService extends Service {
    private MyBinder mBinder = new MyBinder();
    @Override
    public void onCreate() {
        super.onCreate();
        System.out.println("执行了 onCreate()");
    }
    @Override
    public int onStartCommand(Intent intent, int flags, int startId) {
        System.out.println("执行了 onStartCommand()");
        return super.onStartCommand(intent, flags, startId);
    }
    @Override
    public void onDestroy() {
        super.onDestroy();
        System.out.println("执行了 onDestroy()");
    }
    @Nullable
    @Override
```

```
        public IBinder onBind(Intent intent) {
            System.out.println("执行了 onBind()");
            //返回实例
            return mBinder;
        }
        @Override
        public boolean onUnbind(Intent intent) {
            System.out.println("执行了 onUnbind()");
            return super.onUnbind(intent);
        }
        //新建一个子类继承自 Binder 类
        class MyBinder extends Binder {
            public void service_connect_Activity() {
                System.out.println("Service 关联了 Activity，并在 Activity 执行了 Service 的方法");
            }
        }
    }
```

在上述代码中，新建了一个 MyBinder 类，并让它继承 Binder 类，然后在 MyService 中创建了 MyBinder 的实例，最后在 onBind()方法里返回 MyBinder 实例。

修改 activity_main.xml 中的代码，在布局文件中再添加两个 Button 按钮用于绑定服务和解绑服务。具体代码如下：

```
    <androidx.constraintlayout.widget.ConstraintLayout
xmlns:android="http://schemas.android.com/apk/res/android"
        xmlns:app="http://schemas.android.com/apk/res-auto"
        xmlns:tools="http://schemas.android.com/tools"
        android:layout_width="match_parent"
        android:layout_height="match_parent"
        tools:context=".MainActivity">
        <LinearLayout
            android:layout_width="match_parent"
            android:layout_height="wrap_content"
            android:orientation="vertical"
            >
            <Button
                android:id="@+id/startService"
                android:layout_width="match_parent"
                android:layout_height="wrap_content"
                android:text="启动服务" />
            <Button
```

```
        android:id="@+id/stopService"
        android:layout_width="match_parent"
        android:layout_height="wrap_content"
        android:text="停止服务" />
    <Button
        android:id="@+id/bindService"
        android:layout_width="match_parent"
        android:layout_height="wrap_content"
        android:text="绑定服务" />
    <Button
        android:id="@+id/unbindService"
        android:layout_width="match_parent"
        android:layout_height="wrap_content"
        android:text="解绑服务" />
</LinearLayout>
```

在 Activity 中通过调用 MyBinder 类中的 public 方法来实现 Activity 与 Service 之间的通信。修改 MainActivity.java 中的代码，具体代码如下：

```
public class MainActivity extends AppCompatActivity implements View.OnClickListener {
    private Button startService;
    private Button stopService;
    private Button bindService;
    private Button unbindService;
    private MyService.MyBinder myBinder;
    //创建 ServiceConnection 的匿名类
    private ServiceConnection connection = new ServiceConnection() {
        //重写 onServiceConnected()方法和 onServiceDisconnected()方法，在 Activity 与服务间建立
    关联和解除关联的时候调用
        @Override
        public void onServiceDisconnected(ComponentName name) {
        }
        //在 Activity 与服务解除关联的时候调用
        @Override
        public void onServiceConnected(ComponentName name, IBinder service) {
            //实例化服务的内部类 myBinder
            //通过向下转型得到了 MyBinder 的实例
            myBinder = (MyService.MyBinder) service;
            //在 Activity 中调用服务类的方法
            myBinder.service_connect_Activity();
        }
```

```
};
@Override
protected void onCreate(Bundle savedInstanceState) {
    super.onCreate(savedInstanceState);
    setContentView(R.layout.activity_main);
    startService = (Button) findViewById(R.id.startService);
    stopService = (Button) findViewById(R.id.stopService);
    startService.setOnClickListener(this);
    stopService.setOnClickListener(this);
    bindService = (Button) findViewById(R.id.bindService);
    unbindService = (Button) findViewById(R.id.unbindService);
    bindService.setOnClickListener(this);
    unbindService.setOnClickListener(this);
}
@Override
public void onClick(View v) {
    switch (v.getId()) {
        //点击启动服务按钮
        case R.id.startService:
            //构建启动服务的 Intent 对象
            Intent startIntent = new Intent(this, MyService.class);
            //调用 startService()方法，传入 Intent 对象，以此启动服务
            startService(startIntent);
            break;
        //点击停止服务按钮
        case R.id.stopService:
            //构建停止服务的 Intent 对象
            Intent stopIntent = new Intent(this, MyService.class);
            //调用 stopService()方法，传入 Intent 对象，以此停止服务
            stopService(stopIntent);
            break;
        //点击绑定服务按钮
        case R.id.bindService:
            //构建绑定服务的 Intent 对象
            Intent bindIntent = new Intent(this, MyService.class);
            //调用 bindService()方法用来停止服务
            bindService(bindIntent, connection, BIND_AUTO_CREATE);
            //参数说明：第一个参数为 Intent 对象；第二个参数为上面所创建的
              ServiceConnection 实例；第三个参数为标志位
```

```
                //这里传入BIND_AUTO_CREATE表示在Activity和服务建立关联后自动创建服务
            //这里使得 MyService 中的 onCreate()方法得到执行，而 onStartCommand()方法不会执行
                break;
            //点击解绑服务按钮
            case R.id.unbindService:
                //调用 unbindService()方法用来解绑服务
                //参数为上面所创建的 ServiceConnection 实例
                unbindService(connection);
                break;
                default:
                    break;
        }
    }
}
```

在上述代码中首先新创建了一个 ServiceConnection 匿名类，然后在里面重写 onServiceConnected()方法和 onServiceDisconnected()方法，分别在 Activity 与 Service 绑定及解绑时调用。在 onServiceConnected()方法中，先实例化 Service 的内部类 myBinder，通过向下转型得到了 MyBinder 的实例，并在 Activity 中调用 Service 类的方法 service_connect_Activity()。在绑定服务按钮的点击事件中，通过构建绑定服务的 Intent 对象调用 bindService()方法来绑定服务。关于 bindService()方法接收的三个参数，在上述代码注释中已经详细介绍。而解绑服务则要通过调用 unbindService()方法来实现。

至此，Activity 与 Service 之间的通信功能已完成。运行程序，主界面如图 7.13 所示。

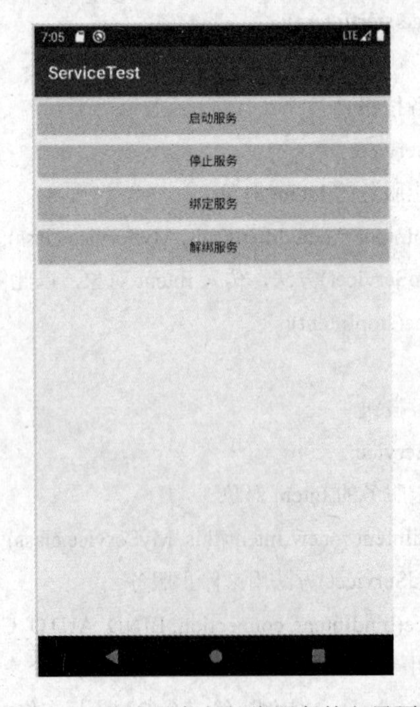

图 7.13　绑定服务与解绑服务的主界面

分别点击绑定服务按钮和解绑服务按钮，并观察 Logcat 日志，结果如图 7.14 所示。

```
15:05:34.042 11613-11613/edu.tust.servicetest I/System.out: 执行了onCreate()
15:05:34.046 11613-11613/edu.tust.servicetest I/System.out: 执行了onBind()
15:05:34.047 11613-11613/edu.tust.servicetest I/System.out: Service关联了Activity，并在Activity执行了Service的方法
15:05:40.147 11613-11613/edu.tust.servicetest I/System.out: 执行了onUnbind()
15:05:40.148 11613-11613/edu.tust.servicetest I/System.out: 执行了onDestroy()
```

图 7.14　绑定服务与解绑服务的测试结果

7.4.4　使用前台服务

前面介绍的都是后台服务的使用，本节介绍前台服务。前台服务和后台服务最大区别在于：前台服务在下拉通知栏中会有详细的状态显示，而后台服务没有；此外，前台服务的优先级高于后台服务，当系统运行内存不足时，前台服务不会被回收，而后台服务会被回收。常见的前台服务应用场景有下载应用进度展示、系统更新提示及音乐播放等。

前台服务的具体使用方法相比后台服务较简单，只需在原有的 Service 类中对 onCreate() 方法进行简单的修改即可。下面在前几节的基础上实现前台服务。

修改 MyService.java 中的代码，具体代码如下：

```
public class MyService extends Service {
    private MyBinder mBinder = new MyBinder();
    @Override
    public void onCreate() {
        super.onCreate();
        System.out.println("执行了 onCreate()");
        //添加下列代码将后台服务变成前台服务
        Intent notificationIntent = new Intent(this, MainActivity.class);
        PendingIntent pendingIntent = PendingIntent.getActivity(this, 0, notificationIntent, 0);
        Notification notification = new NotificationCompat.Builder(this,"foreground")
                .setContentTitle("前台服务")//设置通知标题
                .setContentText("这儿有一条通知！")//设置通知内容
                .setWhen(System.currentTimeMillis())//通知产生的时间
                .setSmallIcon(R.mipmap.ic_launcher)//设置通知小 ICON
                .setLargeIcon(BitmapFactory.decodeResource(getResources(), R.mipmap.ic_launcher))
                //设置通知大 ICON
                .setContentIntent(pendingIntent)
                .build();
                NotificationManager notificationManager= (NotificationManager)getSystemService
                                                        (Context.NOTIFICATION_SERVICE);
        NotificationChannel channel = null;
        //设置通知渠道
        if (android.os.Build.VERSION.SDK_INT >= android.os.Build.VERSION_CODES.O) {
```

```
            channel = new NotificationChannel("foreground", "foregroundName", NotificationManager.
                    IMPORTANCE_HIGH);
            notificationManager.createNotificationChannel(channel);
        }
        startForeground(1, notification);
    }
...
}
```

修改完代码后重新运行程序，点击启动服务按钮，在系统状态栏上会显示一个通知，具体如图 7.15 所示。

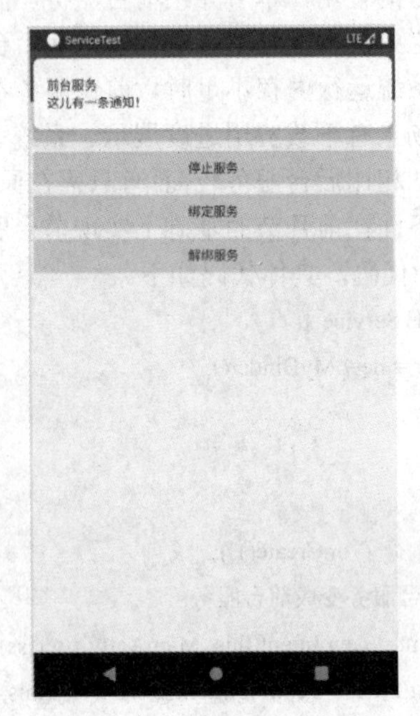

图 7.15　前台服务测试结果

7.4.5　使用 IntentService

IntentService 是继承 Service 的一个类，主要用于处理异步请求以及实现多线程。在 IntentService 内有一个工作线程来处理耗时操作，即任务执行完后，IntentService 会自动销毁，无须手动操作。IntentService 的使用方法非常简单，主要分三步：

(1) 定义 IntentService 的子类，复写 onHandleIntent()方法；

(2) 在 AndroidManifest.xml 文件中注册服务；

(3) 在 Activity 中开启 Service 服务。

下面通过示例具体学习 IntentService 使用。新建 IntentServiceTest 项目，在 Android Studio 中右键点击包名→New→Service→ Service (IntentService)，如图 7.16 所示。

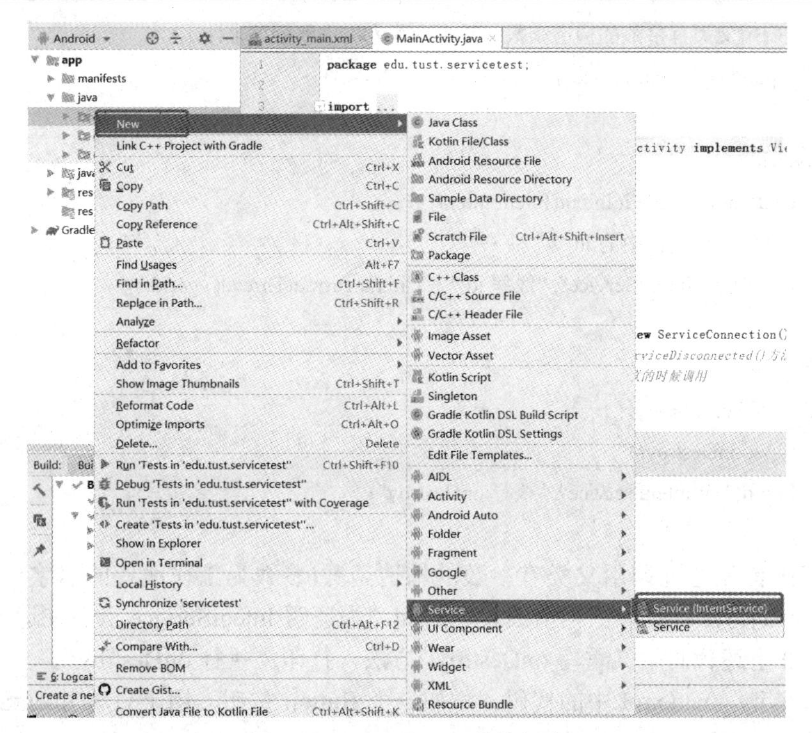

图 7.16　IntentService 快捷创建

然后出现如图 7.17 所示的界面，默认命名为 MyIntentService。

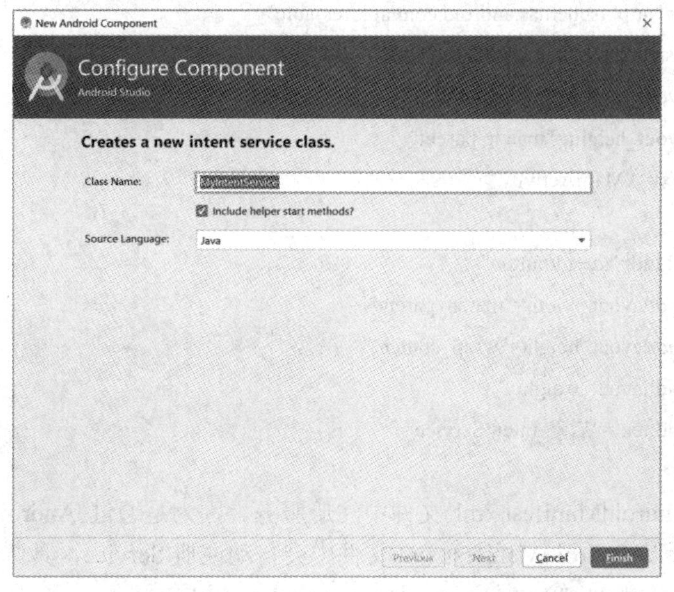

图 7.17　新建 MyIntentService 类

通过 Android Studio 创建完 IntentService 后，第一步需要定义 IntentService 的子类(如图 7.17)，复写 onHandleIntent()方法。MyIntentService.java 中的具体代码如下：

```
public class MyIntentService extends IntentService {
    public MyIntentService() {
```

```
        //调用父类有参数的构造函数，其中参数为工作线程的名字
        super("MyIntentService");
    }
    @Override
    protected void onHandleIntent(Intent intent) {
        //打印当前线程中的 id
        Log.d("MyIntentService", "线程 id:" + Thread.currentThread().getId());
    }
    @Override
    public void onDestroy() {
        super.onDestroy();
        Log.d("MyIntentService", "执行 onDestroy");
    }
```

上述代码首先通过调用父类有参数的构造函数(参数为工作线程的名字)，然后复写 onHandleIntent()方法，打印出当前线程中的 id。为证明 IntentService 服务在运行结束后会自动停止，在上述代码中又重写 onDestroy()方法，打印“执行 onDestroy”。

修改 activity_main.xml 中的代码，添加一个 Button 按钮，用于启动 IntentService，具体代码如下：

```
<LinearLayout xmlns:android="http://schemas.android.com/apk/res/android"
    xmlns:app="http://schemas.android.com/apk/res-auto"
    xmlns:tools="http://schemas.android.com/tools"
    android:layout_width="match_parent"
    android:layout_height="match_parent"
    tools:context=".MainActivity">
    <Button
        android:id="@+id/button"
        android:layout_width="match_parent"
        android:layout_height="wrap_content"
        android:layout_weight="1"
        android:text="启动 IntentService" />
</LinearLayout>
```

接下来在 AndroidManifest.xml 文件中注册服务。因为是通过 Android Studio 创建的 IntentService，所以 AndroidManifest.xml 文件中会自动注册 Service，具体代码如下：

```
<manifest xmlns:android="http://schemas.android.com/apk/res/android"
    package="edu.tust.intentservicetest">
    <application
        android:allowBackup="true"
        android:icon="@mipmap/ic_launcher"
        android:label="@string/app_name"
```

```
        android:roundIcon="@mipmap/ic_launcher_round"
        android:supportsRtl="true"
        android:theme="@style/AppTheme">
        <service
            android:name=".MyIntentService"
            android:exported="false"></service>
        <activity android:name=".MainActivity">
            <intent-filter>
                <action android:name="android.intent.action.MAIN" />
                <category android:name="android.intent.category.LAUNCHER" />
            </intent-filter>
        </activity>
    </application>
</manifest>
```

之后在 Activity 中开启 Service 服务。修改 MainActivity.java 中的代码，具体代码如下：

```
public class MainActivity extends AppCompatActivity implements View.OnClickListener{
    @Override
    protected void onCreate(Bundle savedInstanceState){
        super.onCreate(savedInstanceState);
        setContentView(R.layout.activity_main);
        Button button = (Button)findViewById(R.id.button);
        button.setOnClickListener(this);
    }
    @Override
    public void onClick(View v){
        switch (v.getId()){
            case R.id.button:
                Log.d("MainActivity", "线程 id:" + Thread.currentThread().getId());
                Intent myIntent = new Intent(this, MyIntentService.class);
                startService(myIntent);
                break;
            default:
                break;
        }
    }
}
```

在上面程序中，通过 button 按钮启动 IntentService，并执行打印线程 id 的代码。

完成上述三个步骤后，IntentService 示例程序就完成了，运行程序，如图 7.18 所示。

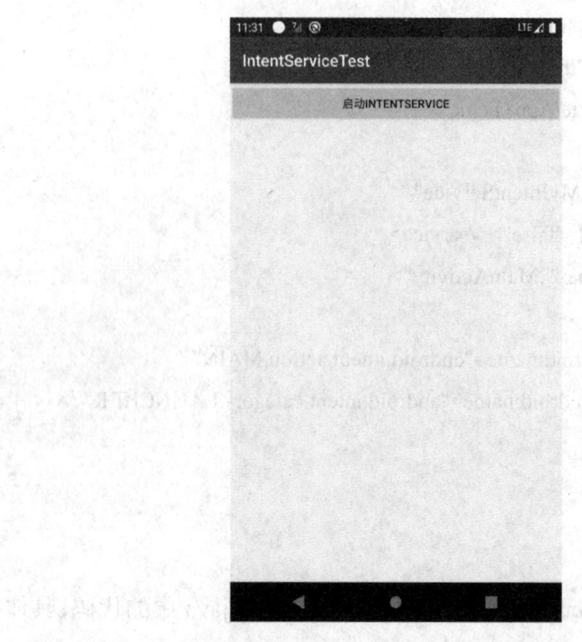

图 7.18　IntentService 界面

点击启动 IntentService 按钮，观察 Logcat 中的信息，如图 7.19 所示。

```
D/MainActivity: 线程id:2
D/MyIntentService: 线程id:571
D/MyIntentService: 执行onDestroy
```

图 7.19　IntentService 启动后的 Logcat 内容

从图 7.19 中可以看到，Logcat 中打印出了当前线程的 id，并执行了 onDestroy，这就证明了 IntentService 服务在运行完成后会自己停止。

本 章 总 结

在本章中，我们学习了 Android 服务相关知识、Android 多线程、服务的生命周期、服务的使用等。服务的使用包括服务的创建、启动服务、停止服务、绑定服务和解绑服务。此外还学习了前台服务和 IntentService 的使用。通过 Android 服务的案例程序的学习，相信读者可以对 Android 服务有一定的认识，并且可以实现一些简单的 Android 服务程序。

第 8 章　数据存储与共享

用户在使用应用程序时，经常需要进行数据交互。比如聊天时，用户发送与接收的都是数据；用户浏览的购物商城等都是数据的展示。所以应用程序离不开数据的支撑。

Android 内置了轻量级 SQLite 数据库，可以满足一部分用户对数据的需求。此外，Android 还提供了 SharedPreferences、文件存储等多种数据存储方法以及比较简单的数据共享方式，方便不同应用程序之间共享数据。

通过本章的学习，可以让读者了解 Android 系统中各种数据存储方法的特点和使用方式以及跨进程间的数据共享的方法。

★学习目标

- 了解各种数据存储方式的特点；
- 掌握各种数据存储方式的使用方法；
- 掌握跨进程的数据共享的方法。

8.1　文件存储

文件存储是 Android 系统中常见的数据存储方式之一。当用户需要存储数据时，文件存储不会改变存储数据的格式和内容，可用来存储一些简单的数据内容。

Android 系统允许应用程序创建只能自身访问的私有文件，文件保存在设备的内部存储器上，可以在/data/data/包名/files 目录下找到。下面通过示例学习如何在 Android 系统中通过文件来保存数据。

新建工程 FileStoreTest，布局文件为 activity_main.xml，首先修改布局文件中的代码，如下所示。

```
<?xml version="1.0" encoding="utf-8"?>
<LinearLayout xmlns:android="http://schemas.android.com/apk/res/android"
    android:layout_width="match_parent"
    android:layout_height="match_parent">
    <EditText
        android:id="@+id/edit_text"
        android:layout_width="match_parent"
        android:layout_height="wrap_content"
```

```
        android:textSize="30sp"
        android:hint="输入文字后退出程序" />
</LinearLayout>
```

代码很简单，只是在布局文件中添加了一个可编辑的文本框。接下来修改 MainActivity 中的代码，如下所示。

```
public class MainActivity extends AppCompatActivity {
    private EditText editText;
    @Override
    protected void onCreate(Bundle savedInstanceState) {
        super.onCreate(savedInstanceState);
        setContentView(R.layout.activity_main);
        editText = findViewById(R.id.edit_text);
    }
    @Override
    protected void onDestroy() {
        super.onDestroy();
        String inputText = editText.getText().toString();
        saveData(inputText);
    }
    public void saveData (String inputText) {
        FileOutputStream out = null;
        BufferedWriter writer = null;
        try {
            out = openFileOutput("filedata.txt", Context.MODE_PRIVATE);
            writer = new BufferedWriter(new OutputStreamWriter(out));
            writer.write(inputText);
        } catch (IOException e) {
            e.printStackTrace();
        } finally {
            try {
                if (writer != null) {
                    writer.close();
                }
            } catch (IOException e) {
                e.printStackTrace();
            }
        }
    }
}
```

在上面的代码中，首先定义了一个 savaData()方法。Context 类中提供了一个 openFileOutput()方法，可以将数据存储到指定文件中。该方法需要输入两个参数：第一个参数是文件名，即创建的文件名称，文件会存储在/data/data/包名/files 中；第二个参数是文件的操作模式，通常有两种操作模式，MODE_PRIVATE 和 MODE_APPEND。两种模式的区别在于：MODE_PRIVATE 在指定同样的文件名时，写入的内容会覆盖掉原文件的内容；MODE_APPEND 在该文件已存在时，会向原文件追加内容而不是覆盖原有内容。OpenFileOutput()方法返回的是一个 FileOutputStream 对象，在得到这个对象后就可以用 Java 流的方式将数据写入文件。本例通过 openFileOutput()方法得到一个 FileOutputStream 对象，然后通过它构建出一个 OutPutStreamWriter 对象，再使用该对象构建出一个 BufferedWriter 对象，这就可以将文本内容写入文件中。

然后在 MainActivity 中定义一个可编辑文本框控件，引用布局中定义好的 EditText，并重写 onDestroy()方法。一般情况下在文本框中输入内容后按下返回键，这时由于输入的内容是瞬时数据，因此在按下返回键界面返回时，当前 Activity 会销毁数据并被回收，输入的内容也会丢失。但在本例的 onDestroy()方法中获取了 EditText 中输入的内容，并调用 saveData()方法将输入的内容存储到文件中，将文件名命名为 filedata.txt，按下返回键，输入的内容就会保存到该文件中。

为查验输入的内容是否保存到了文件，我们做一个验证。验证时要用到 adb 命令。在验证之前，先简单了解一下 adb 命令的用法。要在命令行下使用 adb，首先需要配置环境变量。以 Windows 7 为例，右键点击计算机，选择属性，选择左侧的高级系统设置，选择高级选项，点击环境变量按钮，在系统变量中添加 adb.exe 所在的路径。通常情况下，adb.exe 在 Android SDK 文件夹下的 platform-tools 文件夹中。配置完环境变量后打开 cmd，在命令行中输入 adb，如果出现如图 8.1 所示的界面，则证明配置成功。

图 8.1　adb 环境变量配置成功界面

接下来在 Android 模拟器中运行工程，在文本框中输入“Hello, TUST!”，如图 8.2 所示，并按下返回键。然后在 cmd 命令中输入 adb root，获取管理员权限，随后输入 adb shell，会进入 adb 控制台，如图 8.3 所示。如果控制台中出现的是$符号，则需要在控制台中输入 su 命令获得超级管理员权限。

图 8.2　工程运行界面

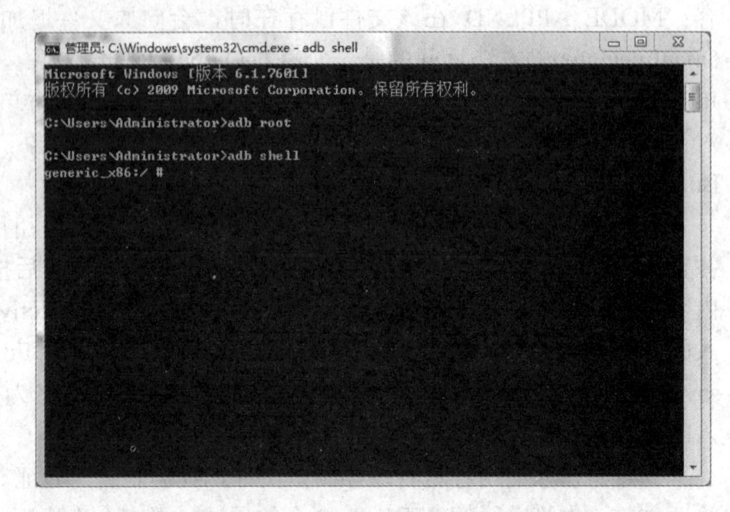

图 8.3　进入 adb 控制台界面

接着进入 filedata.txt 文件所在的目录，在 adb 控制台中输入命令“cd/data/data/edu.tust.filestoretest/files”会进入到该目录下，然后使用 ls 命令查看目录下的文件，如图 8.4 所示。

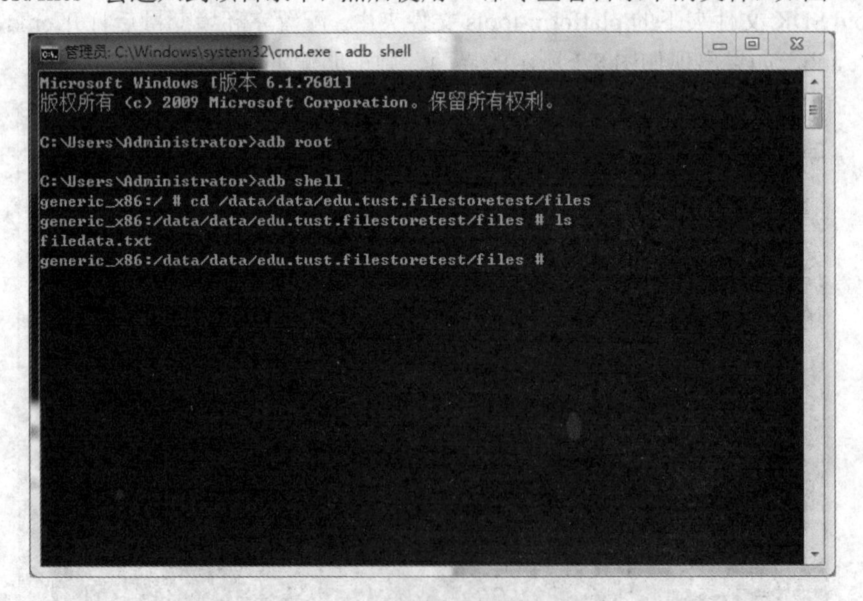

图 8.4　adb 控制台查看文件界面

可以看到，目录下已经存在 filedata.txt 文件，然后在控制台输入 exit 退回到 cmd 界面。在 cmd 中输入命令“adb pull /data/data/edu.tust.filestoretest/filedata.txt d:\ceshi”，将该文件复制到 d 盘的 ceshi 文件夹下，如图 8.5 所示，读者可根据自己的需求更改路径。

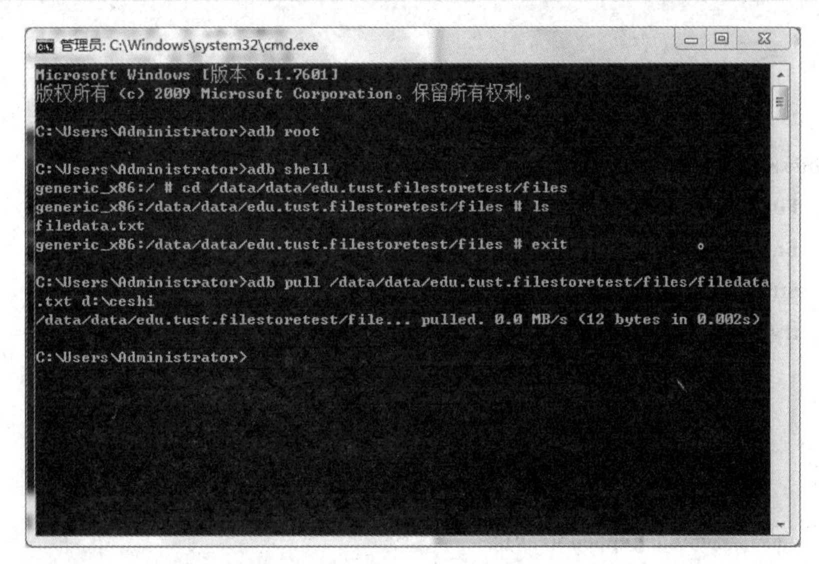

图 8.5　通过 adb 复制文件到电脑界面

可以看到，文件已经成功复制到目标文件夹下，打开文件，文件的内容如图 8.6 所示。说明在工程中输入的文本已经成功地保存到目标文件中。

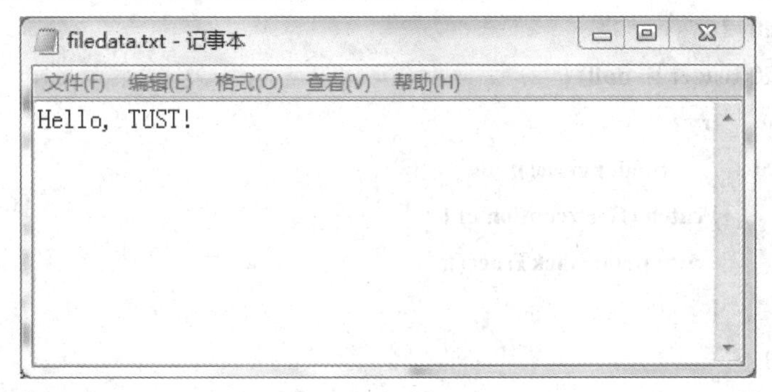

图 8.6　文本文件内容界面

上面介绍了在 Android 系统中如何保存数据到文件中，接下来介绍在 Android 系统中怎样通过文件来读取数据。修改 MainActivity 中的代码，如下所示。

```
public class MainActivity extends AppCompatActivity {
    private EditText editText;
    @Override
    protected void onCreate(Bundle savedInstanceState) {
        super.onCreate(savedInstanceState);
        setContentView(R.layout.activity_main);
        editText = findViewById(R.id.edit_text);
        String inputText = loadData();
        if (!TextUtils.isEmpty(inputText)) {
            editText.setText(inputText);
            editText.setSelection(inputText.length());
```

```
        }
    }
    ...
    public String loadData() {
        FileInputStream inputStream = null;
        BufferedReader reader = null;
        StringBuilder builder = new StringBuilder();
        try {
            inputStream = openFileInput("filedata.txt");
            reader = new BufferedReader(new InputStreamReader(inputStream));
            String con = "";
            while ((con = reader.readLine()) != null) {
                builder.append(con);
            }
        } catch (IOException e) {
            e.printStackTrace();
        } finally {
            if (reader != null) {
                try {
                    reader.close();
                } catch (IOException e) {
                    e.printStackTrace();
                }
            }
        }
        return builder.toString();
    }
}
```

这里我们添加了 loadData()方法，它要用到 Context 类中的另一个方法 openFileInput()，该方法用于读取文件中的数据，且其只有一个输入参数，就是要读取文件的名称。然后系统会自动到/data/data/包名/files 文件夹下去加载该文件，并会返回一个 FileInputStream 对象，之后通过 Java 流的方式将数据读取出来。

在上面的代码中，首先通过 openFileInput()方法得到一个 FileInputStream 对象，然后通过它构建一个 InputStreamReader 对象，随后使用 InputStreamReader 对象构建出一个 BufferReader 对象，通过 BufferReader 对象对文件内容进行逐行读取，把所有内容都读取出来，存放在 StringBuilder 对象中，最后将读取的内容返回。

接下来在 onCreate()方法中调用 loadData()方法，用来读取文件中保存的文本内容，并使用 TextUtils.isEmpty()方法判断读到的内容是否为空，它可以一次性进行两种空值的判断。当传入的字符等于 null 或者等于空字符串的时候，该方法都会返回 true。如果读到的内容不为 null，就调用 EditText 的 setText()方法将内容填充到可输入文本框内，最后再调用 setSelection()方法将输入光标移动到文本的末尾以便于用户继续输入。

运行程序，在文本框中输入“I love TUST.”，如图 8.7 所示。按下返回键退出程序并销毁 Activity。然后在 Android 模拟器中再次打开 FileStoreTest 这个工程，可以看到，上次输入的内容还在，如图 8.8 所示。重新开启程序后文本框中的内容与上次退出前是一样的，说明成功读取到了 filedata.txt 文件中的内容。如果想进一步验证是否通过 filedata.txt 文件读取到的数据，仍可以通过 adb 控制台进行验证。

图 8.7　结束 Activity 前的程序界面

图 8.8　重新打开程序后的界面

8.2　SharedPreferences 存储

SharedPreferences 存储与文件存储不同的地方在于，它是使用键值对的方式来存储数据，当保存一条数据的时候，需要给这条数据提供一个对应的键，后面也需要通过键把相应的值取出。

此外 SharePreferences 支持不同的数据存储类型，比如存储整型数字，需要声明 Int；存储字符串，需要声明 String，之后根据存储的数据类型来读取出相应的数据。下面通过示例学习如何利用 SharePreferences 进行数据的存储。

新建 SharedPreferencesStoreTest 项目，修改 activity_main.xml 中代码，如下所示。

```
<?xml version="1.0" encoding="utf-8"?>
<LinearLayout xmlns:android="http://schemas.android.com/apk/res/android"
    android:orientation="vertical"
    android:layout_width="match_parent"
    android:layout_height="match_parent">
```

```
    <Button
        android:id="@+id/button"
        android:text="存储数据"
        android:textSize="30sp"
        android:layout_width="wrap_content"
        android:layout_height="wrap_content"
        android:layout_gravity="center_horizontal" />
</LinearLayout>
```

然后修改 MainActivity 中代码，如下所示。

```
public class MainActivity extends AppCompatActivity {
    @Override
    protected void onCreate(Bundle savedInstanceState) {
        super.onCreate(savedInstanceState);
        setContentView(R.layout.activity_main);
        Button button = (Button) findViewById(R.id.button);
        button.setOnClickListener(new View.OnClickListener() {
            @Override
            public void onClick(View v) {
                SharedPreferences.Editor editor = getSharedPreferences("spdata", MODE_PRIVATE)
                                                                    .edit();
                editor.putString("学校", "TUST");
                editor.putInt("ID", 10057);
                editor.putBoolean("是否公立", true);
                editor.apply();
                Toast.makeText(MainActivity.this, "数据添加成功！", Toast.LENGTH_SHORT)
                        .show();
            }
        });
    }
}
```

这里使用了 Context 类中的 getSharedPreferences()方法。该方法有两个输入参数，第一个参数用来指定存放数据的 SharedPreferences 文件名称，第二个参数用于指定操作模式，目前只有 MODE_PRIVATE 模式是可选择的。生成的 SharedPreferences 文件存放在/data/data/包名/shared_prefs/目录下。

在上面的代码中，先给按钮注册一个点击事件，在点击事件中通过 getShared Preferences()指定 SharePreferences 的文件名为 spdata，然后得到 SharedPreferences.Editor 对象，接下来向该对象中添加三条数据，并调用 apply()方法进行提交，这样就完成了数据存储的操作，最后使用 Toast 进行数据添加成功的提示。

运行程序，点击按钮，如图 8.9 所示。然后打开 adb 控制台，查看目标目录下是否已经生成名称为 spdata 的文件。依次输入“adb shell”，“cd/data/data/edu.tust.sharedpreferences storetest/shared_prefs”，“ls”命令，可以查询到该文件，如图 8.10 所示。

图 8.9　重新打开程序后的界面　　　　图 8.10　查询文件是否存在界面

接下来仿照 8.1 节的步骤，将该文件复制到目标文件夹下进行查看。文件内容如图 8.11 所示。可以看到，数据已经成功保存了下来，并且使用的是 XML 格式对数据进行管理。

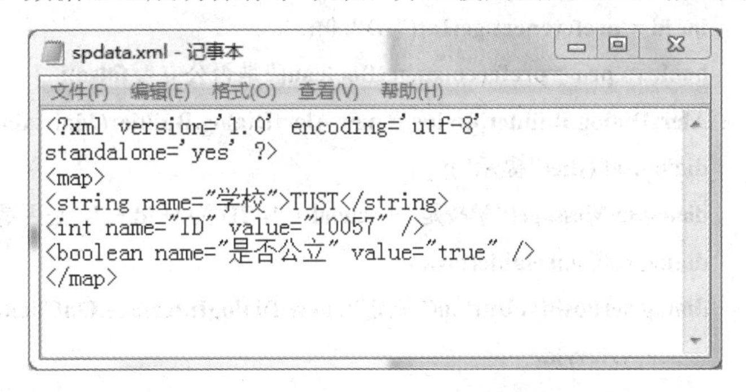

图 8.11　spdata.xml 文件中的内容

下面再演示一下如何从 SharePreferences 文件中读取数据，修改 activity_main.xml 中的代码，添加一个按钮，如下所示。

```
<?xml version="1.0" encoding="utf-8"?>
<LinearLayout xmlns:android="http://schemas.android.com/apk/res/android"
    android:orientation="vertical"
    android:layout_width="match_parent"
    android:layout_height="match_parent">
    …
    <Button
        android:id="@+id/restore_button"
```

```
        android:layout_width="wrap_content"
        android:layout_height="wrap_content"
        android:text="恢复数据"
        android:textSize="30sp"
        android:layout_gravity="center_horizontal" />
</LinearLayout>
```

修改 MainActivity 中的代码，如下所示。

```
public class MainActivity extends AppCompatActivity {
    @Override
    protected void onCreate(Bundle savedInstanceState) {
        super.onCreate(savedInstanceState);
        setContentView(R.layout.activity_main);
        …
        Button button1 = (Button) findViewById(R.id.restore_button);
        button1.setOnClickListener(new View.OnClickListener() {
            @Override
            public void onClick(View v) {
            SharedPreferences preferences = getSharedPreferences("spdata", MODE_PRIVATE);
                String school = preferences.getString("学校", "");
                int id = preferences.getInt("ID", 0);
                boolean pro = preferences.getBoolean("是否公立", false);
                AlertDialog.Builder dialog = new AlertDialog.Builder(MainActivity.this);
                dialog.setTitle("提示");
                dialog.setMessage("学校是" + school + "，ID 为"+ id + "，是否是公立学校：" + pro);
                dialog.setCancelable(false);
                dialog.setPositiveButton("确定", new DialogInterface.OnClickListener() {
                    @Override
                    public void onClick(DialogInterface dialog, int which) { }
                });
                dialog.setNegativeButton("取消", new DialogInterface.OnClickListener() {
                    @Override
                    public void onClick(DialogInterface dialog, int which) { }
                });
                dialog.show();
            }
        });
    }
}
```

SharedPreferences 对象中提供了一系列 get 方法，每种 get 方法都对应 SharedPreferences.

Editor 中的一种 put 方法，用于对应的存储数据进行读取。这些 get 方法中都有输入两个参数：第一个参数是键，传入存储数据时使用键就可以得到相对应的值；第二个参数是默认值，表示传入的键找不到对应值会以什么样的默认值返回。

在上述代码中，给新增加的按钮添加一个点击事件，通过 getSharedPreferences()方法得到了 SharedPreferences 对象，之后分别调用它的 getString()、getInt()、getBoolean()方法去获取前面存储的学校名称、id 和是否公立，如果没找到对应的值，就使用方法中传入的默认值来代替，最后通过对话框控件显示出来，效果图如图 8.12 所示。可以看到，成功读取出了数据。通过和文件存储对比，发现 SharedPreferences 存储简单了许多，这种存储方式在实际开发中也有很多应用场景，比如记住密码等常见功能。

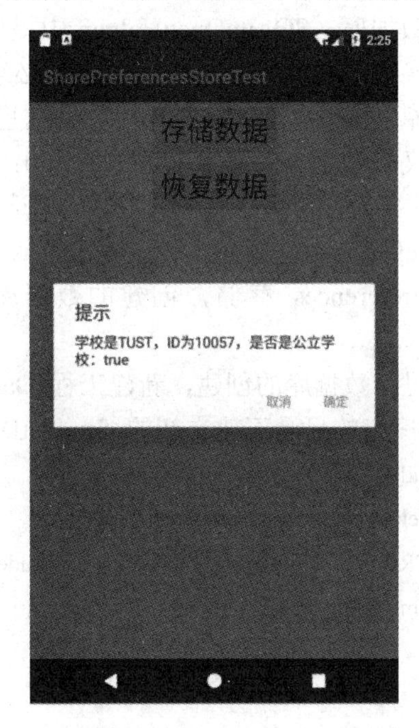

图 8.12　恢复 spdata.xml 中存储的内容效果图

8.3　数据库存储

前面学的文件存储和 SharedPreferences 存储只能存储一些简单数据，而平时使用的微信、微博或者 QQ 等，如果仅仅使用这些存储方式则无法实现大量数据的存储，这时就需要使用数据库来解决大量数据存储的问题。在 Android 系统中，系统内置了一款轻量级的关系型数据库 SQLite，它占用资源少，运算速度快，非常适合在移动设备上使用。本节来学习 Android 中数据库的使用。

8.3.1　创建数据库

为方便管理数据库，Android 系统专门提供了一个 SQLiteOpenHelper 抽象类，借助该类可以非常便利地对数据库进行创建和升级。在 SQLiteOpenHelper 中有 onCreate()和 onUpgrade()两个抽象方法，onCreate()方法用于创建数据库，onUpgrade()方法用于升级数据库。用户在开发时需重写这两个方法。

此外，SQLiteOpenHelper 中还有两个非常重要的实例方法，分别是 getReadable Database()和 getWritableDatabase()。这两个方法可以实现一个共同的功能，那就是如果数据库已存在则直接打开，否则创建一个新的数据库，同时会返回一个可对数据库进行读写操作的对象。两者的不同之处在于，当数据库处于不可被写入的状态时，getWritableDatabase()方法会出现异常，而 getReadableDatabase()方法会以只读的方式打开数据库。

为了能正常创建和使用数据库，SQLiteOpenHelper 中提供了一个构造方法用于重写，该构造方法中需要输入四个参数：第一个参数是 Context，必须有 Context 才能对数据库进行操作；第二个参数是数据库名称，创建的数据库名称在这里指定；第三个参数是允许在查询数据时返回的一个自定义的 Cursor，通常都是传入 null；第四个参数表示的是当前数据库的版本号，当对数据库进行升级时，需改变此参数。构造出 SQLiteOpenHelper 的实例之后，再调用它的 getReadableDatabase()或 getWritableDatabase()方法就能够创建数据库了。类似于文件存储和 SharedPreferences 存储，创建的数据库文件可以在/data/data/包名/databases 目录下找到。

下面通过示例演示如何进行数据库的创建，新建工程 DatabaseStoreTest，布局文件为 activity_main.xml。首先在程序包的目录下建立新的 StudentDatabaseHelper 类，使其继承 SQLiteOpenHelper 类，代码如下：

```
public class StudentDatabaseHelper extends SQLiteOpenHelper {
    public static final String CREATE_STUDENT = "create table Student ("
            + "id integer primary key autoincrement,"
            + "school text,"
            + "name text,"
            + "age integer,"
            + "weight real)" ;
    private Context mContext;
    public StudentDatabaseHelper(Context context, String name, SQLiteDatabase.CursorFactory factory,
int version) {
        super(context, name, factory, version);
        mContext = context;
    }
    @Override
    public void onCreate(SQLiteDatabase db) {
        db.execSQL(CREATE_STUDENT);
        Toast.makeText(mContext, "建表成功！", Toast.LENGTH_SHORT).show();
    }
    @Override
```

```
    public void onUpgrade(SQLiteDatabase db, int oldVersion, int newVersion) { }
}
```

在上述代码中定义了一个字符串常量，用建表语句来完成定义。在建表语句中，数据的类型比较简单：integer 表示整形，real 表示浮点类型，text 表示文本类型；primary key 表示将某一列设置为主键，autoincrement 表示这一列是自增长的。然后在 onCreate()方法中调用 SQLiteDatabase 中的 execSQL()方法去执行上述建表语句，使用 Toast 提示建表成功。接下来修改布局文件，在布局中添加一个 Button，代码如下：

```
<?xml version="1.0" encoding="utf-8"?>
<LinearLayout xmlns:android="http://schemas.android.com/apk/res/android"
    android:layout_width="match_parent"
    android:layout_height="match_parent"
    android:orientation="vertical"
    >
    <Button
        android:id="@+id/button_create"
        android:layout_width="wrap_content"
        android:layout_height="wrap_content"
        android:text="创建数据库"
        android:textSize="30sp"
        android:layout_gravity="center_horizontal" />
</LinearLayout>
```

最后修改 MainActivity 中的代码，如下所示。

```
public class MainActivity extends AppCompatActivity {
    private StudentDatabaseHelper databaseHelper;
    @Override
    protected void onCreate(Bundle savedInstanceState) {
        super.onCreate(savedInstanceState);
        setContentView(R.layout.activity_main);
        databaseHelper = new StudentDatabaseHelper(this, "StudentStore.db", null, 1);
        Button createDb = (Button) findViewById(R.id.button_create);
        createDb.setOnClickListener(new View.OnClickListener() {
            @Override
            public void onClick(View v) {
                databaseHelper.getWritableDatabase();
            }
        });
    }
}
```

在上述代码中，首先在 onCreate()方法中实例化一个 StudentDatabaseHelper 对象为

databaseHelper，通过构造函数，将其数据库名称命名为 StudentStore.db，版本号为 1，并在创建数据库按钮的点击事件中调用 getWritableDatabase()方法。当用户第一次点击该按钮时，会检测目录下是否存在 StudentStore.db 数据库，如果不存在，就会创建该数据库，同时还会调用 StudentDatabaseHelper 中的 onCreate()方法。这样就成功创建了 Student 表。

运行程序，在主界面点击创建数据库按钮，效果图如图 8.13 所示。

为验证数据库是否真的创建成功，还是要通过如图 8.14 所示的 adb 控制台验证。在 adb 控制台输入 cd /data/data/edu.tust.databasestoretest/databases，进入该目录下，用 ls 命令查看目标目录下的文件。可以看到，目标目录下已经有了名为 StudentStore.db 的数据库文件。另外一个名为 StudentStore.db-journal 的文件没有实质意义，它的作用是为了数据库能够支持事物而产生的临时日志文件。接下来还可以打开数据库查看其中的内容，这时需要借助 sqlite 命令来打开数据库。键入 sqlite3 StudentStore.db 即可打开数据库。

图 8.13　创建数据库成功效果图

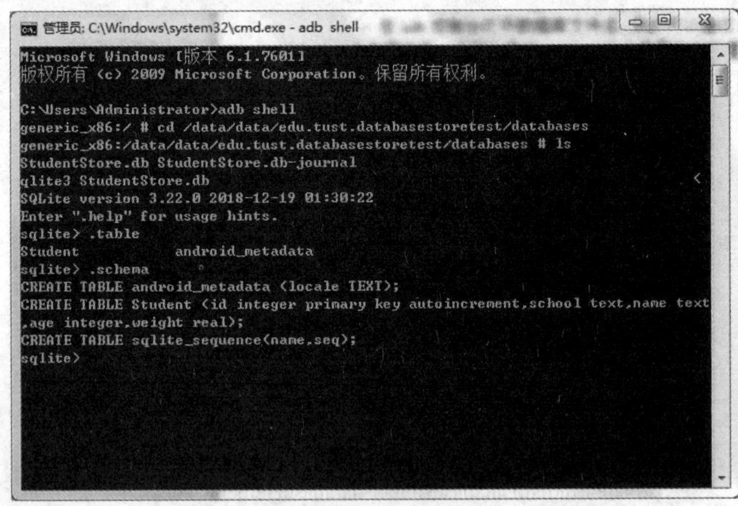

图 8.14　adb 控制台查看数据库文件

在 adb 控制台打开数据库文件后，可以通过.table 命令查看目前数据库中有哪些表，还可以通过.schema 命令查看它们的建表语句。查看完毕可以通过.quit 退出 sqlite3 平台，再通过 exit 命令退出 adb 控制台。

8.3.2　升级数据库

StudentDatabaseHelper 中的 onUpgrade()方法是用来升级数据库的，如果不用升级数据库的方式来对数据库内容进行更改会非常麻烦，通常需要用卸载程序重新安装的方法来完成。下面介绍如何对数据库进行升级，修改 StudentDatabaseHelper 的代码，如下所示。

```
public class StudentDatabaseHelper extends SQLiteOpenHelper {
    public static final String CREATE_STUDENT = "create table Student ("
            + "id integer primary key autoincrement,"
            + "school text,"
```

```
                + "name text,"
                + "age integer,"
                + "weight real)" ;
    public static final String CREATE_TEACHER = "create table Teacher ("
                + "id integer primary key autoincrement, "
                + "name text, "
                + "age integer,"
                + "height real)" ;
    private Context mContext;
    public StudentDatabaseHelper(Context context, String name, SQLiteDatabase.CursorFactory factory,
int version) {
        super(context, name, factory, version);
        mContext = context;
    }
    @Override
    public void onCreate(SQLiteDatabase db) {
        db.execSQL(CREATE_STUDENT);
        db.execSQL(CREATE_TEACHER);
        Toast.makeText(mContext, "建表成功！ ", Toast.LENGTH_SHORT).show();
    }
    @Override
    public void onUpgrade(SQLiteDatabase db, int oldVersion, int newVersion) {
        db.execSQL("drop table if exists Student");
        db.execSQL("drop table if exists Teacher");
        onCreate(db);
    }
}
```

可以看到，此次升级数据库的操作是向数据库中多添加一张表，在 onUpgrade()方法中，执行了两条 DROP 语句，如果发现数据库中已经存在 Student 或 Teacher 表，就将这两张表先删除掉，然后再调用 onCreate()方法重新创建。当然只改变这些代码是不行的，前面说到 SQLiteOpenHelper 的构造方法接收四个参数，其中第四个参数是数据库的版本，升级数据库时，数据库版本也要大于之前的版本才行，因此将 MainActivity 中构造方法那行代码修改如下：

```
databaseHelper = new StudentDatabaseHelper(this, "StudentStore.db", null, 2);
```

重新运行程序，点击创建数据库按钮，可以看到提示“建表成功！”。为验证数据库是否真的升级，还是通过 adb 控制台来查看，如图 8.15 所示。可以看到，数据库中已经多了 Teacher 这张表，证明数据库已经升级成功了。

```
管理员: C:\Windows\system32\cmd.exe - adb shell
Microsoft Windows [版本 6.1.7601]
版权所有 (c) 2009 Microsoft Corporation。保留所有权利。

C:\Users\Administrator>adb shell
generic_x86:/ # cd /data/data/edu.tust.databasestoretest/databases
generic_x86:/data/data/edu.tust.databasestoretest/databases # ls
StudentStore.db StudentStore.db-journal
qlite3 StudentStore.db
SQLite version 3.22.0 2018-12-19 01:30:22
Enter ".help" for usage hints.
sqlite> .table
android_metadata
sqlite> .table
Student              Teacher              android_metadata
sqlite> .schema
CREATE TABLE android_metadata (locale TEXT);
CREATE TABLE sqlite_sequence(name,seq);
CREATE TABLE Student (id integer primary key autoincrement,school text,name text
,age integer,weight real);
CREATE TABLE Teacher (id integer primary key autoincrement, name text, age integ
er,height real);
sqlite>
```

图 8.15　adb 控制台查看新增表

8.3.3　添加数据

在数据库中建表是为了向表中添加、删除、查询、更新数据，开发者通过 SQL 语言可以完成对数据的增、查、删、改，但在 Android 开发中，系统提供了一系列方法，使得在 Android 中不用 SQL 语言，也能够完成数据的增、删、改、查操作。Android 系统中借助 SQLiteOpenHelper 的 getReadableDatabase()或 getWritableDatabase()方法的返回对象 SQLiteDatabase 来实现对数据的增、删、改、查。下面介绍如何添加数据。修改 activity_main.xml 的代码：

```
<?xml version="1.0" encoding="utf-8"?>
<LinearLayout xmlns:android="http://schemas.android.com/apk/res/android"
    android:layout_width="match_parent"
    android:layout_height="match_parent"
    android:orientation="vertical"
    >
    …
    <Button
        android:id="@+id/button_add"
        android:layout_width="wrap_content"
        android:layout_height="wrap_content"
        android:text="添加数据"
        android:textSize="30sp"
        android:layout_gravity="center_horizontal" />
</LinearLayout>
```

在布局中添加一个按钮，用于触发向数据库中添加数据的事件。接下来修改 MainActivity 中的代码，如下所示。

```
public class MainActivity extends AppCompatActivity {
    private StudentDatabaseHelper databaseHelper;
    @Override
    protected void onCreate(Bundle savedInstanceState) {
        super.onCreate(savedInstanceState);
        setContentView(R.layout.activity_main);
        databaseHelper = new StudentDatabaseHelper(this, "StudentStore.db", null, 2);
        ...
        Button addDb = (Button) findViewById(R.id.button_add);
        addDb.setOnClickListener(new View.OnClickListener() {
            @Override
            public void onClick(View v) {
                SQLiteDatabase database = databaseHelper.getWritableDatabase();
                ContentValues values = new ContentValues();
                values.put("school", "TUST");
                values.put("name", "张三");
                values.put("age", 20);
                values.put("weight", 53.6);
                database.insert("Student", null, values);
               Toast.makeText(MainActivity.this, "向表中数据添加成功！", Toast.LENGTH
                              _SHORT).show();
            }
        });
    }
}
```

SQLiteDatabase 中提供了 insert()方法，用于向数据库中添加数据，它接收三个参数：第一个参数是表名，向哪个表中添加数据，就传入哪个表的名字；第二个参数用于在未指定添加数据的情况下给某些可为空的列自动赋值 null，在使用时通常直接传入 null 即可；第三个参数是一个 ContentValues 对象，提供了一系列 put()方法重载，用于向表中添加数据，需提供表中每个列名以及待添加的数据。

上述代码中，为新增的按钮添加了点击事件，在点击事件中，首先获取到 SQLiteDatabase 对象，然后使用 ContentValues 对要添加的数据进行整合，最后调用 insert()方法将数据添加到表中。

运行程序，并点击添加数据按钮，界面如图 8.16 所示。可以看到，点击按钮后提示添加数据成功。接下来在 adb 控制台下进行验证，进入到数据库文件后，输入命令“select * from Student;”，结果如图 8.17 所示，可以查询到添加的数据，证明数据添加成功。

图 8.16　添加数据成功界面

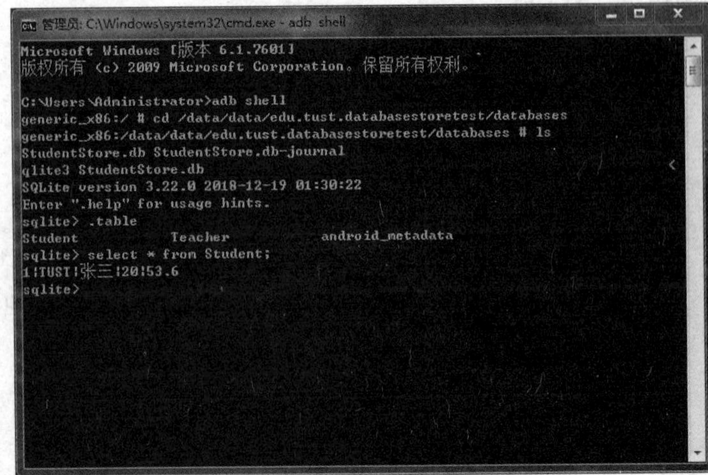

图 8.17　adb 控制台查看添加的数据

8.3.4　更新数据

SQLiteDatabase 提供了 update()方法用以更新数据，该方法也是接收四个参数，第一个参数是表名；第二个参数是 ContentValues 对象；第三和第四个参数用于约束更新某一行或者某几行的数据，不指定参数就是默认更新所有行的数据。下面介绍如何更新数据，继续在原有的工程上进行修改，修改布局文件 activity_main.xml，添加一个按钮，代码如下：

```
<?xml version="1.0" encoding="utf-8"?>
<LinearLayout xmlns:android="http://schemas.android.com/apk/res/android"
    android:layout_width="match_parent"
    android:layout_height="match_parent"
    android:orientation="vertical"
    >
    …
    <Button
        android:id="@+id/button_update"
        android:layout_width="wrap_content"
        android:layout_height="wrap_content"
        android:text="更新数据"
        android:textSize="30sp"
        android:layout_gravity="center_horizontal" />
</LinearLayout>
```

然后在 MainActivity 中添加如下代码：

```
public class MainActivity extends AppCompatActivity {
```

```
    private StudentDatabaseHelper databaseHelper;
    @Override
    protected void onCreate(Bundle savedInstanceState) {
        super.onCreate(savedInstanceState);
        setContentView(R.layout.activity_main);
        databaseHelper = new StudentDatabaseHelper(this, "StudentStore.db", null, 2);
        …
        Button updateDb = (Button) findViewById(R.id.button_update);
        updateDb.setOnClickListener(new View.OnClickListener() {
            @Override
            public void onClick(View v) {
                SQLiteDatabase database = databaseHelper.getWritableDatabase();
                ContentValues values = new ContentValues();
                values.put("name", "李四");
                database.update("Student", values, "school = ?", new String[] {"TUST"});
                Toast.makeText(MainActivity.this, "更新数据成功！ ", Toast.LENGTH_SHORT)
                        .show();
            }
        });
    }
}
```

首先为按钮添加点击事件，在点击事件逻辑中，先构建一个 ContentValues 对象，随后调用 put()方法指定一组数据，然后调用 SQLiteDatabase 的 update()方法进行更新操作。第一个和第二个参数读者已经了解，第三个参数对应的是 SQL 语句的 where 部分，表示更新的是所有 school 等于?的行，?是一个占位符，第四个参数为第三个参数的占位符指定了相应的内容，这句代码的意思就是将在 TUST 上学的人的名字改成李四。

运行程序，效果如图 8.18 所示。同样可以在 adb 控制台查到相应的信息，如图 8.19 所示。可以看到，名字已经从张三成功换到了李四。

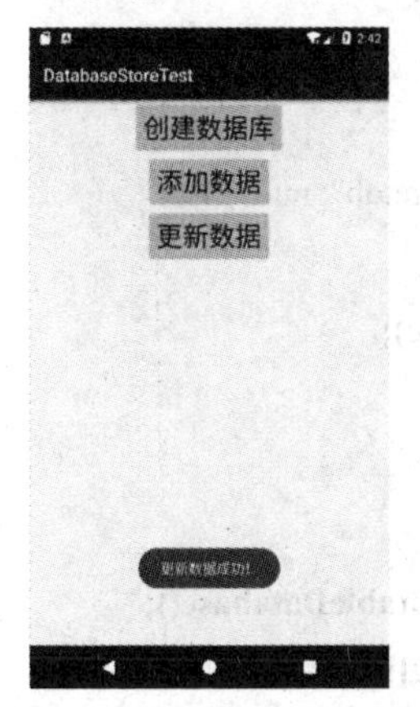

图 8.18　更新数据界面

图 8.19　adb 控制台查看更新的数据

8.3.5 删除数据

删除数据库中的数据比添加数据、更新数据更简单，使用 SQLiteDatabase 提供的 delete()方法即可，该方法接收三个参数，第一个参数是表名；第二和第三个参数类似于 update()方法中的第三和第四个参数，用于约束删除某一行或者某几行数据，不指定就是默认删除所有行的数据。

修改布局文件，添加一个按钮，用于加入点击事件实现对数据库中的数据进行删除，代码如下：

```
<?xml version="1.0" encoding="utf-8"?>
<LinearLayout xmlns:android="http://schemas.android.com/apk/res/android"
    android:layout_width="match_parent"
    android:layout_height="match_parent"
    android:orientation="vertical"
    >
    …
    <Button
        android:id="@+id/button_delete"
        android:layout_width="wrap_content"
        android:layout_height="wrap_content"
        android:text="删除数据"
        android:textSize="30sp"
        android:layout_gravity="center_horizontal" />
</LinearLayout>
```

然后修改 MainActivity 中的代码，如下所示。

```
public class MainActivity extends AppCompatActivity {
    private StudentDatabaseHelper databaseHelper;
    @Override
    protected void onCreate(Bundle savedInstanceState) {
        super.onCreate(savedInstanceState);
        setContentView(R.layout.activity_main);
        databaseHelper = new StudentDatabaseHelper(this, "StudentStore.db", null, 2);
    …
        Button deleteDb = (Button) findViewById(R.id.button_delete);
        deleteDb.setOnClickListener(new View.OnClickListener() {
            @Override
            public void onClick(View v) {
                SQLiteDatabase database = databaseHelper.getWritableDatabase();
                database.delete("Student", "name = ?", new String[] {"李四"});
                Toast.makeText(MainActivity.this, "删除数据成功！ ", Toast.LENGTH_SHORT)
```

```
.show();
            }
        });
    }
}
```

上述代码中，在按钮的点击事件中指明要删除 Student 表中的数据，通过第二和第三个参数指明删除姓名为李四的人的数据。

运行程序，点击删除数据按钮，界面如图 8.20 所示。点击按钮后，再次在 adb 控制台中查询这条数据，如图 8.21 所示。可以发现，名字为李四的这条数据已经没有了。

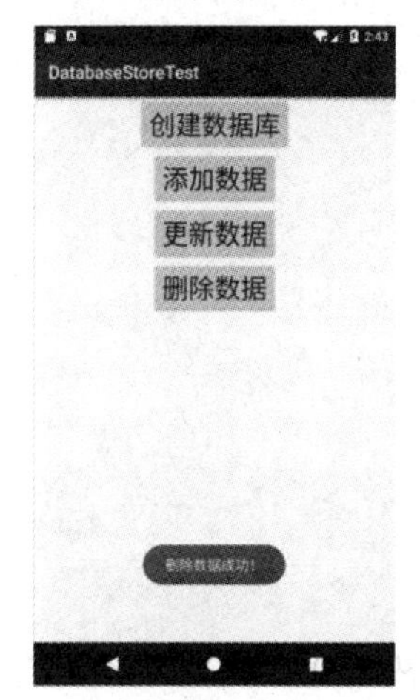

图 8.20　删除数据成功界面

图 8.21　删除数据成功的验证

8.3.6　查询数据

在数据库的增删改查这几项操作中，查询数据是最复杂的一项。SQLiteDatabase 提供了 query()方法对数据进行查询，通常开发者要用的 query()方法一次性要传入七个参数。第一个参数是表名；第二个参数用于指定查询哪几列，若传入的值为 null，则说明需要查询所有列；第三和第四个参数用于约束查询某一行或某几行的数据，就像前面的 update()和 delete()方法一样，若传入的值为 null，则说明需要查询所有行；第五个参数用于指定需要 group by(分组汇总)的列，若传入 null 则说明不需要对查询结果进行 group by 的操作；第六个参数用于对 group by 之后的数据进行进一步的过滤，若传入 null 则表示不过滤；第七个参数用于指定查询结果的排序方式，若传入 null 则表示使用默认的排序方式。在调用 query()方法之后，会返回一个 Cursor 对象，所有从数据库中查询到的数据都从这里取出。

下面介绍如何查询数据，修改 activity_main.xml 中的代码，添加一个按钮用于查询点击事件，代码如下：

```
<?xml version="1.0" encoding="utf-8"?>
<LinearLayout xmlns:android="http://schemas.android.com/apk/res/android"
    android:layout_width="match_parent"
```

```
    android:layout_height="match_parent"
    android:orientation="vertical"
    >
    …
    <Button
        android:id="@+id/button_query"
        android:layout_width="wrap_content"
        android:layout_height="wrap_content"
        android:text="查询数据"
        android:textSize="30sp"
        android:layout_gravity="center_horizontal" />
</LinearLayout>
```

然后修改 MainActivity 中的代码，如下所示。

```
public class MainActivity extends AppCompatActivity {
    private StudentDatabaseHelper databaseHelper;
    @Override
    protected void onCreate(Bundle savedInstanceState) {
        super.onCreate(savedInstanceState);
        setContentView(R.layout.activity_main);
        databaseHelper = new StudentDatabaseHelper(this, "StudentStore.db", null, 2);
        …
        Button queryDb = (Button) findViewById(R.id.button_query);
        queryDb.setOnClickListener(new View.OnClickListener() {
            @Override
            public void onClick(View v) {
                SQLiteDatabase database = databaseHelper.getWritableDatabase();
                Cursor cursor = database.query("Student", null, null, null, null, null, null);
                if(cursor.moveToFirst()) {
                    do {
                        String school = cursor.getString(cursor.getColumnIndex("school"));
                        String name = cursor.getString(cursor.getColumnIndex("name"));
                        int age = cursor.getInt(cursor.getColumnIndex("age"));
                        double weight = cursor.getDouble(cursor.getColumnIndex("weight"));
                        AlertDialog.Builder dialog = new AlertDialog.Builder(MainActivity.this);
                        dialog.setTitle("提示");
                        dialog.setMessage("该学生所在学校为" + school + ",姓名为" + name + ",
                                    年龄是" + age + "岁，体重为" + weight + "千克。");
                        dialog.setCancelable(false);
                        dialog.setPositiveButton("确定", new DialogInterface.OnClickListener() {
```

```
                        @Override
                        public void onClick(DialogInterface dialog, int which) { }
                    });
                    dialog.setNegativeButton("取消", new DialogInterface.OnClickListener() {
                        @Override
                        public void onClick(DialogInterface dialog, int which) { }
                    });
                    dialog.show();
                } while (cursor.moveToNext());
            }
            cursor.close();
        }
    });
  }
}
```

上面的代码中，首先调用 SQLiteDatabase 中的 query()方法查询数据，只输入了第一个参数“Student”，说明只是想查询 Student 表的所有数据而不进行其他操作。查询完后得到一个 Cursor 对象，然后调用它的 moveToFirst()方法将数据的指针移动到第一行位置，进入一个循环遍历每一行数据，在循环中可通过 Cursor 的 getColumnIndex()方法获取某一列在表中所对应的位置索引，然后将索引值传入到相应方法中，就可以读取到数据了。

为验证是否真的能查询到数据，在程序中我们加入了一个警告框来进行提醒。运行程序，因为 8.3.5 节删除了数据，现在表中已经没有数据了，所以可以再次点击添加按钮，将数据重新放入数据库。然后点击查询数据按钮，如图 8.22 所示。

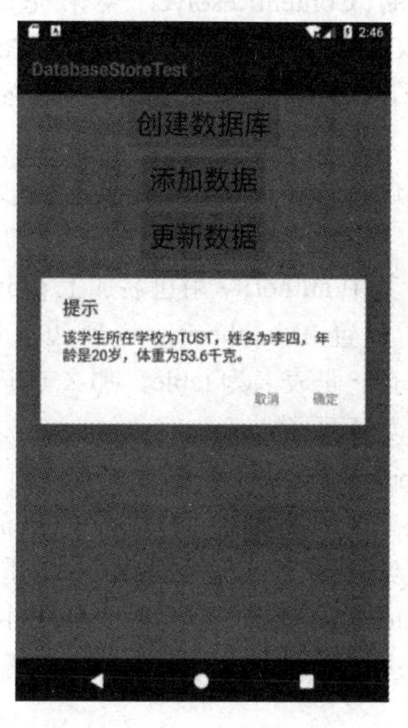

图 8.22　查询数据界面

8.4　数 据 共 享

使用 Android 手机时经常会遇到需要进行数据共享的情况，如使用 QQ 或者微信时可以读取到手机通讯录中的联系人，推荐用户添加手机通讯录中的联系人为好友等。本节来学习 Android 中常用的数据共享技术。

8.4.1　ContentProvider

ContentProvider(内容提供者)是 Android 中的四大组件之一，为应用程序间共享数据的一种接口机制。因为应用程序运行在不同的进程中，所以不同应用程序之间的数据和文件是不能够直接访问的，利用 ContentProvider 可以实现不同应用程序之间的数据共享。

之前，我们学习了文件存储和 SharedPreferences 存储，这些存储方式确实为不同程序互相访问提供了一些方法，但这些方法都有它自身的局限性。ContentProvider 可以选择只对哪一部分的数据进行共享，而不是像其他两种方法那样使用全局可读写的操作模式，大大提高了应用程序中共享数据的隐私性。

在 Android 系统中，除了开发人员会用到 ContentProvider 进行数据共享以外，许多内置的应用程序，如通讯录、相机等程序数据也都是通过 ContentProvider 提供给用户使用的。

在进行数据共享的程序开发时，如果使用 ContentProvider，则不能直接调用 ContentProvider 的接口函数，而要用 ContentResolver 对象，通过 Uri 间接调用 ContentProvider。也就是说，对于每一个应用程序来说，如果想要访问 ContentProvider 中共享的数据，就一定要借助 ContentResolver 类来完成，可以通过 Context 中的 getContentResolver()方法获取 ContentResolver 类的实例。ContentResolver 类提供了一系列的方法对数据进行增删改查操作，方法名称和 SQLiteDatabase 中的方法名称几乎一样，不同之处在于输入参数。

SQLiteDatabase 中增删改查方法的参数需要输入表名，而 ContentResolver 中增删改查方法输入的是 Uri 参数。Uri 参数给 ContentProvider 中的数据建立了唯一的标识符，由 authority 和 path 两部分构成，其中 authority 用包名加上.provider 来命名，path 对应的是同一个应用程序中不同的表，放置在 authority 的后边。比如某个应用程序的包名为 edu.tust.application，数据库中有一张表名为 table，那么 Uri 参数最标准的写法只需要在包名的前面加上协议声明即可，如下所示。

```
Content://edu.tust.application.provider/table
```

在实现应用程序间数据共享时，需要创建自己的 ContentProvider，具体过程主要分为三步：第一步创建一个类继承 ContentProvider，并重写六个方法；第二步声明 CONTENT_URI，实现 UriMatcher；最后一步要在清单文件中注册 ContentProvider，如果使用 Android Studio 的菜单创建 ContentProvider 会自动在清单文件中注册。

8.4.2 访问其他程序中的数据

本节介绍如何使用 ContentProvider 实现应用程序间数据的共享。为方便展示如何使用 ContentProvider，继续在之前建立的 DatabaseStoreTest 工程基础上进行开发，但是要将所有的 Toast 提示代码去掉，因为跨程序访问时不能直接使用 Toast。

接下来创建 ContentProvider，鼠标右键单击 edu.tust.databasestoretest 包，选择 New→Other →Content Provider，会弹出如图 8.23 所示的窗口。

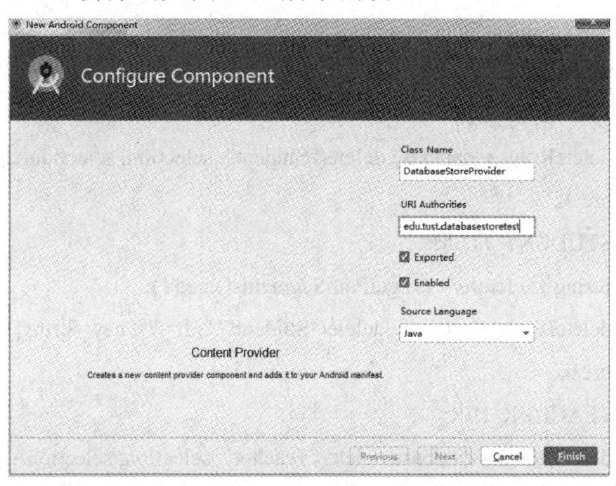

图 8.23 使用 Android Studio 菜单创建 ContentProvider

将 ContentProvider 命名为 DatabaseStoreProvider，URI Authorities 指定为 edu.tust.databasestoretest。下面的两个勾选框，Exported 表示是否允许其他应用程序访问该 ContentProvider，Enabled 表示该 ContentProvider 是否为启用状态，选中两个属性，最后开发语言选择 Java，点击 Finish 完成 ContentProvider 的创建。通过此方式创建 ContentProvider，Android Studio 会自动在清单文件中注册 ContentProvider，如果不是通过此方式创建，需要手动打开清单文件编写代码进行注册。

创建成功后 Android Studio 会自动生成一部分代码，修改 DatabaseStoreProvider 中的代码，如下所示。

```
public class DatabaseStoreProvider extends ContentProvider {
    public static final int STUDENT_DIR = 0;
    public static final int STUDENT_ITEM = 1;
    public static final int TEACHER_DIR = 2;
    public static final int TEACHER_ITEM = 3;
    public static final String AUTHORITY = "edu.tust.databasestoretest.provider";
    private static UriMatcher uriMatcher;
    private StudentDatabaseHelper databaseHelper;
    static {
        uriMatcher = new UriMatcher(UriMatcher.NO_MATCH);
        uriMatcher.addURI(AUTHORITY, "student", STUDENT_DIR);
```

```
        uriMatcher.addURI(AUTHORITY, "student/#", STUDENT_ITEM);
        uriMatcher.addURI(AUTHORITY, "teacher", TEACHER_DIR);
        uriMatcher.addURI(AUTHORITY, "teacher/#", TEACHER_ITEM);
    }
    @Override
    public int delete(Uri uri, String selection, String[] selectionArgs) {
        SQLiteDatabase database = databaseHelper.getWritableDatabase();
        int deleteRows = 0;
        switch (uriMatcher.match(uri)) {
            case STUDENT_DIR:
                deleteRows = database.delete("Student", selection, selectionArgs);
                break;
            case STUDENT_ITEM:
                String studentId = uri.getPathSegments().get(1);
                deleteRows = database.delete("Student", "id = ?", new String[] { studentId });
                break;
            case TEACHER_DIR:
                deleteRows = database.delete("Teacher", selection, selectionArgs);
                break;
            case TEACHER_ITEM:
                String teacherId = uri.getPathSegments().get(1);
                deleteRows = database.delete("Teacher", "id = ?", new String[]{ teacherId });
                break;
            default:
                break;
        }
        return deleteRows;
    }
    @Override
    public String getType(Uri uri) {
        switch (uriMatcher.match(uri)) {
            case STUDENT_DIR:
                return "vnd.android.cursor.dir/vnd.edu.tust.databasestoretest.provider.student";
            case STUDENT_ITEM:
                return "vnd.android.cursor.item/vnd.edu.tust.databasestoretest.provider.student";
            case TEACHER_DIR:
                return "vnd.android.cursor.dir/vnd.edu.tust.databasestoretest.provider.teacher";
            case TEACHER_ITEM:
                return "vnd.android.cursor.item/vnd.edu.tust.databasestoretest.provider.teacher";
```

```
        }
        return null;
    }
    @Override
    public Uri insert(Uri uri, ContentValues values) {
        SQLiteDatabase database = databaseHelper.getWritableDatabase();
        Uri uri1 = null;
        switch (uriMatcher.match(uri)) {
            case STUDENT_DIR:
            case STUDENT_ITEM:
                long newStudentId = database.insert("Student",null, values );
                uri1 = Uri.parse("content://" + AUTHORITY + "/student/" + newStudentId);
                break;
            case TEACHER_DIR:
            case TEACHER_ITEM:
                long newTeacherId = database.insert("Teacher", null, values);
                uri1 = Uri.parse("content://" + AUTHORITY + "/teacher/" + newTeacherId);
                break;
            default:
                break;
        }
        return uri1;
    }
    @Override
    public boolean onCreate() {
        databaseHelper = new StudentDatabaseHelper(getContext(), "StudentStore.db", null, 2);
        return true;
    }
    @Override
    public Cursor query(Uri uri, String[] projection, String selection,
                             String[] selectionArgs, String sortOrder) {
        SQLiteDatabase database = databaseHelper.getReadableDatabase();
        Cursor cursor = null;
        switch (uriMatcher.match(uri)) {
            case STUDENT_DIR:
                cursor = database.query("Student", projection, selection, selectionArgs, null, null, sortOrder);
                break;
            case STUDENT_ITEM:
                String StudentId = uri.getPathSegments().get(1);
```

```
                cursor = database.query("Student", projection, "id = ?", new String[] { StudentId }, null,
null, sortOrder);
                break;
            case TEACHER_DIR:
                cursor = database.query("Teacher", projection, selection, selectionArgs, null, null,
sortOrder);
                break;
            case TEACHER_ITEM:
                String teacherId = uri.getPathSegments().get(1);
                cursor = database.query("Teacher", projection, "id = ?", new String[] { teacherId }, null,
null, sortOrder);
                break;
            default:
                break;
        }
        return cursor;
    }
    @Override
    public int update(Uri uri, ContentValues values, String selection,String[] selectionArgs) {
        SQLiteDatabase database = databaseHelper.getWritableDatabase();
        int updateRows = 0;
        switch (uriMatcher.match(uri)) {
            case STUDENT_DIR:
                updateRows = database.update("Student", values, selection, selectionArgs);
                break;
            case STUDENT_ITEM:
                String studentId = uri.getPathSegments().get(1);
                updateRows = database.update("Student", values, "id = ?", new String[] { studentId });
                break;
            case TEACHER_DIR:
                updateRows = database.update("Teacher", values, selection, selectionArgs);
                break;
            case TEACHER_ITEM:
                String teacherId = uri.getPathSegments().get(1);
                updateRows = database.update("Teacher", values, "id = ?", new String[] { teacherId });
                break;
            default:
                break;
        }
```

```
        return updateRows;
    }
}
```

上述代码中，首先定义了四个常量，分别用于访问 Student 表中的所有数据、访问 Student 表中的单条数据、访问 Teacher 表中的所有数据以及访问 Teacher 表中的单条数据。然后在静态代码块中对 UriMatcher 进行初始化，将期望匹配的几种 URI 格式添加进来。

接下来重写 onCreate()、insert()、update()、delete()、query()、getType()这几个方法。在 onCreate()方法中创建一个 StudentDatabaseHelper 的实例，返回 true 说明 ContentProvider 初始化成功，这时已经完成数据库的创建和升级操作。在 query()方法中，调用了 getPathSegment()方法，该方法用来对 URI 权限后的部分用"/"符号进行分割，将结果放入一个字符串列表中，在该列表中，第 0 个位置存放的是路径，第 1 个位置存放的是 id。在 getType()方法中，按照要求的格式规则填写相应的路径。其余方法的重写和前面学习的基本一样，重点注意表名和 Uri 的不同之处。

创建 ContentProvider 后，该工程就具有了不同程序间共享数据的功能了，为了新工程测试不受影响，先把模拟器中的 DatabaseStoreTest 应用程序卸载掉，防止遗留的数据对测试有干扰。然后重新运行安装该工程，安装完成后退出即可。

接下来创建 ContentProviderTest 工程，布局文件为 activity_main.xml，修改布局文件，添加四个按钮，用于数据的增删改查，代码如下：

```
<?xml version="1.0" encoding="utf-8"?>
<LinearLayout xmlns:android="http://schemas.android.com/apk/res/android"
    android:orientation="vertical"
    android:layout_width="match_parent"
    android:layout_height="match_parent"
    >
    <Button
        android:id="@+id/button_add"
        android:layout_width="wrap_content"
        android:layout_height="wrap_content"
        android:text="向 Student 表中添加数据"
        android:textSize="30sp"
        android:layout_gravity="center_horizontal" />
    <Button
        android:id="@+id/button_update"
        android:layout_width="wrap_content"
        android:layout_height="wrap_content"
        android:text="更新 Student 表中的数据"
        android:textSize="30sp"
        android:layout_gravity="center_horizontal" />
    <Button
```

```
        android:id="@+id/button_delete"
        android:layout_width="wrap_content"
        android:layout_height="wrap_content"
        android:text="删除 Student 表中的数据"
        android:textSize="30sp"
        android:layout_gravity="center_horizontal" />
    <Button
        android:id="@+id/button_query"
        android:layout_width="wrap_content"
        android:layout_height="wrap_content"
        android:text="查询 Student 表中的数据"
        android:textSize="30sp"
        android:layout_gravity="center_horizontal" />
</LinearLayout>
```

修改 MainActivity 中的代码，如下所示。

```
public class MainActivity extends AppCompatActivity {
    private String newId;
    @Override
    protected void onCreate(Bundle savedInstanceState) {
        super.onCreate(savedInstanceState);
        setContentView(R.layout.activity_main);
        Button addData = (Button) findViewById(R.id.button_add);
        addData.setOnClickListener(new View.OnClickListener() {
            @Override
            public void onClick(View v) {
                Uri uri = Uri.parse("content://edu.tust.databasestoretest.provider/student");
                ContentValues values = new ContentValues();
                values.put("school", "TUST");
                values.put("name", "王五");
                values.put("age", 19);
                values.put("weight", 70.3);
                Uri newUri = getContentResolver().insert(uri, values);
                newId = newUri.getPathSegments().get(1);
            }
        });
        Button updateData = (Button) findViewById(R.id.button_update);
        updateData.setOnClickListener(new View.OnClickListener() {
            @Override
            public void onClick(View v) {
```

```
            Uri uri = Uri.parse("content://edu.tust.databasestoretest.provider/student/" + newId);
            ContentValues values = new ContentValues();
            values.put("name", "赵六");
            values.put("age", 22);
            values.put("weight", 81.6);
            getContentResolver().update(uri, values, null, null);
        }
    });
    Button deleteData = (Button) findViewById(R.id.button_delete);
    deleteData.setOnClickListener(new View.OnClickListener() {
        @Override
        public void onClick(View v) {
            Uri uri = Uri.parse("content://edu.tust.databasestoretest.provider/student/" + newId);
            getContentResolver().delete(uri, null, null);
        }
    });
    Button queryData = (Button) findViewById(R.id.button_query);
    queryData.setOnClickListener(new View.OnClickListener() {
        @Override
        public void onClick(View v) {
            Uri uri = Uri.parse("content://edu.tust.databasestoretest.provider/student");
            Cursor cursor = getContentResolver().query(uri, null, null, null, null);
            if (cursor != null) {
                while (cursor.moveToNext()) {
                    String school = cursor.getString(cursor.getColumnIndex("school"));
                    String name = cursor.getString(cursor.getColumnIndex("name"));
                    int age = cursor.getInt(cursor.getColumnIndex("age"));
                    double weight = cursor.getDouble(cursor.getColumnIndex("weight"));
                    AlertDialog.Builder dialog = new AlertDialog.Builder(MainActivity.this);
                    dialog.setTitle("提示");
                    dialog.setMessage("该学生所在学校为" + school + "，姓名为" + name + "，
                                年龄是" + age + "岁，体重为" + weight + "千克。");
                    dialog.setCancelable(false);
                    dialog.setPositiveButton("确定", new DialogInterface.OnClickListener() {
                        @Override
                        public void onClick(DialogInterface dialog, int which) { }
                    });
                    dialog.setNegativeButton("取消", new DialogInterface.OnClickListener() {
                        @Override
```

```
                        public void onClick(DialogInterface dialog, int which) { }
                    });
                    dialog.show();
                }
                cursor.close();
            }
        }
    });
  }
}
```

上面程序中，在添加数据时，首先调用 Uri.parse()方法将 URI 解析成 Uri 对象，将需要添加的数据放置在 ContentValues 对象中，再调用 ContentResolver 中的 insert()方法把数据添加进去。另外 insert()方法会返回一个 Uri 对象，该对象包含新增数据的 id，通过 getPathSegment()方法将其取出。

在更新数据时，也是先把 URI 解析成 Uri 对象，然后将需要更新的数据存放在 ContentValues 对象中，再调用 ContentResolver 中的 update()方法就可以更新数据。此处在调用 Uri.parse()方法时，在 URI 的结尾加了一个 id，这个 id 是添加数据时返回的，表明我们只想更新刚才添加的那条数据，表中的其他数据不受影响。删除数据的实现和更新数据基本一样，此处不再赘述。

查询数据时，调用 ContentResolver 中的 query()方法，查询结果存放在 Cursor 对象中，之后对其进行遍历，从中取出查询结果，以对话框的形式进行提示。

运行程序，运行成功后首先点击“向 Student 表中添加数据”按钮，再点击“查询 Student 表中数据”按钮，可以看到如图 8.24 所示的对话框。

然后关闭对话框，点击“更新 Student 表中的数据”按钮，接着再点击“查询 Student 表中数据”按钮，可以看到如图 8.25 所示的对话框。

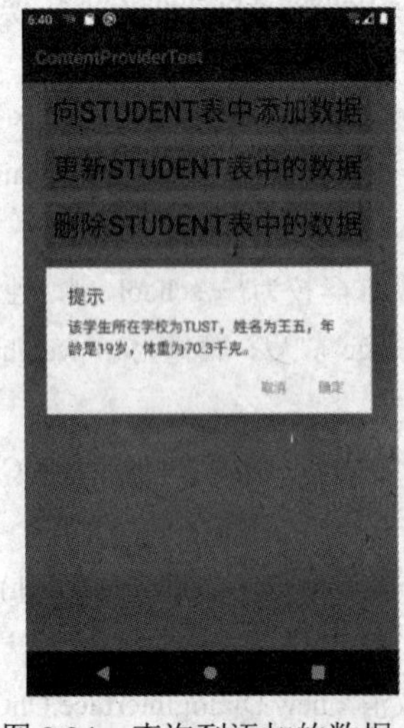

图 8.24　查询到添加的数据

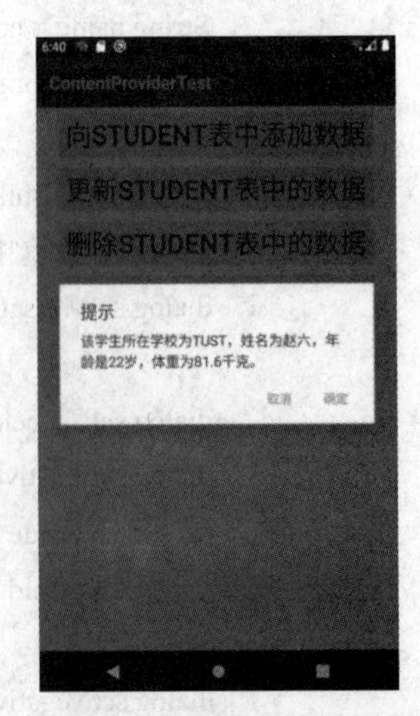

图 8.25　查询到更新的数据

最后关闭对话框，点击“删除 Student 表中的数据”按钮，再次点击“查询 Student 表中数据”按钮，发现什么反应也没有，证明数据已经成功被删除掉。整个过程证明不同程序间共享数据的功能成功实现。

本 章 总 结

本章详细介绍了 Android 的数据存储与共享，主要分为文件存储、SharedPreferences 存储、数据库存储和数据共享四个部分，并通过示例详细介绍了如何创建数据库、添加数据、删除数据等。通过本章的学习，读者可以了解各种数据存储方式的特点，掌握各种数据存储方式的使用方法，掌握不同进程间数据共享的方法。在 Android 中，会经常用到数据存储与共享。

第9章　位置服务

目前的 Android 智能手机中基本都内置了 GPS 导航系统，在 Android 智能设备上很容易就能完成许多基于位置的服务。通过本章对 Android 位置服务的学习，可以了解掌握位置服务和地图应用的概念、方法和使用技巧，开发简易的基于位置服务的应用程序。

★学习目标

- 了解位置服务的概念；
- 掌握地图 API Key 的申请方法；
- 掌握定位功能的使用方法；
- 掌握地图 SDK 的使用方法。

9.1　位置服务简介

位置服务(Location-Based Services)又称为定位服务或基于位置的服务，主要工作原理是利用通信网络或 GPS 定位等方式来确定移动设备所在的位置，提供与空间位置相关的综合应用服务。

基于位置服务的核心就是通过确定移动设备所在的位置来确定手持移动设备的用户所在的位置。目前主要有两种实现位置服务的技术方式：一种是大家熟悉的 GPS 定位，当前几乎所有 Android 智能手机都内置了 GPS 芯片，GPS 芯片直接和卫星交互获取到当前的经纬度信息，这种定位方式的优点是定位精度高，缺点是会造成移动设备耗电加快，而且在室内使用时 GPS 信号会很弱；另一种是网络定位，工作原理是根据移动设备网络附近的三个基站，计算出移动设备距离每个基站之间的距离，再通过三个基站的位置确定出移动设备所在的大概位置，这种方式的优点是室内外都可以使用，缺点是需要网络连接且定位精度不高。

本章以高德地图 SDK 作为核心学习基于位置服务的开发。

9.2　高德地图 API 的应用

9.2.1　申请 API key

在 Android Studio 环境中新建一个 LocationBasedServicesTest 工程，布局文件为 activity_ main.xml。由于要使用高德的SDK进行定位和地图的开发，因此必须有高德开放平台的账号。在浏览器中输入网址 https://lbs.amap.com/，单击右上角的注册，注册一个新的账户。进入“注册成为开发者”界面，第一步是选择开发者类型，如图9.1所示，一般选择个人开发者。第二步是填写自己的手机号码和获取到的手机验证码，如图9.2所示。第三步是完善开发者信息，如图9.3所示，只需完成必要的姓名和实名认证，实名认证需要用到支付宝账号。单击下一步即可完成注册。

图9.1 选择开发者类型

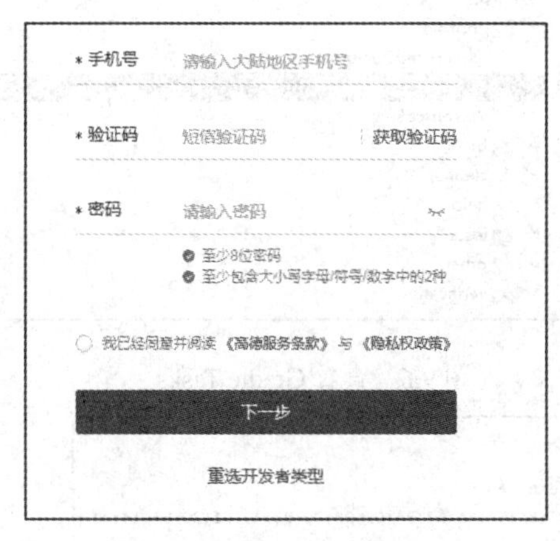

图9.2 注册账号

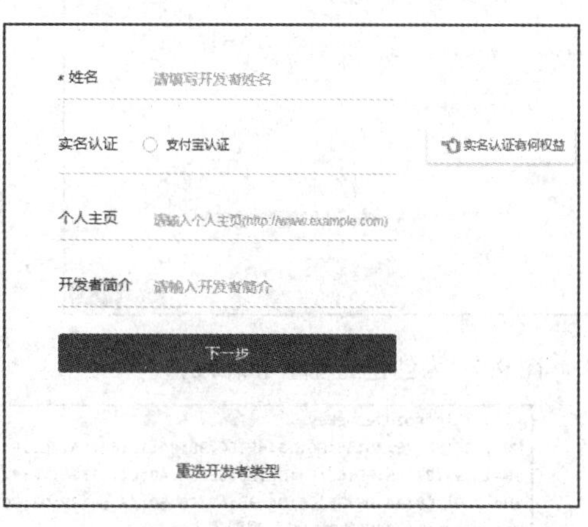

图9.3 完善开发者信息

完成注册后，在主页右上角登录自己的账户并进入控制台，单击左侧“应用管理”，然后点击“我的应用”，此时还没有应用，点击右上角“创建新应用”，出现如图9.4的界面，读者自行填写即可，这里我们填的是“位置服务测试程序”。

新建应用

* 应用名称：支持汉字、数字、字母、下划线、中划线，不超过15个

* 应用类型：请选择应用类型

取消　新建

图 9.4　创建应用

接下来进入申请 Key 的界面，如图 9.5 所示。我们的 Key 名称填写的为“位置服务测试 Demo”，服务平台选择“Android 平台”，重点是下面的“发布版安全码 SHA1”，SHA1 码的获取方式如下：首先进入 Android Studio 界面，打开本工程并点击右上角的 Gradle 菜单，选择项目名→app→Tasks→singingReport，如图 9.6 所示。执行后出现如图 9.7 所示的界面，在这里得到需要的 SHA1 值。此处得到的 SHA1 值是 Android 自动生成的一个用于测试的签名文件，不过已满足开发的要求。将 SHA1 值复制到发布版安全码 SHA1，最后的“Package Name”直接填写包名，笔者的包名为 edu.tust.locationbasedservicestest。单击“提交”，就可以在控制台中查询到 Key 值，如图 9.8 所示。有了 Key，就可以进行定位和地图的相关开发。

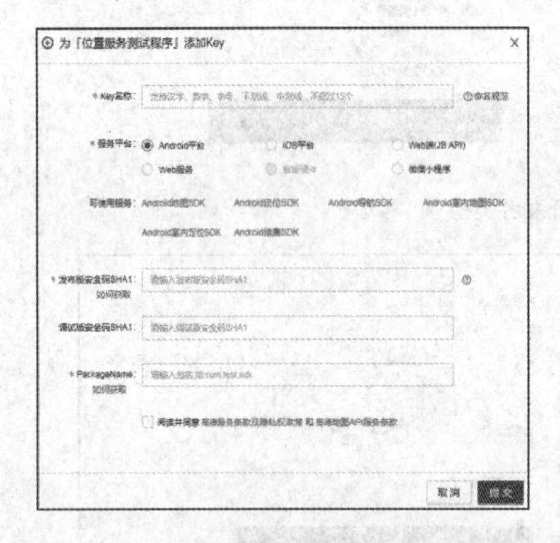

图 9.5　为创建的程序申请 key

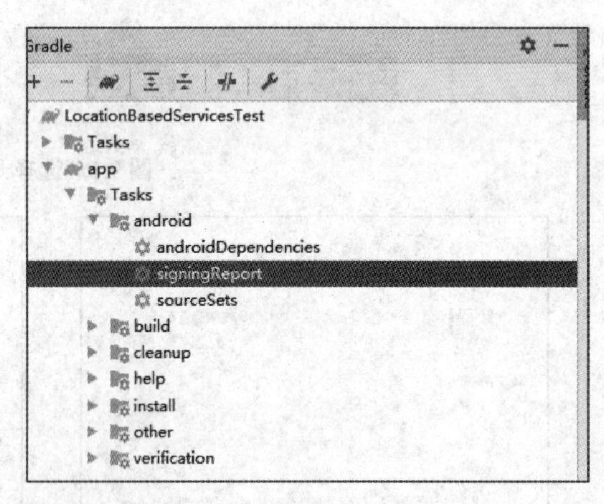

图 9.6　查看 Gradle Tasks

```
Alias: AndroidDebugKey
MD5: CE:ED:28:36:55:DC:13:6F:EC:38:FA:12:62:5A:7C:1F
SHA1: 92:87:55:FD:C2:F4:D6:25:BE:9A:AB:B1:B7:66:70:12:75:4C:64:A4
SHA-256: CB:AA:DF:36:CE:D4:36:A8:F8:60:43:6F:38:97:79:49:93:BA:5A:44:D2:3A:CB:9B:30:B3:43:F1:39:BF:14:41
Valid until: 2050年8月26日 星期五
----------


BUILD SUCCESSFUL in 967ms
1 actionable task: 1 executed
20:59:47: Task execution finished 'signingReport'.
```

图 9.7　SingingReport 的执行结果

位置服务测试程序　2020/7/4 创建　　　　编辑　添加　删除

Key 名称	Key	绑定服务	操作
位置服务测试Demo	6025f5ccf17a2e1716ae1e8450765c38	Android平台	设置　删除

图 9.8　申请 Key 成功

9.2.2　使用定位功能

基于位置服务的应用程序开发需要加入很多权限，而要使用高德的 SDK 进行开发，必须要加入申请的 Key 值，并加入一个服务。打开清单文件 AndroidManifest.xm，添加如下代码：

```
<?xml version="1.0" encoding="utf-8"?>
<manifest xmlns:android="http://schemas.android.com/apk/res/android"
    package="edu.tust.locationbasedservicestest">
    <uses-permission android:name="android.permission.ACCESS_COARSE_LOCATION" />
    <uses-permission android:name="android.permission.ACCESS_FINE_LOCATION" />
    <uses-permission android:name="android.permission.ACCESS_NETWORK_STATE" />
    <uses-permission android:name="android.permission.ACCESS_WIFI_STATE" />
    <uses-permission android:name="android.permission.CHANGE_WIFI_STATE" />
    <uses-permission android:name="android.permission.INTERNET" />
    <uses-permission android:name="android.permission.READ_PHONE_STATE" />
    <uses-permission android:name="android.permission.WRITE_EXTERNAL_STORAGE" />
    <uses-permission android:name="android.permission.ACCESS_LOCATION_EXTRA
_COMMANDS" />
    <application
        android:allowBackup="true"
        android:icon="@mipmap/ic_launcher"
        android:label="@string/app_name"
        android:roundIcon="@mipmap/ic_launcher_round"
        android:supportsRtl="true"
        android:theme="@style/AppTheme">
        <meta-data
            android:name="com.amap.api.v2.apikey"
            android:value="6025f5ccf17a2e1716ae1e8450765c38" />
        <service android:name="com.amap.api.location.APSService" />
        <activity android:name=".MainActivity">
            <intent-filter>
                <action android:name="android.intent.action.MAIN" />
                <category android:name="android.intent.category.LAUNCHER" />
```

```
            </intent-filter>
        </activity>
    </application>
</manifest>
```

在清单文件中我们添加了 Key 值及高德的 service 等相关权限，这样开发完成后程序才能够正常运行。

接下来进入网址 https://lbs.amap.com/api/android-sdk/download，选择开发包定制下载，如图 9.9 所示，选择 2D 地图+定位 SDK 下载即可。下载完成后，将文件解压后的 jar 包复制到工程所在目录下的 libs 文件夹中。在 Android Studio 中点击“File”选项，选择“Sync Project with Gradle Files”选项，会重新配置 Gradle，只有重新配置 Gradle 后 jar 包才能生效，然后便可以进行后续的开发了。

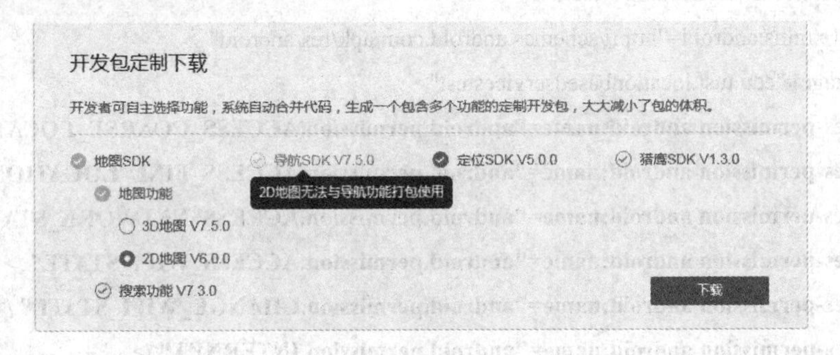

图 9.9　选择下载的 SDK

修改 activity_main.xml 中的代码，如下所示。

```
<?xml version="1.0" encoding="utf-8"?>
<LinearLayout xmlns:android="http://schemas.android.com/apk/res/android"
    android:orientation="vertical"
    android:layout_width="match_parent"
    android:layout_height="match_parent"
    >
    <TextView
        android:id="@+id/text_view_position"
        android:layout_width="wrap_content"
        android:layout_height="wrap_content" />
</LinearLayout>
```

在布局文件中添加一个 TextView 控件，用于显示定位的具体位置信息。接下来修改 MainActivity 中的代码，如下所示。

```
public class MainActivity extends AppCompatActivity implements AMapLocationListener {
    private TextView positionText;
    private static final int MY_PERMISSIONS_REQUEST_CALL_LOCATION = 1;
    public AMapLocationClient mLocationClient;
    public AMapLocationClientOption mLocationOption = null;
```

```
@Override
protected void onCreate(Bundle savedInstanceState) {
    super.onCreate(savedInstanceState);
    setContentView(R.layout.activity_main);
    positionText = findViewById(R.id.text_view_position);
    if (Build.VERSION.SDK_INT >= Build.VERSION_CODES.M) {
        if (ContextCompat.checkSelfPermission(this, Manifest.permission.ACCESS_COARSE
          _LOCATION) != PackageManager.PERMISSION_GRANTED) {
            ActivityCompat.requestPermissions(this,
                    new String[]{Manifest.permission.ACCESS_COARSE_LOCATION},
                    MY_PERMISSIONS_REQUEST_CALL_LOCATION);
        } else {
            showLocation();
        }
    }
}
@Override
public void onRequestPermissionsResult(int requestCode, String[] permissions, int[] grantResults) {
    if (requestCode == MY_PERMISSIONS_REQUEST_CALL_LOCATION) {
        if (grantResults[0] == PackageManager.PERMISSION_GRANTED) {
            showLocation();
        } else {
            showToast("权限已拒绝,不能定位");
        }
    }
    super.onRequestPermissionsResult(requestCode, permissions, grantResults);
}
private void showLocation() {
    try {
        mLocationClient = new AMapLocationClient(this);
        mLocationOption = new AMapLocationClientOption();
        mLocationClient.setLocationListener(this);
        mLocationOption.setLocationMode(AMapLocationClientOption.AMapLocationMode.
                                Hight_Accuracy);
        mLocationOption.setInterval(5000);
        mLocationClient.setLocationOption(mLocationOption);
        mLocationClient.startLocation();
    } catch (Exception e) {
  }
```

```
}
@Override
public void onLocationChanged(AMapLocation amapLocation) {
    try {
        if (amapLocation != null) {
            if (amapLocation.getErrorCode() == 0) {
                StringBuilder currentPosition = new StringBuilder();
                currentPosition.append("纬度：").append(amapLocation.getLatitude()).append("\n");
                currentPosition.append("经度：").append(amapLocation.getLongitude()).append("\n");
                currentPosition.append("地址信息：").append(amapLocation.getAddress()).append("\n");
                SimpleDateFormat df = new SimpleDateFormat("yyyy-MM-dd HH:mm:ss");
                Date date = new Date(amapLocation.getTime());
                currentPosition.append("获取定位的时间：").append(df.format(date));
                positionText.setText(currentPosition);
                mLocationClient.stopLocation();
            } else {
                Log.e("AmapError", "location Error, ErrCode:"
                        + amapLocation.getErrorCode() + ", errInfo:"
                        + amapLocation.getErrorInfo());
            }
        }
    } catch (Exception e) {
    }
}
@Override
protected void onStop() {
    super.onStop();
    if (null != mLocationClient) {
        mLocationClient.stopLocation();
    }
}
private void destroyLocation() {
    if (null != mLocationClient) {
        mLocationClient.onDestroy();
        mLocationClient = null;
    }
}
@Override
protected void onDestroy() {
```

```
            destroyLocation();
            super.onDestroy();
        }
        private void showToast(String string) {
            Toast.makeText(MainActivity.this, string, Toast.LENGTH_LONG).show();
        }
    }
```

上述代码中，首先使用了一个高德 SDK 的 AMapLocationListener 接口。然后在 onCreate()方法中申请权限，通过 ActivityCompat.requestPermissions()方法一次性申请所有权限。在 onReaquestPermissionsResult()方法中，只有用户同意所有权限，才可以调用 showLocation()方法进行定位，不同意则将调用 showToast()方法进行提示。接下来我们重写了 onLocationChanged()方法，调用 amapLocation 中的 getLatitude()方法获取纬度，getLongitude()获取经度，getAddress()获取地理位置信息，getTime()获取当前时间，然后将所有信息通过 TextView 在界面上显示出来。

运行程序成功后，需要先同意权限。在同意权限后，可以看到，经纬度信息以及地址信息已经成功显示出来了，如图 9.10 所示。

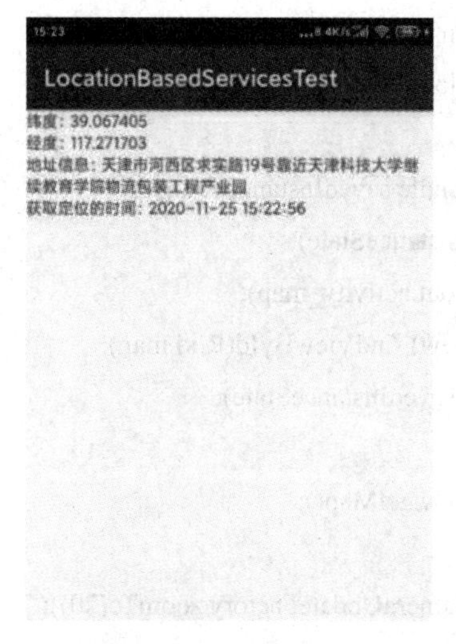

图 9.10　定位界面

9.2.3 使用地图功能

在使用有关位置服务的 App 时，只显示位置是远远不够的，还需要能显示地图。手机地图的应用现在已经非常广泛，能够随时随地查看，轻松规划出行路线，搜索目标位置信息，使用起来非常方便。通过高德 SDK，我们也可以在自己开发的程序中加入地图功能，本节就来学习如何在工程中通过高德 SDK 添加地图功能。

本节继续在 LocationBasedServicesTest 工程的基础上进行开发，新建一个 ActivityMapActivity，布局文件为 activity_map.xml，然后修改布局文件的代码，放置一个 MapView 的控件，该控件由高德提供，因此需要加上完整的包名，代码如下：

```
<?xml version="1.0" encoding="utf-8"?>
<LinearLayout xmlns:android="http://schemas.android.com/apk/res/android"
    android:orientation="vertical"
    android:layout_width="match_parent"
    android:layout_height="match_parent" >
    <com.amap.api.maps2d.MapView
        android:id="@+id/map"
        android:layout_width="match_parent"
        android:layout_height="match_parent" />
</LinearLayout>
```

接下来修改 MapActivity 中的代码，如下所示。

```
public class MapActivity extends AppCompatActivity implements LocationSource, AMapLocationListener {
    MapView mMapView = null;
    AMap aMap;
    LocationSource.OnLocationChangedListener mListener;
    AMapLocationClient mlocationClient;
    AMapLocationClientOption mLocationOption;
    MyLocationStyle myLocationStyle;
    @Override
    protected void onCreate(Bundle savedInstanceState) {
        super.onCreate(savedInstanceState);
        setContentView(R.layout.activity_map);
        mMapView = (MapView) findViewById(R.id.map);
        mMapView.onCreate(savedInstanceState);
        if (aMap == null) {
            aMap = mMapView.getMap();
        }
        aMap.moveCamera(CameraUpdateFactory.zoomTo(20));
        aMap.setLocationSource(this);
        aMap.setMyLocationEnabled(true);
        aMap.setMyLocationType(AMap.MAP_TYPE_NORMAL);
        myLocationStyle = new MyLocationStyle();
        myLocationStyle.interval(2000);
        aMap.setMyLocationStyle(myLocationStyle);
        aMap.setMyLocationEnabled(true);
        myLocationStyle.myLocationType(MyLocationStyle.LOCATION_TYPE_FOLLOW);
        myLocationStyle.showMyLocation(true);
        aMap.setOnMyLocationChangeListener(new AMap.OnMyLocationChangeListener() {
            @Override
```

```
            public void onMyLocationChange(Location location) {
            }
        });
    }
    @Override
    protected void onResume() {
        super.onResume();
        mMapView.onResume();
    }
    @Override
    protected void onPause() {
        super.onPause();
        mMapView.onPause();
    }
    @Override
    protected void onSaveInstanceState(Bundle outState) {
        super.onSaveInstanceState(outState);
        mMapView.onSaveInstanceState(outState);
    }
    @Override
    public void activate(OnLocationChangedListener onLocationChangedListener) {
        mListener = onLocationChangedListener;
        if (mlocationClient == null) {
            mlocationClient = new AMapLocationClient(this);
            mLocationOption = new AMapLocationClientOption();
            mlocationClient.setLocationListener(this);
            mLocationOption.setLocationMode(AMapLocationClientOption.AMapLocationMode.
Hight_Accuracy);
            mlocationClient.setLocationOption(mLocationOption);
            mlocationClient.startLocation();
        }
    }
    @Override
    public void deactivate() {
        mListener = null;
        if (mlocationClient != null) {
            mlocationClient.stopLocation();
            mlocationClient.onDestroy();
        }
```

```
            mlocationClient = null;
        }
        @Override
        public void onLocationChanged(AMapLocation aMapLocation) {
            if (mListener != null && aMapLocation != null) {
                if (aMapLocation != null && aMapLocation.getErrorCode() == 0) {
                    mListener.onLocationChanged(aMapLocation);// 显示系统小蓝点
                } else {
                    String errText = "定位失败," + aMapLocation.getErrorCode() + ": " + aMapLocation.
                                getErrorInfo();
                    Log.e("定位 AmapErr", errText);
                }
            }
        }
        @Override
        protected void onDestroy() {
            super.onDestroy();
            mMapView.onDestroy();
            if (null != mlocationClient) {
                mlocationClient.onDestroy();
            }
        }
    }
```

上述代码中，通过 findViewById()方法获取到了 MapView 的实例，然后通过设置地图的缩放级别和标注地图的方式，实现了在地图上找到自己位置的功能。另外还需要重写 onResume()、onPause()及 onDestory()方法来对 MapView 进行管理，以保证资源能够及时得到释放。

接下来在 activity_main.xml 中添加一个按钮，用于添加跳转界面的点击事件，代码如下：

```
<?xml version="1.0" encoding="utf-8"?>
<LinearLayout xmlns:android="http://schemas.android.com/apk/res/android"
        android:orientation="vertical"
        android:layout_width="match_parent"
        android:layout_height="match_parent"
        >
        …
        <Button
            android:layout_width="wrap_content"
            android:layout_height="wrap_content"
```

```
            android:id="@+id/button"
            android:text="跳转至地图界面" />
</LinearLayout>
```

最后在 MainActivity 中为按钮添加点击事件，代码如下：

```
public class MainActivity extends AppCompatActivity implements AMapLocationListener {
    private TextView positionText;
    private static final int MY_PERMISSIONS_REQUEST_CALL_LOCATION = 1;
    public AMapLocationClient mLocationClient;
    public AMapLocationClientOption mLocationOption = null;
    @Override
    protected void onCreate(Bundle savedInstanceState) {
        super.onCreate(savedInstanceState);
        setContentView(R.layout.activity_main);
        positionText = findViewById(R.id.text_view_position);
        Button button = findViewById(R.id.button);
        button.setOnClickListener(new View.OnClickListener() {
            @Override
            public void onClick(View v) {
                Intent intent = new Intent(MainActivity.this, MapActivity.class);
                startActivity(intent);
            }
        });
        …
}
```

运行程序，进入主界面后，点击跳转至地图界面按钮，可以看到带有自己位置定位的地图界面，如图 9.11 所示。

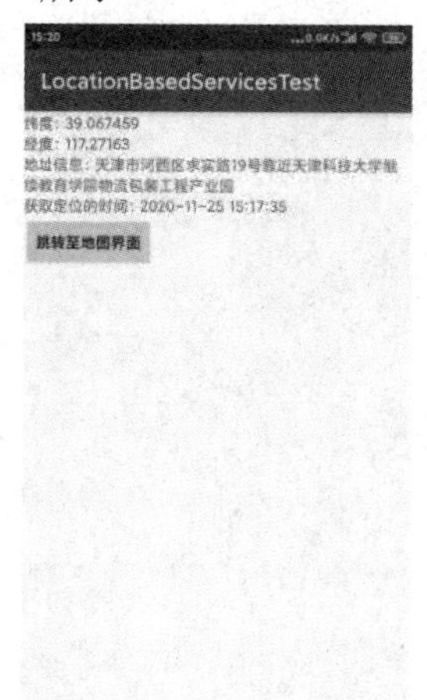

图 9.11　带有自己位置的地图界面

本节所介绍的关于位置服务的开发是非常基础的，如果想要更深层次地开发有关定位和地图的应用、深入地了解高德 SDK 的用法，请参考官方的开发文档。高德 SDK 随时会更新，很多用法也在不断改进，通过本书入门之后，读者可以根据高德官网的开发指南加强学习和练习。

本 章 总 结

本章主要介绍了位置服务的工作原理和用法，相信读者对这一部分内容会很感兴趣，因为我们日常生活中会经常用到导航及定位软件。本章以高德 SDK 为例，详细地介绍了高德地图 API Key 的申请流程及使用，在此基础上先学习了定位功能，可以获取到自己所在位置的经纬度信息以及详细的地理位置信息，然后又介绍了地图功能，这样用户就可以很形象地在地图上看到自己所在的位置。通过本章的学习，读者已经基本掌握如何开发一些简单的地图定位软件了。

第10章 网络编程

本章主要介绍 Android 的网络编程与通信，通过本章的学习，读者会对 Android 中常用的网络通信方式有一个具体的了解，同时通过一些简单的实例，能够掌握每种通信方式的具体实现，并在实际开发中灵活运用。

★ 学习目标

- 了解 WebView 控件及其使用场景；
- 掌握 WebView 及其子类的基本使用方法；
- 了解 HTTP 协议，并掌握 HttpURLConnection 类基本使用方法；
- 了解 Socket 通信原理，掌握 Socket 基本使用方法。

10.1 WebView 控件

10.1.1 WebView 概述

WebView 是一个基于 WebKit 引擎、可以在自己的应用程序中显示本地或 Internet 网页的控件。那么 WebView 控件在 Android 平台上扮演什么角色呢？相信读者在使用某些应用程序时经常会遇到在程序中访问网页的需求，如果选择调用系统或第三方浏览器，那么可能会影响用户的体验，此时 Android 中提供的 WebView 控件就可以很好地解决应用程序需要展示网页这一问题。借助 WebView 控件我们可以在自己开发的应用程序中内嵌一个浏览器，从而实现在应用程序中直接展示网页。

现在手机上常用的一些 App 都内置了 Web 网页，比如很多线上购物平台：京东、淘宝、美团等。WebView 使用灵活，当需要更新页面内容时，不需要升级客户端，只需要修改网页代码即可。尤其是一些经常变化的页面可以采用 WebView 加载网页，比如淘宝经常会有一些促销活动，这样 Activity 界面会有很大的变化，如果使用 WebView 显示的话，只需修改 html 页面就行，而不需要频繁升级客户端。

注： 实际上可以将 WebView 看成一个功能最小化的浏览器。

WebView 控件功能强大，除了具有一般 View 的属性和设置外，还可以对 url 请求、页面加载、渲染、页面交互等内容进行处理。接下来介绍 Android 的 WebView 控件及其子类方法的基本使用。

10.1.2　WebView 的基本使用

Webview 的基本使用很简单，下面通过一个简单的例子来说明 WebView 的使用，读者通过这个例子可以掌握 WebView 控件的基本使用。

首先新建一个 WebViewDemo 项目，并修改 activity_main.xml 中的代码，如下所示。

```
<RelativeLayout xmlns:android=http://schemas.android.com/apk/res/android
        xmlns:app=http://schemas.android.com/apk/res-auto
        xmlns:tools=http://schemas.android.com/tools
        android:layout_width="match_parent"
        android:layout_height="match_parent"
        tools:context=".MainActivity">
        <!-- 网页显示区域 -->
        <WebView
            android:id="@+id/webView"
            android:layout_width="match_parent"
            android:layout_height="match_parent" />
</RelativeLayout>
```

可以看到，布局文件中的代码十分简单，和之前学习的布局相比，只是在布局中加入了一个新的控件——WebView 控件，这个控件就是用来显示网页的。同时给该控件设置了一个 id，以方便在主程序中查找和调用这个控件，此外，还将 WebView 控件设置为填充整个屏幕。

接下来就要在 MainActivity 中具体实现显示网页的功能，修改 MainActivity 中的代码，如下所示。

```
public class MainActivity extends AppCompatActivity {
    WebView mWebview;
    WebSettings mWebSettings;
    @Override
    protected void onCreate(Bundle savedInstanceState) {
super.onCreate(savedInstanceState);
setContentView(R.layout.activity_main);
mWebview = (WebView) findViewById(R.id.webView);
 //声明 WebSettings 子类
mWebSettings = mWebview.getSettings();
 //设置 WebView 支持与 Javascript 交互,
 mWebSettings.setJavaScriptEnabled(true);
 mWebview.loadUrl("https://www.sogou.com");
// 设置 WebView 在本页显示加载内容，而不用打开系统浏览器
mWebview.setWebViewClient(new WebViewClient(){
    @Override
```

```
        public boolean shouldOverrideUrlLoading(WebView view, WebResourceRequest request) {
            view.loadUrl(request.getUrl().toString());
            return true;
        }
    });
  }
  }
```

在MainActivity中，首先通过findViewById( )方法获取到了WebView控件，然后使用WebView的getSettings( )方法来设置setJavaScriptEnabled( )属性，使得WebView支持JS脚本。

注：setJavaScriptEnabled( )括号里若为true，表示WebView支持JS脚本；若为false，则表示不支持JS脚本。

接下来WebView又通过loadUrl( )方法加载网址，这里传入了搜狗网址，那么加载成功后就会在布局界面显示搜狗首页。

然后调用WebView的setWebViewClient( )方法，重写了shouldOverrideUrlLoading( )，用以拦截加载的url，使得WebView直接在当前页显示加载内容，而不用去调用系统浏览器显示网页。

最后，读者需要特别注意的是：该程序需要访问网络，在Android系统中，访问网络需要声明网络权限。所以需要在AndroidManifest.xml文件中添加权限声明。另外我们的模拟器API级别是29，所以还需要在清单文件的application中添加android:usesCleartextTraffic="true"，否则测试时界面无法显示。清单文件部分代码如下：

```
<manifest xmlns:android=http://schemas.android.com/apk/res/android
        package="edu.tust.webviewdemo">
        <uses-permission android:name="android.permission.INTERNET"/>
        <application
            android:allowBackup="true"
            android:icon="@mipmap/ic_launcher"
            android:label="@string/app_name"
            android:roundIcon="@mipmap/ic_launcher_round"
            android:supportsRtl="true"
            android:usesCleartextTraffic="true"
            android:theme="@style/AppTheme">
        ...
</application>
</manifest>
```

注：android：usesCleartextTraffic 指示应用程序是否打算使用明文网络流量，如明文HTTP。目标API级别为27或更低的应用程序的默认值为“true”。面向API级别28或更高级别的应用默认为“false”。当属性设置为“false”时，平台组件将拒绝应用程序使用明

文流量的请求。

至此，一个简单的利用 WebView 控件来显示网页的 Android 工程已经完成，接下来将工程运行到手机或者模拟器上，运行效果如图 10.1 所示。

图 10.1　WebView 加载网页

10.1.3　WebView 子类及使用方法

Android 中的 Webview 可以直接加载 url，也可以使用 html(超文本标记语言，HyperText Markup Language)文件。在具体使用中，WebView 既可以像 10.1.2 节中所举的实例一样单独使用，也可以联合其子类一起使用。接下来简单介绍一下 Webview 常见的子类及二者的联合使用。

Webview 中常用的子类有两个：

(1) WebViewClient：辅助 WebView 处理各种通知、请求等事件。

(2) WebChromeClient：辅助 WebView 处理 JavaScript 的对话框、网站 Title、网站图标及加载进度等。

下面在 10.1.2 例子的基础上进行修改，来认识一下 WebViewClient 和 WebChrome Client 两个子类及其部分方法的具体使用。首先修改 activity_main.xml 中的代码，如下所示。

```
<RelativeLayout xmlns:android=http://schemas.android.com/apk/res/android
        xmlns:app=http://schemas.android.com/apk/res-auto
        xmlns:tools=http://schemas.android.com/tools
        android:layout_width="match_parent"
        android:layout_height="match_parent"
```

```
    tools:context=".MainActivity">
    <!-- 显示访问网页的标题-->
    <TextView
        android:id="@+id/tv_title"
        android:layout_width="match_parent"
        android:layout_height="wrap_content"
        android:text="" />
    <!-- 网页开始加载提示-->
    <TextView
        android:id="@+id/tv_beginLoading"
        android:layout_width="match_parent"
        android:layout_height="wrap_content"
        android:layout_below="@+id/tv_title"
        android:text="" />
    <!-- 显示网页加载进度 -->
    <TextView
        android:id="@+id/tv_loading"
        android:layout_width="match_parent"
        android:layout_height="wrap_content"
        android:layout_below="@+id/tv_beginLoading"
        android:text="" />
    <!-- 网页加载结束提示 -->
    <TextView
        android:id="@+id/tv_endLoading"
        android:layout_width="match_parent"
        android:layout_height="wrap_content"
        android:layout_below="@+id/tv_loading"
        android:text="" />
    <!-- 网页显示区域 -->
    <WebView
        android:id="@+id/webView"
        android:layout_width="match_parent"
        android:layout_height="match_parent"
        android:layout_below="@+id/tv_endLoading"
        android:layout_marginTop="5dp" />
</RelativeLayout>
```

布局代码在原有的基础上添加了四个 TextView 控件，分别用来显示网页标题、网页加载开始、进度及结束的提示。

然后对 MainActivity 中的代码进行修改，如下所示。

```
public class MainActivity extends AppCompatActivity {
    WebView mWebview;
    WebSettings mWebSettings;
    TextView tv_title,tv_beginLoading, tv_loading, tv_endLoading ;
    @Override
    protected void onCreate(Bundle savedInstanceState) {
        super.onCreate(savedInstanceState);
        setContentView(R.layout.activity_main);
        tv_title = (TextView) findViewById(R.id.tv_title);
    tv_beginLoading = (TextView) findViewById(R.id.tv_beginLoading);
    tv_loading = (TextView) findViewById(R.id.tv_loading);
        tv_endLoading = (TextView) findViewById(R.id.tv_endLoading);
        mWebview = (WebView) findViewById(R.id.webView);
        //声明 WebSettings 子类
        mWebSettings = mWebview.getSettings();
        //设置 WebView 支持与 Javascript 交互，
        mWebSettings.setJavaScriptEnabled(true);
        mWebview.loadUrl("https://www.sogou.com");
       //设置 WebView 在本页显示加载内容，而不用打开系统浏览器
  mWebview.setWebViewClient(new WebViewClient() {
    @Override
    public boolean shouldOverrideUrlLoading(WebView view, WebResourceRequest request) {
        view.loadUrl(request.getUrl().toString());
        return true;
    }
  });
  // 设置 WebChromeClient 类
        mWebview.setWebChromeClient(new WebChromeClient() {
            // 获取网站标题
            @Override
            public void onReceivedTitle(WebView view, String title) {
                tv_title.setText(title);
            }
            // 获取加载进度
            @Override
            public void onProgressChanged(WebView view, int newProgress) {
                if (newProgress < 100) {
                    String progress = newProgress + "%";
                    tv_loading.setText(progress);
```

```
                } else if (newProgress == 100) {
                    String progress = newProgress + "%";
                    tv_loading.setText(progress);
                }
            }
        });
        // 设置 WebViewClient 类
        mWebview.setWebViewClient(new WebViewClient() {
            // 设置加载前的函数
            @Override
            public void onPageStarted(WebView view, String url, Bitmap favicon) {
                tv_beginLoading.setText("网页开始加载了");
            }
            // 设置结束加载函数
            @Override
            public void onPageFinished(WebView view, String url) {
                tv_endLoading.setText("网页加载结束了");
            }
        });
    }
    // 点击返回上一页面而不是退出浏览器
    @Override
    public boolean onKeyDown(int keyCode, KeyEvent event) {
        //点击返回按钮的时候判断有没有上一页
        if (keyCode == KeyEvent.KEYCODE_BACK && mWebview.canGoBack()) {
            //goBack()表示返回 webView 的上一页面
            mWebview.goBack();
            return true;
        }
        return super.onKeyDown(keyCode, event);
    }
    // 销毁 Webview
    @Override
    protected void onDestroy() {
        if (mWebview != null) {
            mWebview.loadDataWithBaseURL(null, "", "text/html", "utf-8", null);
            mWebview.clearHistory();
            ((ViewGroup) mWebview.getParent()).removeView(mWebview);
            mWebview.destroy();
```

```
                mWebview = null;
            }
            super.onDestroy();
        }
    }
```

我们可以看到，在原 MainActivity 的基础上，通过 findViewById()方法获取布局文件中增加的四个 TextView 控件实例。然后在代码中通过 setWebChromeClient()方法设置了 WebChromeClient 类，并在该类中实现了 onReceivedTitle()方法和 onProgressChanged()方法，其中 onReceivedTitle()方法用来获取访问网站的标题，onProgressChanged()方法用来获取网页加载进度。

接下来通过 WebView 的 setWebViewClient()方法设置 WebViewClient 类，并在该类中实现了 onPageStarted()方法和 onPageFinished()方法，其中 onPageStarted()方法的作用是通知主程序网页开始加载，onPageFinished()方法的作用是通知主程序网页加载完毕。

最后在 onKeyDown()方法中实现点击返回按钮返回 WebView 的上一页，而不是退出浏览器。

再次运行这个新的程序，效果如图 10.2 和图 10.3 所示。

图 10.2　WebView 页面加载中

图 10.3　WebView 页面加载结束

点击图 10.3 中界面上的其他链接，还可以浏览更多网页的内容，如图 10.4 所示。

图 10.4　浏览其他网页

通过上面这个例子的学习，相信读者应该对 WebView 及其子类的基本用法有了一个初步认识。实际上，WebView 还有许多高阶的使用方法，限于篇幅，本节不再对 WebView 的高阶使用方法进行扩展，读者如果感兴趣的话，可以在本节的基础上去探索一下 WebView 的其他用法。

10.2　HTTP 协议及使用

提起 HTTP 协议，相信很多读者都不陌生，因为它是 Internet 广泛使用的协议，大家接触到的几乎所有编程语言和 SDK 都会支持 HTTP 协议，Android 自然也不例外。Android SDK 拥有强大的 HTTP 访问能力。

基于 Android 的 HTTP 其工作原理也比较简单：首先客户端向服务器端发出一条 HTTP 请求，服务器端收到 HTTP 请求之后会给客户端返回一些数据；然后客户端对这些数据进行解析和处理就可以了。

实际上在 10.1.3 节的 WebView 控件访问网页中已经使用过 HTTP 协议来访问网络了：我们开发的 App 向搜狗服务器发起一条 HTTP 请求，服务器分析出我们想要访问搜狗首页之后会把搜狗首页的 HTML 代码返回，WebView 调用手机浏览器的内核对返回的 HTML 代码进行解析，并将解析所得到的页面展示出来，即 WebView 封装了发送 HTTP 请求、接收服务响应、解析返回数据以及最终页面展示等工作。由于 WebView 控件封装得很好，所以大家并不能很直观地感受到它内部是如何对 HTTP 协议进行处理的。本小节将带领大家通过手动发送 HTTP 请求来更好地认识 HTTP 协议访问网络的过程。

10.2.1 使用 HttpURLConnection 类

一般来说，Android 提供的 HTTP 请求方式有 HttpURLConnection 和 HttpClient 两种，由于本书所有示例代码都是在 Android10.0 的基础上开发的，而 HttpClient 类在 Android6.0 系统中就已经被完全移除了，因此本书中只对 HttpURLConnection 类的用法进行讲解，而 HttpClient 类的用法便不做介绍了。

HttpURLConnection 是一种多用途、轻量级的 HTTP 客户端，使用它来进行 HTTP 操作可以适用于大多数应用程序。在 Android 应用程序中使用 HttpURLConnection 访问网络一般要经过如下步骤：

(1) 创建一个 URL 对象，调用 URL 对象的 openConnection()来获取 HttpURLConnection 对象实例：

```
URL url = new URL("https://www.sogou.com");
HttpURLConnection conn = (HttpURLConnection) url.openConnection();
```

(2) 设置 HTTP 请求所使用的方法。在 HTTP 中基本的请求方法有 GET、POST、PUT 及 DELETE 四种，但常用的是 GET 和 POST 方法。GET 是从服务器上获取数据，POST 是向服务器传送数据。此处以 GET 方式为例，代码如下：

```
conn.setRequestMethod("GET");
```

(3) 根据应用的需求自行设置一些方法，比如连接超时，读取超时的毫秒数以及服务器希望得到的一些消息头等，代码如下：

```
conn.setConnectTimeout(5000);
conn.setReadTimeout(5000);
```

(4) 调用 getInputStream()方法获得服务器返回的输入流，并对输入流进行读取：

```
InputStream inStream = conn.getInputStream();
```

(5) 调用 disconnect()方法将 HTTP 连接关掉：

```
conn.disconnect();
```

注：除上述步骤外，有时可能还需要对响应码进行判断。比如：

```
if (conn.getResponseCode() != 200) {
    throw new RuntimeException("请求 url 失败");
}
```

经过上述学习，读者应该对 HttpURLConnection 的用法有了一个初步的认识，接下来通过一个具体的例子体验一下 HttpURLConnection 的用法。新建一个 HttpTest 项目，修改 activity_main 布局文件中的代码，如下所示。

```
<LinearLayout xmlns:android=http://schemas.android.com/apk/res/android
  xmlns:app=http://schemas.android.com/apk/res-auto
    xmlns:tools=http://schemas.android.com/tools
    android:layout_width="match_parent"
```

```
    android:layout_height="match_parent"
    android:orientation="vertical"
    tools:context=".MainActivity">
    <TextView
        android:id="@+id/tv_Menu"
        android:layout_width="match_parent"
        android:layout_height="50dp"
        android:background="#4EA9E9"
        android:clickable="true"
        android:gravity="center"
        android:text="长按加载菜单"
        android:textSize="20sp" />
    <ImageView
        android:id="@+id/imgPic"
        android:layout_width="match_parent"
        android:layout_height="match_parent"
        android:usesCleartextTraffic="true"
        android:visibility="gone" />
    <ScrollView
        android:id="@+id/scroll"
        android:layout_width="match_parent"
        android:layout_height="match_parent"
        android:visibility="gone">
        <TextView
            android:id="@+id/tv_show"
            android:layout_width="wrap_content"
            android:layout_height="wrap_content" />
    </ScrollView>
</LinearLayout>
```

在布局文件中，添加 id 为 tv_Menu 的 TextView 控件的 clickable 属性，使得用户可以点击 TextView 控件来触发所需的操作。ImageView 控件用来显示访问到的网页图片，id 为 tv_show 的 TextView 控件用于显示服务器返回的数据。同时还使用了一个新的控件：ScrollView，它是一个滚动视图，当视图内容在一个屏幕显示不下的时候，可以采用滑动的方式将屏幕外的那部分内容显示在 UI 上。

此外，在本示例中，我们还给 id 为 tv_Menu 的 TextView 控件添加了上下文菜单功能，使其可以加载不同的菜单选项，包括访问网络图片及请求 HTML 代码的菜单，因此在 res 文件夹下新建一个 menu 文件夹，并在该文件夹下新建 menus.xml 文件，修改 menus.xml 文件中的代码，如下所示。

```
<?xml version="1.0" encoding="utf-8"?>
```

```
<menu xmlns:android="http://schemas.android.com/apk/res/android">
<item
    android:id="@+id/one"
    android:title="请求图片" />
    <item
        android:id="@+id/two"
        android:title="请求 HTML 代码" />
</menu>
```

通过本节开头的学习，读者知道通过 conn.getInputStream()获取到的是一个流，所以在这个示例中还需要写一个将流转化为二进制数组的工具类。在工程包名下，新建一个 util 文件夹，如图 10.5 所示。

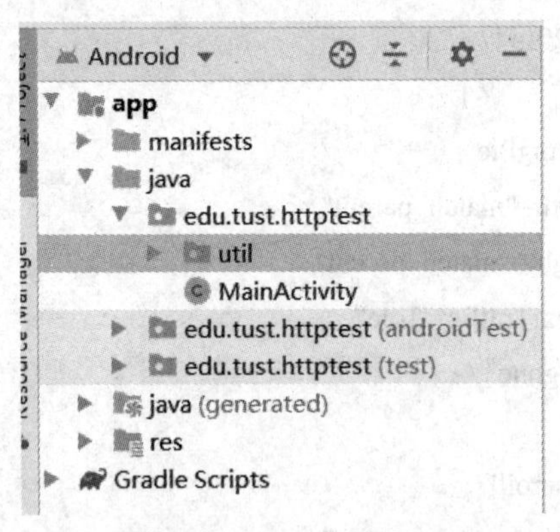

图 10.5　新建 util 文件夹

接下来在 util 文件夹下新建一个将流转化为二进制数组的 StreamTool.java 工具类，代码如下：

```
public class StreamTool {
    //从流中读取数据
    public static byte[] read(InputStream inStream) throws Exception{
        ByteArrayOutputStream outStream = new ByteArrayOutputStream();
        byte[] buffer = new byte[1024];
        int len = 0;
        while((len = inStream.read(buffer)) != -1)
        {
            outStream.write(buffer,0,len);
        }
        inStream.close();
        return outStream.toByteArray();
    }
}
```

在上面的程序中，首先通过 new ByteArrayOutputStream()方法创建字节数组输出流，用来输出读取到的内容。然后使用 new byte[1024]方法创建读取缓存，大小为 1024。紧接着定义每次读取 len 并赋初始值为 0，然后开始循环读取输入流中的文件，当 len 等于 -1 时说明没有数据可以读取了，把读取到的内容通过 write()方法写入到输出流中。最后关闭输入流，返回读取到的字节数组。

本示例中要演示获取网页图片和获取网页 HTML 代码的功能，为实现上述功能并提高代码的可读性，在 util 文件夹中新建一个获取数据类 GetData.java，具体代码如下：

```
public class GetData {
    // 定义一个获取网络图片数据的方法:
    public static byte[] getImage(String path) throws Exception {
        URL url = new URL(path);
        HttpURLConnection conn = (HttpURLConnection) url.openConnection();
        // 设置连接超时为 5 秒
        conn.setConnectTimeout(5000);
        // 设置请求类型为 Get 类型
        conn.setRequestMethod("GET");
        // 判断请求 Url 是否成功
        if (conn.getResponseCode() != 200) {
            throw new RuntimeException("请求 url 失败");
        }
        InputStream inStream = conn.getInputStream();
        byte[] bt = StreamTool.read(inStream);
        inStream.close();
        if (conn!=null){
            conn.disconnect();
        }
        return bt;
    }
    // 获取网页的 html 源代码
    public static String getHtml(String path) throws Exception {
        URL url = new URL(path);
        HttpURLConnection conn = (HttpURLConnection) url.openConnection();
        conn.setConnectTimeout(5000);
        conn.setRequestMethod("GET");
        if (conn.getResponseCode() == 200) {
            InputStream in = conn.getInputStream();
            byte[] data = StreamTool.read(in);
            String html = new String(data, "UTF-8");
            return html;
        }
```

```
            return null;
        }
    }
```

GetData 类的代码比较简单，分别在 getImage()和 getHtml()方法中来实现获取网络图片和网页代码的功能，具体的实现步骤在本节开头我们就已经讲过，此处不再赘述。

接下来修改 MainActivity 中的代码，如下所示。

```
public class MainActivity extends AppCompatActivity {
    private ImageView imgPic;
    private ScrollView scroll;
    private Bitmap bitmap;
    private String detail = "";
    private boolean flag = false;
    private final static String PIC_URL =" http://img.cnmo-img.com.cn/817_500x375/816185.jpg";
    private final static String HTML_URL = "https://www.baidu.com";
  //创建 handler
    private Handler handler = new Handler() {
        public void handleMessage(android.os.Message msg) {
            switch (msg.what) {
                case 0x001:
                    hideAllWidget();
                    imgPic.setVisibility(View.VISIBLE);
                    imgPic.setImageBitmap(bitmap);
                    Toast.makeText(MainActivity.this, "图片加载完毕",
                    Toast.LENGTH_SHORT).show();
                    break;
                case 0x002:
                    hideAllWidget();
                    scroll.setVisibility(View.VISIBLE);
                    tv_show.setText(detail);
                    Toast.makeText(MainActivity.this, "HTML 代码加载完毕",
                    Toast.LENGTH_SHORT).show();
                    break;
                default:
                    break;
            }
        };
    };
    private TextView tV_menu;
    private TextView tv_show;
```

```
@Override
protected void onCreate(Bundle savedInstanceState) {
    super.onCreate(savedInstanceState);
    setContentView(R.layout.activity_main);
    setViews();
}
private void setViews () {
    tV_menu = (TextView) findViewById(R.id.tv_Menu);
    tv_show = (TextView) findViewById(R.id.tv_show);
    imgPic = (ImageView) findViewById(R.id.imgPic);
    scroll = (ScrollView) findViewById(R.id.scroll);
    registerForContextMenu(tV_menu);
}
// 定义一个隐藏所有控件的方法
private void hideAllWidget () {
    imgPic.setVisibility(View.GONE);
    scroll.setVisibility(View.GONE);
}
@Override
// 重写上下文菜单的创建方法
public void onCreateContextMenu (ContextMenu menu, View v, ContextMenu.ContextMenuInfo
    menuInfo){
    MenuInflater inflator = new MenuInflater(this);
    inflator.inflate(R.menu.menus, menu);
    super.onCreateContextMenu(menu, v, menuInfo);
}
// 上下文菜单被点击时触发该方法
@Override
public boolean onContextItemSelected (MenuItem item){
    switch (item.getItemId()) {
        case R.id.one:
            new Thread() {
                public void run() {
                    try {
                     byte[] data = GetData.getImage(PIC_URL);
                     bitmap = BitmapFactory.decodeByteArray(data, 0, data.length);
                    } catch (Exception e) {
                        e.printStackTrace();
                    }
```

```
                handler.sendEmptyMessage(0x001);
            };
        }.start();
        break;
    case R.id.two:
        new Thread() {
            public void run() {
                try {
                    detail = GetData.getHtml(HTML_URL);
                } catch (Exception e) {
                    e.printStackTrace();
                }
                handler.sendEmptyMessage(0x002);
            };
        }.start();
        break;
    }
    return true;
  }
}
```

在前面介绍 menus.xml 文件时提到过，要给 id 为 tv_menu 的控件添加上下文菜单功能，所以在 MainActivity 中，通过 registerForContextMenu()方法为需要有上下文菜单的控件进行注册，重写上下文菜单的创建方法，利用 MenuInflater 来加载 menu 布局文件，利用 inflate()方法填充菜单，然后当某个上下文菜单项被选中时，就会触发 onContextItemSelected()函数，根据 ItemId 来判断当前选中的是哪个 Item，之后做相应处理。在本示例中，分别开启了两个子线程来对选中的 Item 进行对应事件处理，处理结束后通过 handler 传递信息到主线程进行相应操作。为何此处要使用 handler 呢？因为 Android 中是不允许在子线程中直接更新的，所以利用 handler 实现子线程通知主线程更新 UI。

至此本示例基本结束，大家仍需要在 AndroidManifest.xml 清单文件中声明网络权限，并在其中的 application 中添加 android:usesCleartextTraffic="true"，否则测试时界面无法显示图片和 HTML 代码，清单文件部分代码如下：

```
<manifest xmlns:android=http://schemas.android.com/apk/res/android
    <uses-permission android:name="android.permission.INTERNET" />
    <application
        android:allowBackup="true"
        android:icon="@mipmap/ic_launcher"
        android:label="@string/app_name"
        android:roundIcon="@mipmap/ic_launcher_round"
        android:theme="@style/AppTheme"
```

```
        android:supportsRtl="true"
        android:usesCleartextTraffic="true">
         …
    </application>
    </manifest>
```

最后运行程序，程序主界面如图 10.6 所示。长按主界面上的 TextView 控件，弹出上下文菜单，如图 10.7 所示。

图 10.6　程序主界面

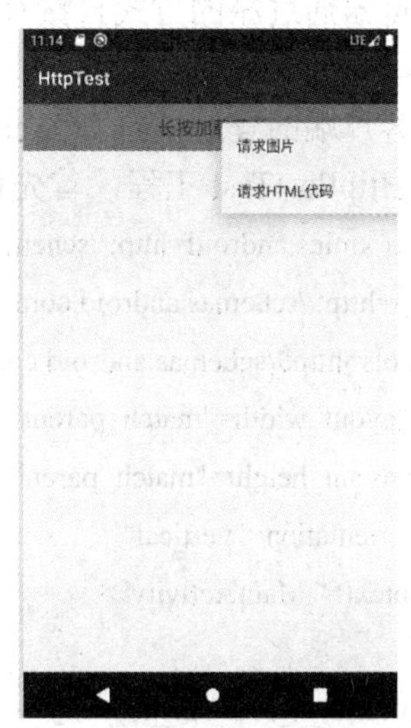

图 10.7　menu 界面

点击“请求图片”，界面上会显示出所请求的网页图片，并弹出图片加载完毕的提示，如图 10.8 所示。

点击请求“HTML 代码”，界面会展示出 HTML 代码，并弹出 HTML 代码加载完毕的提示，如图 10.9 所示。此外，我们在这个界面布局中使用了 ScrollView 控件，因此读者可以试着在此界面上下滑动查看代码。

图 10.8　加载图片界面

图 10.9　加载 HTML 代码界面

在本小节，我们通过一个简单的示例学习了 HttpURLConnection 的基本使用，在该示例中，使用的请求方式是 GET，表示从服务器获取数据。如果想要提交数据给服务器，将 GET 方式换成 POST 方式即可，接下来我们通过一个示例介绍 POST 方式提交数据。

10.2.2 POST 方式提交数据

POST 方式用来向目的服务器发出请求，它向服务器提交的参数在请求后的实体中，并且参数是浏览器通过流的方式直接写给服务器的，用户不能在浏览器中看到向服务器提交的请求参数，因此 POST 方式相对安全一点。接下来通过一个具体的示例演示一下 POST 方式提交手机客户端的登录信息到 Web 服务器。

新建一个 HttpPostTest 工程，首先修改 activity_main.xml 中的代码，如下所示。

```
<LinearLayout xmlns:android=http://schemas.android.com/apk/res/android
    mlns:app=http://schemas.android.com/apk/res-auto
    xmlns:tools=http://schemas.android.com/tools
    android:layout_width="match_parent"
    android:layout_height="match_parent"
    android:orientation="vertical"
    tools:context=".MainActivity">
   <Button
       android:id="@+id/btn_post"
       android:layout_width="match_parent"
       android:layout_height="wrap_content"
       android:textSize="20sp"
       android:text="POST 方式提交"/>
</LinearLayout>
```

布局代码很简单，只有一个 Button 按钮，点击按钮跳转到登录界面，接下来在 res/layout 文件夹下新建一个 activity_post.xml 文件，具体代码如下：

```
<LinearLayout xmlns:android=http://schemas.android.com/apk/res/android
    android:layout_width="match_parent"
    android:layout_height="match_parent"
    android:orientation="vertical"
    android:gravity="center" >
    <EditText
        android:id="@+id/et_Name"
        android:layout_width="200dp"
        android:layout_height="48dp"
        android:text="123"/>
    <EditText
        android:id="@+id/et_Pwd"
```

```
        android:layout_width="200dp"
        android:layout_height="48dp"
        android:layout_marginTop="5dp"
        android:text="321"/>
    <Button
        android:id="@+id/btn_Login"
        android:layout_width="200dp"
        android:layout_height="48dp"
        android:layout_marginTop="5dp"
        android:hint="登录"/>
</LinearLayout>
```

在登录界面的布局代码中，主要有两个 EditText 控件和一个 Button 按钮，两个 EditText 控件分别用来输入账号和密码，Button 按钮则是用来触发登录事件。

接下来仍然需要写一个 utils 工具类，将 HttpURLConnection 以 POST 方式提交数据至服务器的功能在此类中实现。在 edu.tust.httpposttest 包下新建一个 util 文件夹，在该文件夹下新建一个 PostUtils.java 类，如图 10.10 所示。

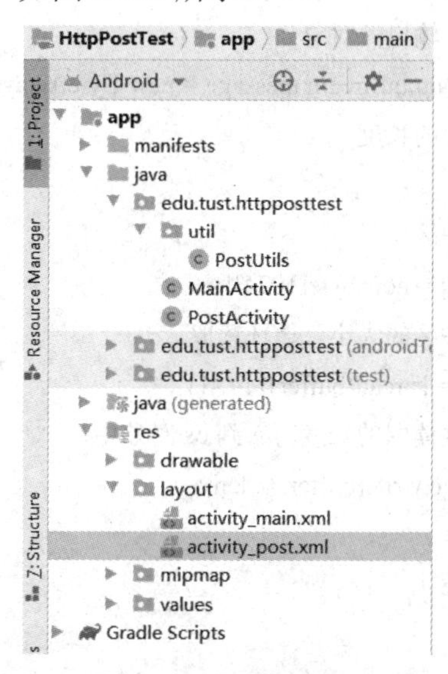

图 10.10　PostUtils 类

PostUtils.java 类的具体代码如下所示。

```
public class PostUtils {
    //要访问的资源路径
    public static String path = "http://172.28.0.59:8080/HttpWebTest/ServletForPost";
    public static String LoginByPost(String name,String passwd)
    {
        String msg = "";
        try{
            URL url=new URL(path);
```

```
                HttpURLConnection conn = (HttpURLConnection) url.openConnection();
                //设置请求方式,请求超时信息
                conn.setRequestMethod("POST");
                conn.setConnectTimeout(5000);
                //将数据写给服务器
                conn.setDoOutput(true);
                //请求的数据，并将参数进行编码
                String data = "passwd="+ URLEncoder.encode(passwd, "UTF-8")+
                        "&name="+ URLEncoder.encode(name, "UTF-8");
                //获得输出流
                OutputStream out = conn.getOutputStream();
                out.write(data.getBytes());
                out.flush();
                if (conn.getResponseCode() == 200) {
                    // 获取服务器返回的输入流对象
                    InputStream is = conn.getInputStream();
                    // 创建字节输出流对象
                    ByteArrayOutputStream message = new ByteArrayOutputStream();
                    // 定义读取的长度
                    int len = 0;
                    // 定义缓冲区
                    byte buffer[] = new byte[1024];
                    // 按照缓冲区的大小，循环读取
                    while ((len = is.read(buffer)) != -1) {
                        // 根据读取的长度写入到 os 对象中
                        message.write(buffer, 0, len);
                    }
                    // 释放资源
                    is.close();
                    message.close();
                    // 返回字符串
                    msg = new String(message.toByteArray());
                    return msg;
                }
            }catch(Exception e){e.printStackTrace();}
            return msg;
        }
}
```

在 PostUtils 工具类中，主要功能实现代码和 10.2.1 小节以 GET 方式获取网络数据的代码基本相同，并且在代码中对所用到的方法的功能做了比较详细的注释，以帮助读者更好地理解。需要注意的是：在代码中我们定义一个 path 资源路径，其中 172.28.0.59 是笔者 PC 的 ip 地址，读者在测试时需要将 ip 地址替换为自己 PC 的 ip 地址。8080 端口使用的是 Tomcat 服务器的默认端口。HttpWebTest 是新建的 Web 工程，用来模拟服务器，而 ServletForPost 文件是 Web 工程具体功能的代码实现。

这里再给读者介绍一下查询自己 PC 的 ip 地址的方法，首先读者可以利用快捷键 Windows+R 输入 cmd 运行，进入到 DOS 命令窗口下，然后输入 ipconfig 命令，按回车键即可，具体如图 10.11 所示。

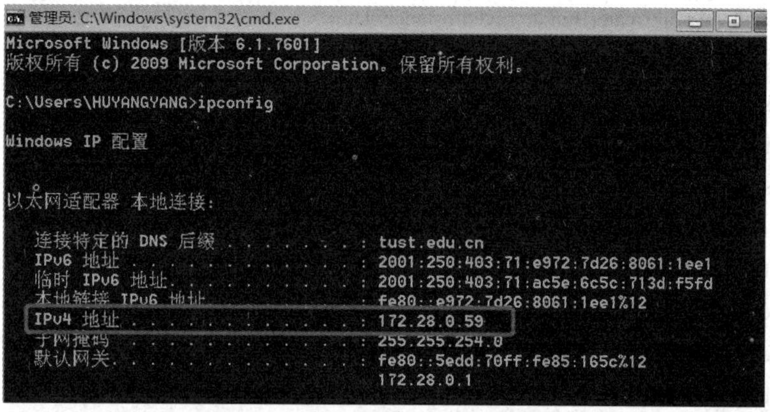

```
管理员: C:\Windows\system32\cmd.exe
Microsoft Windows [版本 6.1.7601]
版权所有 (c) 2009 Microsoft Corporation。保留所有权利。

C:\Users\HUYANGYANG>ipconfig

Windows IP 配置


以太网适配器 本地连接:

   连接特定的 DNS 后缀 . . . . . . . : tust.edu.cn
   IPv6 地址 . . . . . . . . . . . . : 2001:250:403:71:e972:7d26:8061:1ee1
   临时 IPv6 地址. . . . . . . . . . : 2001:250:403:71:ac5e:6c5c:713d:f5fd
   本地链接 IPv6 地址. . . . . . . . : fe80::e972:7d26:8061:1ee1%12
   IPv4 地址 . . . . . . . . . . . . : 172.28.0.59
   子网掩码  . . . . . . . . . . . . : 255.255.254.0
   默认网关. . . . . . . . . . . . . : fe80::5edd:70ff:fe85:165c%12
                                       172.28.0.1
```

图 10.11　查询个人 PC 的 ip 地址

修改 MainActivity 中的代码，如下所示。

```
public class MainActivity extends AppCompatActivity {
    @Override
    protected void onCreate(Bundle savedInstanceState) {
        super.onCreate(savedInstanceState);
        setContentView(R.layout.activity_main);
        Button btn_post=(Button) findViewById(R.id.btn_post);
        btn_post.setOnClickListener(new View.OnClickListener() {
            @Override
            public void onClick(View v) {
                Intent intent=new Intent(MainActivity.this,PostActivity.class);
                startActivity(intent);
            }
        });
    }
}
```

在 MainActivity 代码中，主要是对 btn_post 按钮点击事件的实现，点击按钮，即从主界面跳转到 PostActivity 界面。然后需要新建一个 PostActivity.java 类，具体代码如下：

```
public class PostActivity extends AppCompatActivity implements View.OnClickListener {
    private EditText et_Name, et_Pwd;
```

```
    private Button btn_Login;
    private String result = "";
    private Handler handler = new Handler() {
    public void handleMessage(android.os.Message msg) {
      Toast.makeText(PostActivity.this, result, Toast.LENGTH_SHORT).show();
        };
    };
    @Override
    protected void onCreate(Bundle savedInstanceState) {
        super.onCreate(savedInstanceState);
        setContentView(R.layout.activity_post);
        initView();
        setView();
    }
    private void initView() {
        et_Name = (EditText) findViewById(R.id.et_Name);
        et_Pwd = (EditText) findViewById(R.id.et_Pwd);
        btn_Login = (Button) findViewById(R.id.btn_Login);
    }
    private void setView() {
        btn_Login.setOnClickListener(this);
    }
    @Override
    public void onClick(View v) {
        new Thread() {
            public void run() {
            result = PostUtils.LoginByPost(et_Name.getText().toString(), et_Pwd.getText().toString());
            handler.sendEmptyMessage(0x123);
            };
        }.start();
    }
}
```

在 PostActivity 中，通过点击登录按钮，开启一个子线程，在子线程中通过 PostUtils 工具类中的 LoginByPost()方法将用户名和登录密码上传给服务器，并将服务器返回的数据赋给 result，之后在子线程中利用 Handler 发送一个空消息通知主线程去更新 UI。

最后要记得在 AndroidManifest.xml 清单文件中添加网络权限及 android:usesCleartextTraffic="true"，并将 PostActivity 类进行注册，这样这个界面才能在程序中显示出来。具体代码如下：

```
<application
```

```
        android:allowBackup="true"
        android:icon="@mipmap/ic_launcher"
        android:label="@string/app_name"
        android:roundIcon="@mipmap/ic_launcher_round"
        android:supportsRtl="true"
        android:usesCleartextTraffic="true"
        android:theme="@style/AppTheme" >
         <activity android:name="edu.tust.httpposttest.MainActivity">
            <intent-filter>
                <action android:name="android.intent.action.MAIN" />
                <category android:name="android.intent.category.LAUNCHER" />
            </intent-filter>
        </activity>
        <activity android:name="edu.tust.httpposttest.PostActivity" />
    </application>
```

注：在 Android 中所有的 Activity 必须要在 AndroidManifest.xml 中进行注册才能生效，须在 application 标签下声明。

至此，Android 客户端内容已基本完成，但是由于本例演示的是服务器接受 Android 客户端上传的数据，因此还需要新建一个 Web 工程，用以模拟服务器。这里我们使用 MyEclipse10+jdk1.7.0 来创建 Web 工程，读者可以自行下载安装使用。

在 MyEclipse10 平台下，新建一个工程名为 HttpWebTest 的 Web Project 工程，然后点击 Finish 按钮，如图 10.12 所示。

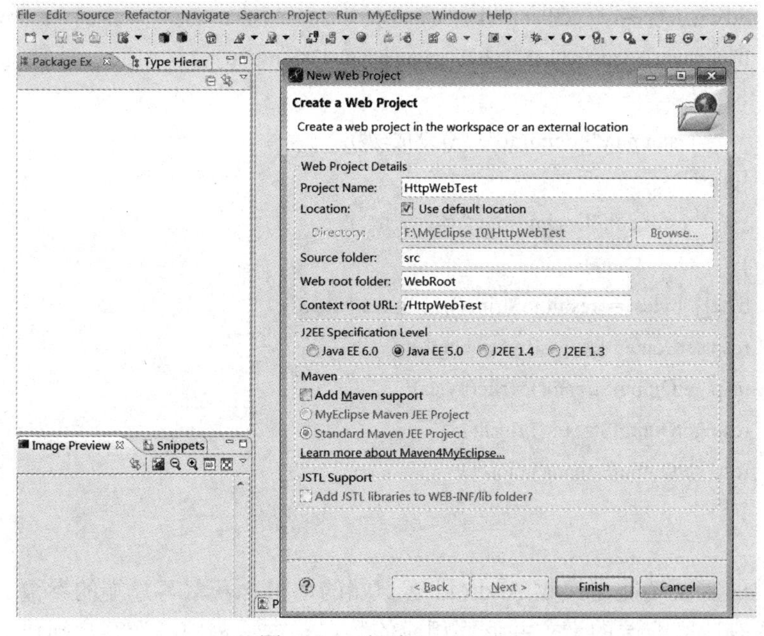

图 10.12　新建 Web 工程

然后在 src 下新建一个名为 tust.edu.httpwebtest 的包，在包下新建一个 ServletForPost.java 类，如图 10.13 所示。

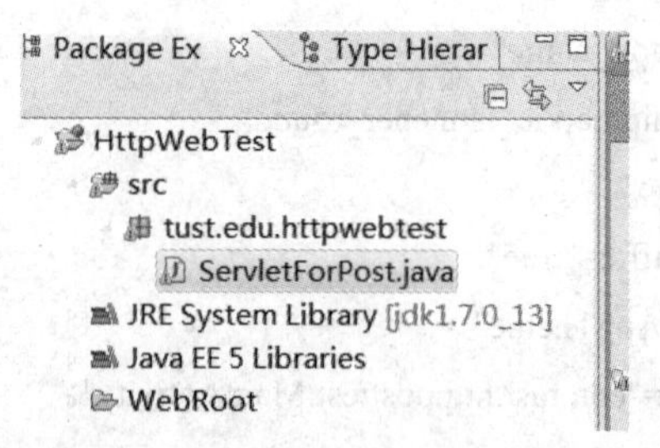

图 10.13　新建 ServletForPost 类

ServletForPost.java 类中的具体代码如下：

```
public class ServletForPost extends HttpServlet {
    @Override
    protected void doGet(HttpServletRequest req, HttpServletResponse resp)
            throws ServletException, IOException {
            }
    @Override
        protected void doPost(HttpServletRequest req, HttpServletResponse resp)
                throws ServletException, IOException {
        resp.setContentType("text/html;charset=utf-8");
        resp.setCharacterEncoding("UTF-8");
        HashMap<String, String> result = new HashMap<String,String>();
        String password=req.getParameter("passwd");
        String name=req.getParameter("name");
        if(password.equals("123") && name.equals("zhangsan"))
        {
            result.put("LoginInfo", "登录成功");
        }else{
            result.put("LoginInfo", "登录失败");
        }
        byte[] bytes = result.toString().getBytes("utf-8");
        resp.setContentLength(bytes.length);
        resp.getOutputStream().write(bytes);
        resp.getOutputStream().flush();
        resp.getOutputStream().close();
        }
}
```

上述代码的主要功能是接收 Android 客户端的请求，获取客户端的参数、校验客户端提交的数据、响应客户端的请求并返回相应的数据。本示例中，当客户端传递过来的用户名为 zhangsan 且登录密码为 123 时，服务器返回“登录成功”的信息，否则返回“登录失败”的信息。

此外，在工程的 WebRoot/WEB-INF 下，有一个 web.xml 文件，需要在这个文件中注册 ServletForPost，具体代码如下：

```
<web-app  version="2.5"
        xmlns="http://java.sun.com/xml/ns/javaee"
        xmlns:xsi="http://www.w3.org/2001/XMLSchema-instance"
        xsi:schemaLocation="http://java.sun.com/xml/ns/javaee
        http://java.sun.com/xml/ns/javaee/web-app_2_5.xsd">
    <display-name></display-name>
    <servlet>
      <servlet-name>ServletForPost</servlet-name>
<servlet-class>tust.edu.httpwebtest.ServletForPost</servlet-class>
    </servlet>
    <servlet-mapping>
<servlet-name>ServletForPost</servlet-name>
<url-pattern>/ServletForPost</url-pattern>
    </servlet-mapping>
    <welcome-file-list>
      <welcome-file>index.jsp</welcome-file>
    </welcome-file-list>
</web-app>
```

此外，在工程下还有一个 index.jsp 文件，文件中有一句代码如下：

```
<body>
   This is my JSP page. <br>
</body>
```

当运行该 Web 工程时，如果浏览器界面显示“This is my JSP page. ”，则说明服务器部署成功。

接下来测试一下服务器是否部署成功，运行 Web project，选中创建的 HttpWebTest 项目，右键点击选择 run as→MyEclipse Server Application，在弹出的对话框中选择任意一个都可以，点击 ok 按钮，结果如图 10.14 所示。

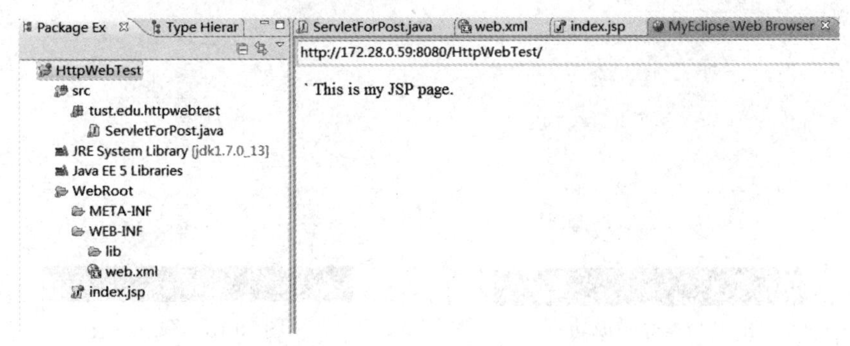

图 10.14　Web project 运行结果图

搭建好服务器后，接下来将 Android 程序部署到虚拟机上，运行结果如图 10.15 所示。点击“POST 方式提交”按钮，跳转到登录界面，如图 10.16 所示。

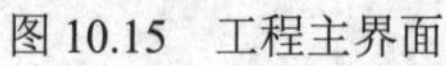
图 10.15　工程主界面

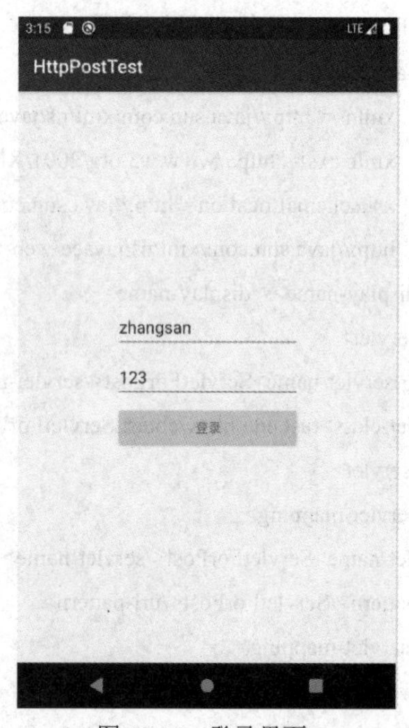

图 10.16　登录界面

输入用户名为 zhangsan，登录密码为 123，点击“登录”按钮，服务器返回“登录成功”的信息，界面上弹出登录成功的提示，如图 10.17 所示。

接下来修改登录密码为 121，用户名不变，然后点击“登录”按钮，此时服务器返回“登录失败”的信息，界面上弹出登录失败的提示，如图 10.18 所示。

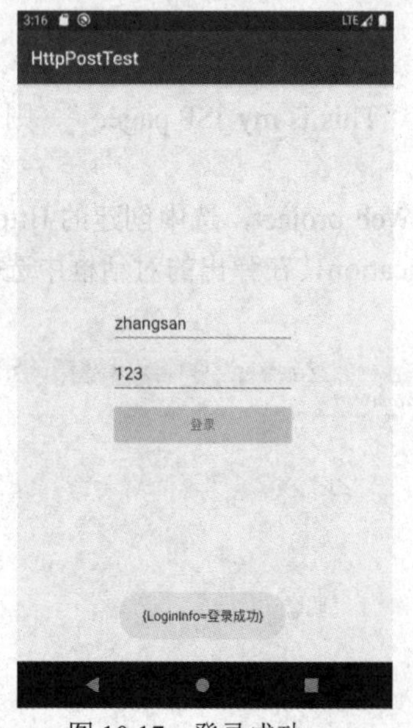

图 10.17　登录成功

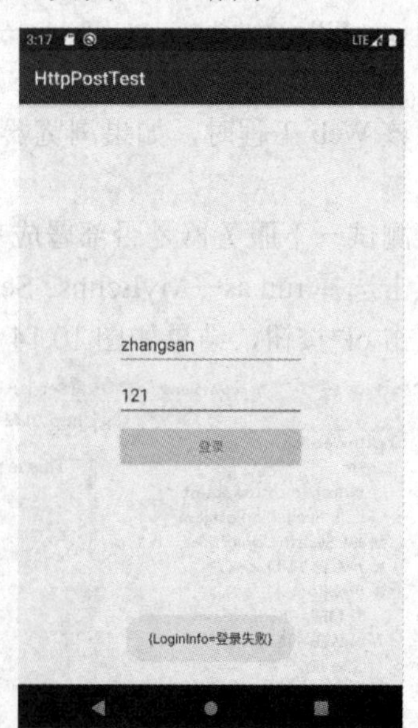

图 10.18　登录失败

至此，以POST方式提交数据到服务器的基础内容已介绍完毕，大家如果感兴趣的话可以自行写其他的程序来加深理解。

10.2.3 OKHttp的使用

除了使用HttpURLConnection访问网络以外，还可以选择其他一些优秀的开源网络请求框架，如Volley和OKHttp，但是因为Volley是要依靠HttpClient的，而HttpClient在Android6.0中已经被弃用，所以OKHttp成为目前比较常用的网络请求框架。

首先读者可以在OKHttp官网及OKHttp GitHub上了解其具体的信息，地址如下：

OKHttp官网地址为http://square.github.io/okhttp/。

OKHttp GitHub地址为https://github.com/square/okhttp。

OKHttp具有以下优势：

(1) 允许连接到同一个主机地址的所有请求，提高请求效率；

(2) 共享Socket，减少对服务器的请求次数；

(3) 通过连接池，减少了请求延迟；

(4) 缓存响应数据来减少重复的网络请求；

(5) 减少了对数据流量的消耗。

OKHttp的功能如下：

(1) 发送GET、POST等请求；

(2) 实现文件的上传/下载；

(3) 加载图片；

(4) 支持请求回调，直接返回对象、对象集合；

(5) 支持session的保持。

本小节中主要介绍OKHttp的GET请求、POST请求、上传文件、下载图片等功能。

首先新建一个工程，命名为OKHttpTest。在项目中使用OKHttp之前，需要先在项目中添加OKHttp库的依赖。首先将项目结构模式切换成Project，然后编辑app/build.gradle文件，在dependencies闭包中添加OKHttp的依赖，如下所示。

```
dependencies {
    implementation fileTree(dir: "libs", include: ["*.jar"])
    implementation 'androidx.appcompat:appcompat:1.2.0'
    implementation 'androidx.constraintlayout:constraintlayout:2.0.1'
    implementation 'com.squareup.okhttp3:okhttp:4.9.0'
    testImplementation 'junit:junit:4.12'
    androidTestImplementation 'androidx.test.ext:junit:1.1.2'
    androidTestImplementation 'androidx.test.espresso:espresso-core:3.3.0'
}
```

添加成功OKHttp依赖后，项目下会自动下载两个库，一个是OKHttp库，另一个是OKio库。OKio库是由square公司开发的，它补充了java.io和java.nio的不足，可以更加方便快速地访问、存储和处理数据。OKHttp底层用OKio库作为支持。读者可以在.idea/libraries 下查看这两个库，如图 10.19 所示。

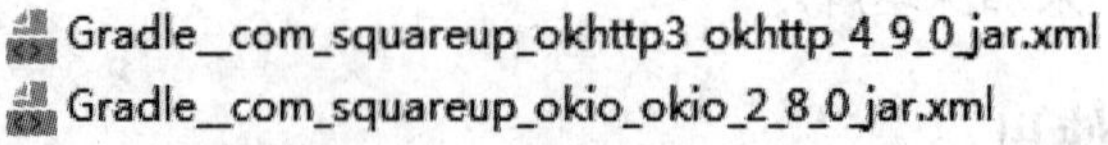

Gradle__com_squareup_okhttp3_okhttp_4_9_0_jar.xml
Gradle__com_squareup_okio_okio_2_8_0_jar.xml

图 10.19　OKHttp 与 OKio 依赖库

此处读者需要注意的是，4.9.0 是笔者采用的 OKHttp 版本，读者可以根据上面笔者提供的 OKHttp GitHub 地址来自行查看下载。

添加完 OKHttp 的依赖后，就可以学习 OKHttp 的具体使用方法。首先介绍一下 OKHttp 的 GET 请求，GET 请求分为同步(较少用)和异步。异步 GET 请求的步骤如下：

(1) 创建 OKHttpClient 的实例：

```
OKHttpClient okHttpClient = new OKHttpClient();
```

(2) 创建一个 Request 对象用以发起 HTTP 请求：

```
Request request = new Request.Builder().build();
```

上述只是创建了一个空的 Request 对象，实际使用的话，可以在最后的 build()方法之前添加其他方法来丰富此 Request 对象。比如：

```
String url = "http://www.sougou.com";
final Request request = new Request.Builder()
                .url(url)
                .get()//默认就是 GET 请求，可以不写
                .build();
```

(3) 构建 Call 对象，如下所示。

```
Call call = okHttpClient.newCall(request);
```

(4) 调用 Call 对象的 enqueue(CallBack)方法发送请求并获取服务器返回的数据。

```
call.enqueue(new Callback() {
    @Override
    public void onFailure(Call call, IOException e) {
        Log.i(TAG, "onFailure: ");
    }
    @Override
    public void onResponse(Call call, Response response) throws IOException {
        Log.i(TAG, "onResponse: " + response.body().string());
    }
});
```

上述代码是异步 GET 请求的步骤。同步 GET 请求的步骤和异步 GET 请求的步骤大致是相同的，只是同步 GET 请求最后是通过 Call 对象的 execute()方法来发送请求的。具体实现过程如下：

```
String url = "http:// www.sougou.com ";
OKHttpClient okHttpClient = new OKHttpClient();
final Request request = new Request.Builder()
```

```
                .url(url)
                .build();
        final Call call = okHttpClient.newCall(request);
        new Thread(new Runnable() {
            @Override
            public void run() {
                try {
                    Response response = call.execute();
                    Log.i(TAG, "responseData " + response.body().string());
                } catch (IOException e) {
                    e.printStackTrace();
                }
            }
        }).start();
```

注：同步 GET 请求最后是通过 call.execute( ) 来提交访问网络请求的，这种方式会阻塞调用线程，在 Android 中应放在子线程中执行，否则有可能引起 ANR(Application Not Responding 程序无响应异常。Android3.0 以后已经不允许在主线程访问网络。

学习完 GET 的同步请求和异步请求之后，再来学习一下 POST 请求键值对和上传文件，POST 请求相比 GET 请求会更复杂一点，因为在构造 Request 对象时，需要多构造一个 RequestBody 对象，用以携带用户要提交的数据。构建 RequestBody 对象语句如下：

```
RequestBody formBody = new FormBody.Builder()
                        .add("name","zhangsan")
                        .add("passwd","123")
                        .build();
```

构建好对象后，要在 Request.Builder 中调用 post( )方法，同时将 RequestBody 对象传入：

```
Request request = new Request.Builder()
                .url("http://172.28.1.116:8080/HttpWebTest/ServletForPost")
                .post(formBody)
                .build();
```

上述两步完成后，后续的操作就和前面学过的 GET 请求一样了，通过 Call 对象的 execute()方法或者 enqueue 方法来发送请求并获取服务器返回的数据。

至此 OKHttp 的基本用法已介绍完毕，下面通过一个具体的示例来学习一下 OKHttp 的用法。此处我们就在上述已经添加 OKHttp 依赖的 OKHttpTest 工程的基础上进行修改，在这个工程里，我们将向读者分别展示异步 GET 请求、同步 GET 请求、POST 请求键值对及 POST 上传文件。

首先修改 activity_main.xml 文件中的代码，如下所示。

```
<?xml version="1.0" encoding="utf-8"?>
```

```
<LinearLayout xmlns:android="http://schemas.android.com/apk/res/android"
    xmlns:app="http://schemas.android.com/apk/res-auto"
    xmlns:tools="http://schemas.android.com/tools"
    android:layout_width="match_parent"
    android:layout_height="match_parent"
    android:orientation="vertical"
    tools:context=".MainActivity">
    <Button
        android:id="@+id/bt_get_asyn"
        android:layout_width="match_parent"
        android:layout_height="wrap_content"
        android:text="异步 GET 请求"
        />
    <Button
        android:id="@+id/bt_get_syn"
        android:layout_width="match_parent"
        android:layout_height="wrap_content"
        android:text="同步 GET 请求"
        />
    <Button
        android:id="@+id/bt_post"
         android:layout_width="match_parent"
        android:layout_height="wrap_content"
        android:text="POST 请求键值对"
        />
    <Button
        android:id="@+id/bt_post_upload"
        android:layout_width="match_parent"
        android:layout_height="wrap_content"
        android:text="POST 上传文件"
        />
</LinearLayout>
```

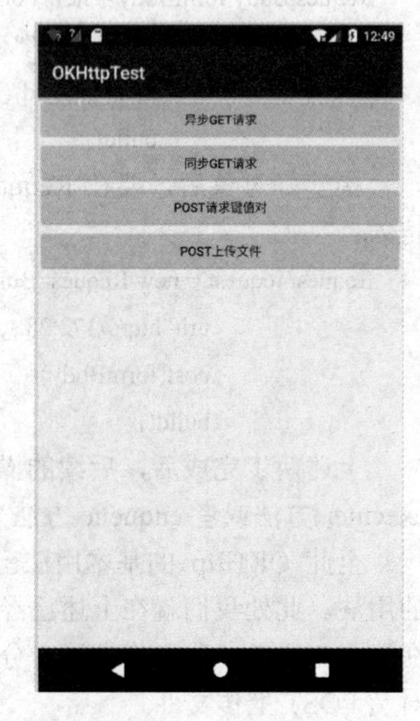

图 10.20　主界面布局

在该布局文件中，添加了四个 Button 按钮控件，分别用来触发异步 GET 请求、同步 GET 请求、POST 请求键值对及 POST 上传文件这四个事件，布局界面如图 10.20 所示。

写好布局文件后，需要在相对应的 MainActivity.java 文件中实现相对应的功能，MainActivity.java 文件中的代码如下：

```
public class MainActivity extends AppCompatActivity {
    private Button bt_get_asyn;
    private Button bt_get_syn;
    private Button bt_post;
    private Button bt_post_upload;
    @Override
    protected void onCreate(Bundle savedInstanceState) {
        super.onCreate(savedInstanceState);
        setContentView(R.layout.activity_main);
        bt_get_asyn = (Button)findViewById(R.id.bt_get_asyn);
        bt_get_syn = (Button)findViewById(R.id.bt_get_syn);
        bt_post = (Button)findViewById(R.id.bt_post);
        bt_post_upload = (Button)findViewById(R.id.bt_post_upload);
        bt_get_asyn.setOnClickListener(new View.OnClickListener() {
            @Override
            public void onClick(View view) {
                Intent intent1=new Intent(MainActivity.this,AsynGetActivity.class);
                startActivity(intent1);
            }
        });
      bt_get_syn.setOnClickListener(new View.OnClickListener() {
          @Override
          public void onClick(View view) {
              Intent intent2=new Intent(MainActivity.this,SynGetActivity.class);
              startActivity(intent2);
          }
      });
        bt_post.setOnClickListener(new View.OnClickListener() {
            @Override
            public void onClick(View view) {
                Intent intent3=new Intent(MainActivity.this, PostKvActivity.class);
                startActivity(intent3);
            }
        });
        bt_post_upload.setOnClickListener(new View.OnClickListener() {
            @Override
            public void onClick(View view) {
                Intent intent4=new Intent(MainActivity.this, PostUpLoadActivity.class);
```

```
                startActivity(intent4);
            }
        });
        }
    }
```

在 MainActivity.java 中，主要实现了四个按钮的点击事件，并在各自的点击事件中，通过 Intent 实现相应功能界面的跳转。

接下来要实现四个按钮各自对应的功能事件。首先实现异步 GET 请求，在异步 GET 请求部分，从网络上下载一张图片，将图片保存到本地，并将图片展示在界面上。

新建一个 activity_asyn_get.xml 文件，修改文件中的代码如下：

```
<?xml version="1.0" encoding="utf-8"?>
<LinearLayout xmlns:android="http://schemas.android.com/apk/res/android"
    xmlns:app="http://schemas.android.com/apk/res-auto"
    xmlns:tools="http://schemas.android.com/tools"
    android:layout_width="match_parent"
    android:layout_height="match_parent"
    tools:context=".AsynGetActivity">
    <ImageView
        android:id="@+id/iv_show"
        android:layout_width="match_parent"
        android:layout_height="match_parent"/>
</LinearLayout>
```

该布局中只有一个 ImageView 控件，用以展示网络上下载下来的图片。

该布局所对应的 java 文件为 AsynGetActivity.java 文件，文件中对应的代码如下：

```
public class AsynGetActivity extends AppCompatActivity {
    private ImageView iv_show;
    private static final int MY_PERMISSIONS_REQUEST_STORAGE= 1;
    //文件读取需要的权限
    private static final String[] STORAGE_PERMISSIONS = {Manifest.permission.WRITE_EXTERNAL_
    STORAGE,Manifest.permission.READ_EXTERNAL_STORAGE};
    @Override
    protected void onCreate(Bundle savedInstanceState) {
        super.onCreate(savedInstanceState);
        setContentView(R.layout.activity_asyn_get);
        iv_show = (ImageView) findViewById(R.id.iv_show);
        requestPermission();
    }
            //申请权限
            private void requestPermission() {
```

```
            // 当 API 大于 23 时，才动态申请权限
        if (Build.VERSION.SDK_INT >= Build.VERSION_CODES.M) {
        ActivityCompat.requestPermissions(AsynGetActivity.this,STORAGE_PERMISSIONS,
        MY_PERMISSIONS_REQUEST_STORAGE);
            }else{
                download();
            }
        }
@Override
public void onRequestPermissionsResult(int requestCode, @NonNull String[] permissions, @NonNull
int[] grantResults) {
    super.onRequestPermissionsResult(requestCode, permissions, grantResults);
    switch (requestCode) {
        case MY_PERMISSIONS_REQUEST_STORAGE:
            //权限请求失败
            if (grantResults.length == STORAGE_PERMISSIONS.length) {
                for (int result : grantResults) {
                    if (result != PackageManager.PERMISSION_GRANTED) {
                        //弹出对话框引导用户去设置
                        showDialog();
                        Toast.makeText(AsynGetActivity.this, "请求权限被拒绝",
                        Toast.LENGTH_LONG).show();
                        break;
                    }
                }
            }
            download();
            break;
    }
}
//弹出提示框
private void showDialog(){
    AlertDialog dialog = new AlertDialog.Builder(this)
            .setMessage("正常使用需要文件读写权限，是否去设置？")
            .setPositiveButton("是", new DialogInterface.OnClickListener() {
                @Override
                public void onClick(DialogInterface dialog, int which) {
                    dialog.dismiss();
                    goToAppSetting();
```

```
                }
            })
            .setNegativeButton("否", new DialogInterface.OnClickListener() {
                @Override
                public void onClick(DialogInterface dialog, int which) {
                    dialog.dismiss();
                    finish();
                }
            })
            .setCancelable(false)
            .show();
}
// 跳转到当前应用的设置界面
private void goToAppSetting(){
    Intent intent = new Intent();
    intent.setAction(Settings.ACTION_APPLICATION_DETAILS_SETTINGS);
    Uri uri = Uri.fromParts("package", getPackageName(), null);
    intent.setData(uri);
    startActivity(intent);
}
private void download() {
    OkHttpClient mOkHttpClient = new OkHttpClient();
    String url = " http://img.cnmo-img.com.cn/817_500x375/816185.jpg";
    Request request = new Request.Builder().url(url).build();
    mOkHttpClient.newCall(request).enqueue(new Callback() {
        @Override
        public void onFailure(Call call, IOException e) {
            // 请求失败
            Log.d("AsynGetActivity","请求失败");
        }
        @Override
        public void onResponse(Call call, Response response) throws IOException {
            InputStream inputStream = response.body().byteStream();
            FileOutputStream fileOutputStream = null;
            try {
                fileOutputStream = new FileOutputStream(new File("/sdcard/android.jpg"));
                byte[] buffer = new byte[2048];
                int len = 0;
                while ((len = inputStream.read(buffer)) != -1) {
```

```
                    fileOutputStream.write(buffer, 0, len);
                }
                fileOutputStream.close();
            } catch (IOException e) {
                e.printStackTrace();
            }
        }
    });
    final Bitmap bitmap = BitmapFactory.decodeFile("/sdcard/android.jpg");
    runOnUiThread(new Runnable() {
        @Override
        public void run() {
            if (bitmap != null){
                iv_show.setImageBitmap(bitmap);
            }
        }
    });
}
}
```

在 AsynGetActivity.java 文件中，要把从网络上下载的图片保存到本机 SD 卡，并将图片展示到界面上。因为涉及向 SD 卡存储文件并读取，所以在 AsynGetActivity.java 文件中一开始就添加了动态获取权限的代码。在本书的前面章节已经介绍过动态获取权限的内容，大家已经知道 Android6.0 之后系统对权限的管理更加严格了，不但要在 AndroidManifest 中添加，还要在应用运行的时候动态申请。

获取完动态权限后，开始实现异步 GET 请求获取网络图片的逻辑，首先创建 OKHttpClient 的实例，接下来创建一个 Request 对象来发起一条 HTTP 请求，然后通过 OKHttpClient 的 newCall( )方法来创建 Call 对象，并调用它的 enqueue( )方法来实现 GET 的异步请求，并获取服务器返回的数据。

获取到图片之后，将图片通过 byteStream()方法转化为字节流，然后创建文件的 FileOutputStream，将图片要保存的路径及命名传到 FileOutputStream 中，再通过 FileOutputStream 的 write( )方法将文件写入指定的位置，写入完成后调用 FileOutputStream 的 close( )方法关闭流以释放资源，否则可能会发生资源泄露的情况。至此，在本机的 SD 卡下已经可以找到一个名为 android.jpg 的图片文件了。

最后利用 BitmapFactory 的 decodeFile( )方法，将保存到 SD 卡中的图片读取出来并转换成 Bitmap 的形式，开启一个子线程，在子线程中用 ImageView 控件将获取到的图片展示出来。

至此，异步 GET 请求的示例基本完成，但是不用忘了在 AndroidManifest.xml 文件里添加网络权限、文件读写权限及向 SD 卡中创建或者删除文件的权限，需要添加的具体权限如下：

```
<uses-permission android:name="android.permission.INTERNET" />
<uses-permission android:name="android.permission.READ_EXTERNAL_STORAGE" />
<uses-permission android:name="android.permission.WRITE_EXTERNAL_STORAGE" />
<uses-permissionandroid:name="android.permission.MONUN_UNMOUNT_FILESYSTEMS" />
```

完成上述所有步骤后，运行程序看一下效果，点击主界面上第一个“异步 GET 请求”按钮，会弹出如图 10.21 所示的内容。

如果点击了“拒绝”按钮，则会弹出如图 10.22 所示的界面，并弹出“请求权限被拒绝”的提示，要求用户去设置权限。

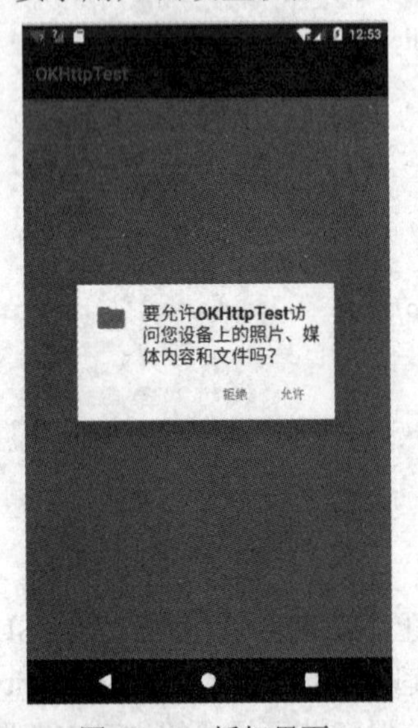

图 10.21　授权界面

图 10.22　请求设置权限界面

如果用户点击了图 10.21 所示的“允许”按钮，然后点击 AndroidStudio 软件上的 DeviceFileExplorer 选项卡，那么在本机的 SD 卡下就会找到一个名为 android.jpg 的文件，如图 10.23 所示。

同时在程序的主界面上也会展示出从 SD 卡读取出来的图片，如图 10.24 所示。

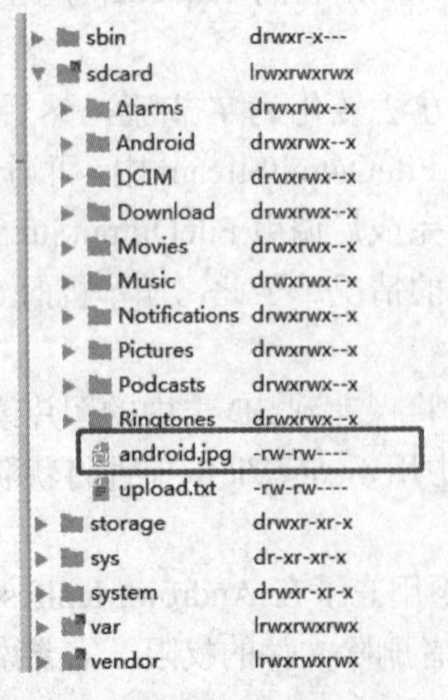

图 10.23　SD 卡下存储的图片文件

图 10.24　图片展示

异步 GET 请求示例学习完之后，接下来学习同步 GET 请求示例。同步 GET 请求计划以访问网页的形式来展示。首先新建一个名为 activity_get 的 xml 布局文件，布局文件代码如下：

```
<LinearLayout xmlns:android="http://schemas.android.com/apk/res/android"
    xmlns:app="http://schemas.android.com/apk/res-auto"
    xmlns:tools="http://schemas.android.com/tools"
    android:layout_width="match_parent"
    android:layout_height="match_parent"
    tools:context=".AsynGetActivity">
    <ScrollView
        android:id="@+id/scroll"
        android:layout_width="match_parent"
        android:layout_height="match_parent"
        android:visibility="gone">
        <TextView
            android:id="@+id/tv_show"
            android:layout_width="wrap_content"
            android:layout_height="wrap_content" />
    </ScrollView>
</LinearLayout>
```

写完布局文件后，新建一个名为 SynGetActivity 的 java 文件，在该文件中实现同步 GET 请求，该 java 文件中的代码如下：

```
public class SynGetActivity extends AppCompatActivity {
    private TextView tv_show;
    private ScrollView scroll;
    @Override
    protected void onCreate(Bundle savedInstanceState) {
        super.onCreate(savedInstanceState);
        setContentView(R.layout.activity_get);
        tv_show = (TextView) findViewById(R.id.tv_show);
        scroll = (ScrollView) findViewById(R.id.scroll);
        scroll.setVisibility(View.VISIBLE);
        String url = "http://www.sougou.com";
        OkHttpClient okHttpClient = new OkHttpClient();
        final Request request = new Request.Builder()
                .url(url)
                .build();
        final Call call = okHttpClient.newCall(request);
    new Thread(new Runnable() {
```

```
            @Override
            public void run() {
                try {
                    Response response = call.execute();
                    String responseData = response.body().string();
                    tv_show.setText(responseData);
                } catch (IOException e) {
                    e.printStackTrace();
                }
            }
        }).start();
    }
}
```

在该 Java 代码中，主要实现的功能就是通过 OKHttp 访问搜狗网页，并将网页展示在界面上。

完成上述步骤后，运行程序，点击主界面上“同步 GET 请求”按钮，跳转到网页展示界面，如图 10.25 所示。

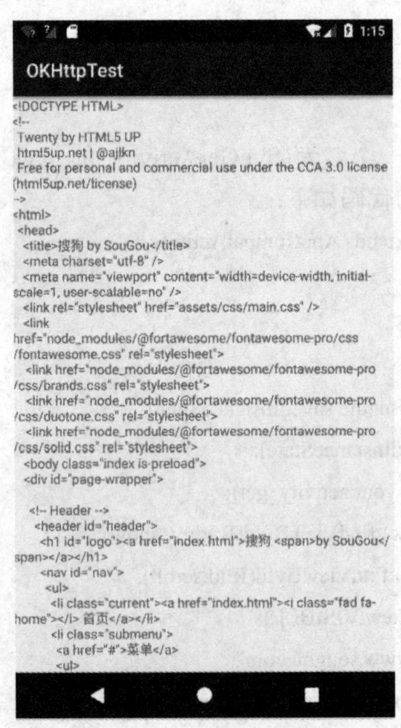

图 10.25　网页展示界面

学习完同步和异步 GET 请求后，接下来学习 POST 方式请求键值对，这里我们仍然以手机客户端向 Web 服务器发送登录消息为例，来学习以 OKHttp 的 POST 方式来实现此功能。

新建一个 activity_post.xml 文件，代码如下：

```
<LinearLayout xmlns:android="http://schemas.android.com/apk/res/android"
    android:layout_width="match_parent"
    android:orientation="vertical"
    android:layout_height="match_parent">
    <TextView
        android:text="服务器返回的数据："
        android:layout_width="match_parent"
        android:layout_height="wrap_content"/>
    <TextView
        android:id="@+id/tv_post_show"
        android:layout_width="match_parent"
        android:layout_height="wrap_content"/>
</LinearLayout>
```

在该布局文件中，主要就是两个 TextView 控件，其中 id 为 tv_post_show 的控件用来显示服务器返回的数据。

新建一个名为 PostKvActivity 的 java 文件，在该文件中实现向 Web 服务器发送登录消息的逻辑，PostKvActivity.java 中的代码如下：

```
public class PostKvActivity extends AppCompatActivity {
    private TextView tv_post_show;
    @Override
    protected void onCreate(Bundle savedInstanceState) {
        super.onCreate(savedInstanceState);
        setContentView(R.layout.activity_post);
        tv_post_show = (TextView) findViewById(R.id.tv_post_show);
        OkHttpClient    mOkHttpClient=new OkHttpClient();
        RequestBody formBody = new FormBody.Builder()
                .add("name","zhangsan")
                .add("passwd","123")
                .build();
        Request request = new Request.Builder()
                .url("http://172.28.0.191:8080/HttpWebTest/ServletForPost")
                .post(formBody)
                .build();
        Call call = mOkHttpClient.newCall(request);
        call.enqueue(new Callback() {
            @Override
            public void onFailure(Call call, IOException e) {
            }
```

```
            @Override
            public void onResponse(Call call, Response response) throws IOException {
                final String str = response.body().string();
                                runOnUiThread(new Runnable() {
                    @Override
                    public void run() {
                        tv_post_show.setText(str);
                        Toast.makeText(getApplicationContext(), "请求成功", Toast.LENGTH_
                             SHORT).show();
                    }
                });
            }
        });
    }
}
```

读者可以看到，相较于通过 HttpURLConnection 的 POST 方式来提交数据，使用 OKHttp 的 POST 方式来提交数据明显更加简单高效。PostKvActivity 中的代码很简单，读者只需注意将 url 中的 ip 地址改为自己本机的 ip，本机 ip 地址的查询方法在 10.2.2 小节已经介绍过了，此处不再赘述。

然后 Web 服务器此处依然使用 10.2.2 节所建的 HttpWebTest 工程即可，运行 Web 服务器。

以上步骤都完成之后，运行程序，程序运行成功进入主界面后，点击第三个“POST 请求键值对”按钮，会出现如图 10.26 所示的界面，其中{LoginInfo=登录成功}是服务器返回来的数据。

图 10.26　登录请求成功

接下来实现主界面第四个按钮要触发的功能，即 POST 上传文件。新建一个 activity_post_up_load.xml 布局文件，布局文件仅用来展示访问网络结果的提示，所以并不需要其他控件，此处仅使用一个线性布局的文件即可。

布局文件完成后，要新建一个 PostUpLoadActivity.java 文件，在该文件中实现用 POST 方式上传文件的逻辑。PostUpLoadActivity.java 文件中的具体内容如下：

```
public class PostUpLoadActivity extends AppCompatActivity {
    @Override
    protected void onCreate(Bundle savedInstanceState) {
        super.onCreate(savedInstanceState);
        setContentView(R.layout.activity_post_up_load);
        OKHttpClient okHttpClient = new OKHttpClient();
        //step 2:创建 RequestBody 以及所需的参数
        //2.1 获取文件
        File file = new File("/sdcard/upload.txt");
        //2.2 创建 MediaType 设置上传文件类型
        MediaType MEDIATYPE = MediaType.parse("text/plain; charset=utf-8");
        //2.3 获取请求体
        RequestBody requestBody = RequestBody.create(MEDIATYPE, file);
        //step 3：创建请求
        Request request = new Request.Builder().url("http://www.sogou.com")
                .post(requestBody)
                .build();
        //step 4 建立联系
        okHttpClient.newCall(request).enqueue(new Callback() {
            @Override
            public void onFailure(Call call, IOException e) {
                // 请求失败
                runOnUiThread(new Runnable() {
                    @Override
                    public void run() {
                      Toast.makeText(getApplicationContext(), "请求失败", Toast.LENGTH_
                                SHORT).show();
                    }
                });
            }
            @Override
            public void onResponse(Call call, Response response) throws IOException {
                // 请求成功
                runOnUiThread(new Runnable() {
```

```
                    @Override
                    public void run() {
                        Toast.makeText(getApplicationContext(), "请求成功", Toast.LENGTH_
                            SHORT).show();
                    }
                });
            }
        });
    }
}
```

读者可以看到，PostUpLoadActivity.java 文件中的代码和 POST 方式请求登录的内容基本一样，只是多了一个 MediaType，用来设置上传文件类型，然后 url 写的是搜狗的地址，其实读者可以想到，单纯地向搜狗首页上传文件结果肯定是失败的，此处仅用于演示，如果读者感兴趣，可以尝试写个服务器或者用第三方服务器来实现上传文件的功能。

完成上述内容后，运行程序，在主界面点击第四个功能按钮，然后跳转的界面会显示出如图 10.27 所示的提示内容，表明上传失败。

图 10.27　上传失败

10.3　Socket 通信

Socket 的使用在 Android 网络编程中非常重要，本小节介绍 Socket 及其使用方法。本书重点是讲解 Android 开发，因而对于计算机网络基础知识不做过多介绍，读者感兴趣的话可以自行学习计算机网络基础的相关知识。

10.3.1　Socket 简介

Socket 即套接字，是支持 TCP、UDP 等协议的网络通信的基本操作单元，表现为一个封装了协议族的编程接口(API)，Socket 实质上提供了进程通信的端点。进程通信之前，双方首先必须各自创建一个端口，否则是没有办法建立联系并相互通信的。正如打电话之前，双方必须各自拥有一个话机和一个电话号码。

接下来了解一下 Socket 连接的建立。建立 Socket 连接至少需要一对套接字，其中一个运行于客户端(ClientSocket)，另一个运行于服务器端(ServerSocket)。套接字之间的连接过程可以分为三个步骤：服务器监听，客户端请求，连接确认。

(1) 服务器监听：是服务器端套接字并不定位具体的客户端套接字，而是处于等待连接的状态，实时监控网络状态。

(2) 客户端请求：是指由客户端的套接字提出连接请求，要连接的目标是服务器端的套接字。为此，客户端的套接字必须首先描述它要连接的服务器的套接字，指出服务器端套接字的地址和端口号，然后就向服务器端套接字提出连接请求。

(3) 连接确认：是指当服务器端套接字监听到或者说接收到客户端套接字的连接请求，它就响应客户端套接字的请求，建立一个新的线程，把服务器端套接字的描述发给客户端，一旦客户端确认了此描述，连接就建立好了。而服务器端套接字继续处于监听状态，继续接收其他客户端套接字的连接请求。

图 10.28 为建立 Socket 连接的简单流程图。

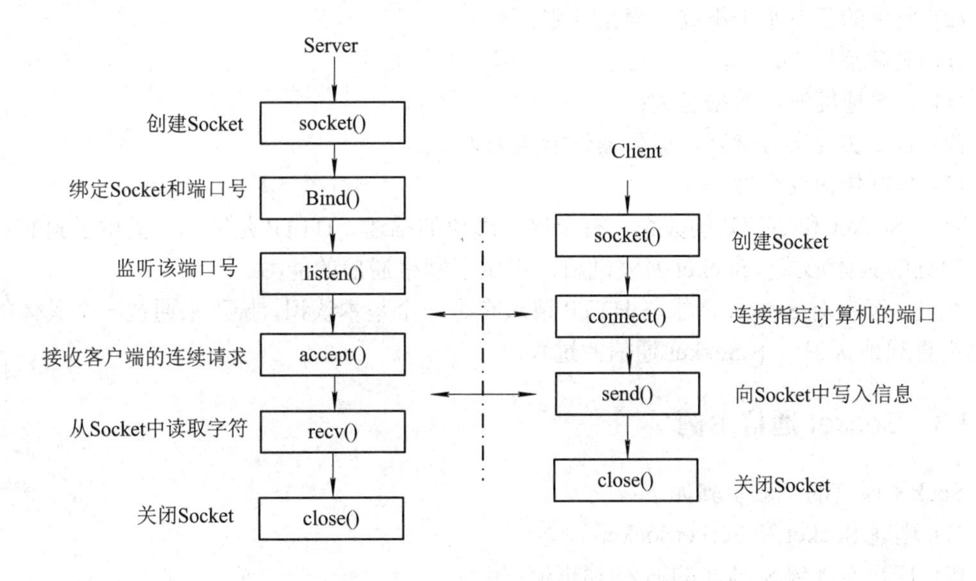

图 10.28　建立 Socket 连接的简单流程图

注：(1) Socket 不是一种协议，只是一个编程调用接口(API)，属于传输层，即通过 Socket，才能在 Android 平台上通过 TCP/IP 协议进行开发。

(2) 对用户来说，只需调用 Socket 去组织数据，以符合指定的协议即可通信。

10.3.2　Socket 与 HTTP 对比

Socket 实现服务器与客户端之间的物理连接，并进行数据传输，处于网络协议的传输层，解决的是数据如何在网络中传输的问题。Socket 采用服务器主动发送数据的方式：即建立网络连接后，服务器可主动发送消息给客户端，而不需要由客户端向服务器发送请求，可理解为服务器端有需要才进行通信。其适用于网络游戏、银行交互、支付等场景。

Socket 的优点：

(1) 传输数据为字节级，传输数据可自定义，数据量小；

(2) 传输数据时间短，性能高；

(3) 适合 C/S 之间信息实时交互；

(4) 可以加密，数据安全性高。

Socket 的缺点：

(1) 需要对传输的数据进行解析，转化为应用级的数据；

(2) 对开发人员的开发水平要求高；

(3) 相对于 Http 协议传输，增加了开发量。

HTTP 协议属于应用层，解决的是如何包装数据。HTTP 采用请求—响应方式，即建立网络连接后，当客户端向服务器发送请求后，服务器端才能向客户端返回数据，可理解为是客户端有需要才进行通信。其适用于公司 OA 服务、互联网服务等场景。

HTTP 的优点：

(1) 基于应用级的接口使用方便；

(2) 要求的开发水平不高，容错性强。

HTTP 缺点：

(1) 传输速度慢，数据包大；

(2) 若要实现实时交互，服务器性能压力大；

(3) 数据传输安全性差。

针对 Socket 和 HTTP 的关系，有个比较形象的描述：HTTP 是轿车，提供了封装或者显示数据的具体形式；Socket 是发动机，提供了网络通信的能力。

至此，读者对 Socket 请求与 HTTP 请求有了一个基本认识，接下来通过一个具体的示例来更直观地认识一下 Socket 通信的过程。

10.3.3　Socket 通信示例

Socket 通信的一般步骤如下：

(1) 创建 Socket 和 ServerSocket；

(2) 打开连接到 Socket 的输入/输出流；

(3) 按照相应的协议对 Socket 进行读/写操作；

(4) 关闭输入/输出流，关闭 Socket。

Socket 可以基于 TCP 或者 UDP 协议。本节 Socket 通信示例将基于 TCP 协议来实现。基于 TCP 协议的 Socket 通信的步骤如下(分为客户端和服务器)。

客户端：

(1) 创建 Socket，需要指明服务器的 IP 地址和端口号；

(2) 建立连接后，通过输出流向服务器发送数据，通过输入流读取服务器的响应信息；

(3) 关闭输入输出流，关闭 Socket。

服务器：

(1) 创建 ServerSocket，绑定一个监听端口；

(2) 通过 accept()方法监听客户端请求；

(3) 建立连接后，通过输入流读取客户端数据，通过输出流向客户端发送数据；

(4) 关闭输入/输出流，关闭 Socket。

首先介绍一下客户端代码。新建一个 SocketClient 项目，修改 activity_main.xml 中的代码，如下所示。

```
<?xml version="1.0" encoding="utf-8"?>
<LinearLayout xmlns:android=http://schemas.android.com/apk/res/android
    xmlns:app=http://schemas.android.com/apk/res-auto
     xmlns:tools=http://schemas.android.com/tools
     android:layout_width="match_parent"
     android:layout_height="match_parent"
     android:orientation="vertical"
     tools:context=".MainActivity">
<EditText
     android:textSize="20sp"
     android:id="@+id/et_SendInfo"
     android:hint="请输入向服务器发送的内容"
     android:layout_width="match_parent"
     android:layout_height="wrap_content"/>
     <Button
         android:text="连接服务器"
         android:id="@+id/bt_Connect"
         android:textSize="20sp"
         android:layout_width="match_parent"
         android:layout_height="wrap_content"/>
     <TextView
         android:id="@+id/tv_RecvInfo"
         android:textSize="20sp"
         android:textColor="#000000"
         android:layout_width="match_parent"
         android:layout_height="wrap_content"/>
</LinearLayout>
```

布局文件中有 EditText、Button 及 TextView 三个控件，其中 EditText 文本框用来获取客户端想要向服务器发送的内容，Button 按钮用来触发客户端与服务器之间的连接事件，TextView 用来以文本的形式展示服务器返回的信息。

接着修改 MainActivity 中的代码，如下所示。

```
public class MainActivity extends AppCompatActivity {
    public static String IP_ADDRESS = "172.28.0.59";
    public static int PORT = 8888;
    EditText et_SendInfo = null;
    Button bt_Connect = null;
    TextView tv_RecvInfo = null;
    Handler handler = null;
    Socket soc = null;
    DataOutputStream dos = null;
    DataInputStream dis = null;
    String messageRecv = null;
    @Override
    protected void onCreate(Bundle savedInstanceState) {
        super.onCreate(savedInstanceState);
        setContentView(R.layout.activity_main);
        et_SendInfo = (EditText) findViewById(R.id.et_SendInfo);
        bt_Connect = (Button) findViewById(R.id.bt_Connect);
        tv_RecvInfo = (TextView) findViewById(R.id.tv_RecvInfo);
        bt_Connect.setOnClickListener(new View.OnClickListener() {
            @Override
            public void onClick(View v) {
                new ConnectionThread(et_SendInfo.getText().toString()).start();
            }
        });
        handler = new Handler() {
            @Override
            public void handleMessage(Message msg) {
                super.handleMessage(msg);
                //获取消息中的 Bundle 对象
                Bundle b = msg.getData();
                //获取键为 data 的字符串的值
                String str = b.getString("data");
                tv_RecvInfo.append(str);
            }
        };}
    //新建一个子线程，实现 socket 通信
```

```
class ConnectionThread extends Thread {
    String message = null;
    public ConnectionThread(String msg) {
        message = msg;
    }
    @Override
    public void run() {
        if (soc == null) {
            try {
                soc = new Socket(IP_ADDRESS, PORT);
                //获取 socket 的输入输出流
                dis = new DataInputStream(soc.getInputStream());
                dos = new DataOutputStream(soc.getOutputStream());
            } catch (IOException e) {
                // TODO Auto-generated catch block
                e.printStackTrace();
            }
        }
        try {
            dos.writeUTF(message);
            dos.flush();
            //如果没有收到数据，会阻塞
            messageRecv = dis.readUTF();
            Message msg = new Message();
            Bundle b = new Bundle();
            b.putString("data", messageRecv);
            msg.setData(b);
            handler.sendMessage(msg);
        } catch (IOException e) {
            e.printStackTrace();
        }
    }
}
}
```

在 MainActivity 中，读者需要注意的是：IP_ADDRESS = "172.28.0.59"是我们服务器所在 PC 端的 ip 地址，具体查询 PC 端 ip 地址的方法已经在之前讲过，读者可自行查阅。读者在测试代码时务必将 ip 地址改为自己服务器所在 PC 端的 ip 地址。PORT = 8888 是我们设定的一个端口号，端口号的范围是 0～65 535，1024 以下的端口号基本已经被系统分给了一些服务，所以在选用端口号时尽量选用大一点的，以免端口号被占用，无法进行测试。

利用 ip 地址 + 端口号可以唯一标识网络中的一个进程，这样就可以利用socket进行通信。在MainActivity中，首先初始化控件，并绑定监听器，编写按钮的事件处理代码；然后在事件处理代码中开启ConnectionThread 子线程，在子线程中通过 Socket 访问服务器；最后利用异步消息处理机制，message 对象将子线程的数据传回 handler 的处理方法在主线程中更新 UI。

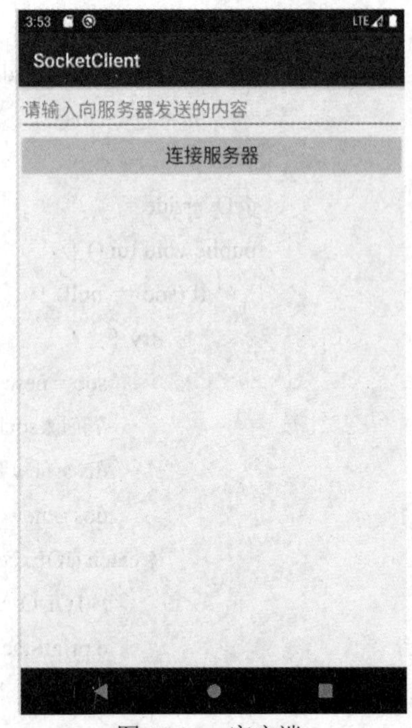

图 10.29　客户端

至此，客户端代码已经完成，提醒读者，不要忘记在 AndroidManifest.xml 清单文件中添加网络权限。运行客户端代码，结果如图 10.29 所示。

客户端已经运行成功，接下来需要实现服务器端的功能，在 MyEclipse 中写好服务器端的代码，运行起来即可。新建一个 ServerSocket 工程，在该工程下新建一个 Server.java 类，具体代码如下：

```
public class Server {
    ServerSocket serverSocket = null;
    public final int port = 8888;
    public Server(){
    //输出服务器的 IP 地址
            try {
                InetAddress addr = InetAddress.getLocalHost();
                System.out.println("local host:"+addr);
                serverSocket = new ServerSocket(port);
                System.out.println("ok");
            } catch (IOException e) {
    // TODO Auto-generated catch block
                e.printStackTrace();
            }
 }
 public void startService(){
     try {
            Socket socket = null;
            System.out.println("waiting...");
            //等待连接，每建立一个连接，就新建一个线程
            while(true){
 socket = serverSocket.accept();
 System.out.println("connect to"+socket.getInetAddress()+":"+socket.getLocalPort());
```

```
                new ConnectThread(socket).start();
            }
        } catch (IOException e) {
            // TODO Auto-generated catch block
          System.out.println("IOException");
            e.printStackTrace();
        }
    }
    //向客户端发送信息
    class ConnectThread extends Thread{
        Socket socket = null;
        public ConnectThread(Socket socket){
            super();
            this.socket = socket;
        }
        @Override
        public void run(){
            try {
                DataInputStream dis = new DataInputStream(socket.getInputStream());
                DataOutputStream dos = new DataOutputStream(socket.getOutputStream());
                while(true){
                    String msgRecv = dis.readUTF();
                    System.out.println("msg from client:"+msgRecv);
                    dos.writeUTF("服务器返回的数据:"+msgRecv);
                    dos.flush();
                }
            } catch (IOException e) {
                // TODO Auto-generated catch block
                e.printStackTrace();
            }
        }
    }
    public static void main(String[] args) {
        // TODO Auto-generated method stub
        new Server().startService();
    }
    }
```

在 Server.java 代码中，利用 serverSocket 对象监听等待一个客户端的连接，在连接之前，该方法是阻塞的。然后又通过 while 循环，当有客户端访问就开启子线程处理并将消息传回客户端。

服务器代码写完之后，选中创建的 ServerSocket 项目，右键单击 Run As→Java Application，服务器就可以运行起来了，在 Console 控制台可观察打印的信息，具体如图 10.30 所示。

```
Problems | @ Javadoc | Declaration | Console
Server [Java Application] F:\java7.0\jre7\bin\javaw.exe (2020-7-24 下午4:10:55)
local host:S9WXDNKDKV3EEYP/172.28.0.59
0k
waiting...
```

图 10.30　服务器端控制台信息

服务器运行成功之后，在客户端的文本框中输入要发送的信息，比如要发送的信息是：SocketTest，然后点击“连接服务器”按钮，可以看到客户端和服务器端的运行效果分别如图 10.31 和图 10.32 所示。

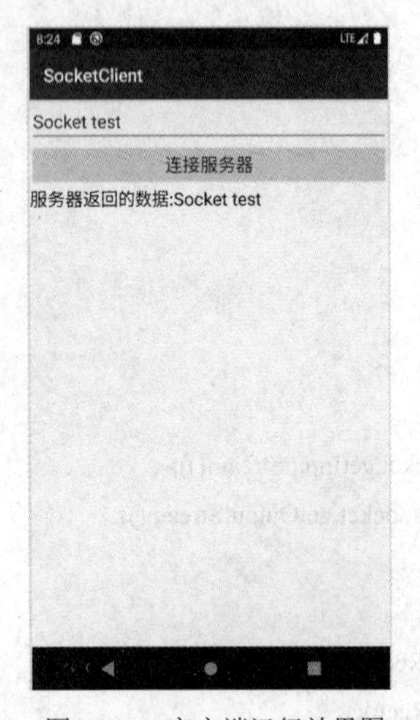

图 10.31　客户端运行效果图

```
Problems | @ Javadoc | Declaration | Console
Server [Java Application] F:\java7.0\jre7\bin\javaw.exe (2020-7-24 下午4:10:55)
local host:S9WXDNKDKV3EEYP/172.28.0.59
0k
waiting...
connect to/172.28.0.59:8888
msg from client:Socket test
```

图 10.32　服务器端运行效果图

从运行效果图我们可以看到，服务器端成功接收到客户端发送过来的信息，而客户端也成功接收到服务器返回来的信息。

本 章 总 结

本章主要介绍了网络编程的相关知识。首先学习了 WebView 控件的使用，它可以使用户在自己使用的应用程序中浏览网页内容，而不需要跳转到系统浏览器，大大提升了用户体验；然后又介绍了 HTTP 协议及其使用，并主要学习了 HttpURLConnection 的使用、HttpURLConnection 类的 GET 及 POST 请求；接着了解了第三方开源库 OKHttp 的使用；最后介绍了 SocKet 通信的使用，并通过与 HTTP 协议的对比，使读者明白 Socket 通信的使用场景。本书所涉及的只是 Android 网络编程的一小部分，权当抛砖引玉，读者感兴趣的话可以在本书网络编程入门的基础上再去对网络进行深入的研究。

第 11 章　多媒体开发

随着互联网技术的迅速发展，多媒体应用得到了普及。过去手机只是用来打电话和发短信的，而现在我们可以在智能手机上看电影、视频通话、浏览网页等，人们所需的很多娱乐方式在智能手机上都能实现。这些娱乐方式必须有强大的多媒体功能的支持才能够实现，而 Android 对多媒体的支持做得非常好，提供了一系列 API 可以便利地调用多媒体资源，开发出功能丰富的多媒体应用程序。

通过本章的学习可以让读者了解 Android 系统中常见的多媒体功能，以及如何调用多媒体功能来丰富自己的应用程序。

★学习目标

- 掌握通知的用法；
- 掌握如何调用相机功能；
- 初步掌握 Android 音频开发相关技术；
- 初步掌握 Android 视频开发相关技术。

11.1 通　知

通知(Notification)是 Android 系统中一个比较有特色的提示功能，是一种具有全局效果的通知，它展示在屏幕的顶端，首先会表现为一个图标的形式，当用户向下滑动的时候，展示出通知具体的内容。对于一个通知而言，它显示的消息是有限的，一般仅用于提示一些概要信息。而简短的消息并不能表达需要告诉用户的全部内容，所以还需要绑定一个 Intent，当用户点击通知的时候，通过 Intent 展示出一个 Activity 用来显示详细的内容。

应用程序发送通知是为了提高用户打开该应用程序的概率，所以目前市面上大部分的 App 都会发送通知，但是如果所有应用程序都这么做的话，用户手机的状态栏就会被各种各样的通知堆满，因此在 Android 8.0 系统中，增加了通知渠道的概念。所谓通知渠道，就是每条通知都要和一个渠道相对应。在应用程序开发时，开发者可以创建多种不同的通知渠道，但是最后在使用时使用哪种通知渠道是用户所决定的，用户可以根据通知渠道的重要级别，自由地选择收到来自哪些渠道的通知以及收到这些通知时是否振动、响铃。

在建立了通知渠道后，就可以进行通知的开发了，下面学习如何创建一个通知。建立工程 NotificationTest，布局文件为 activity_main.xml。首先把 mipmap-hdpi 文件夹下的

ic_launcher.png 文件复制到 drawable 文件夹下，并改名为 ic_launcher1.png，然后修改布局文件中的代码，如下所示。

```
<?xml version="1.0" encoding="utf-8"?>
<LinearLayout xmlns:android="http://schemas.android.com/apk/res/android"
    android:orientation="vertical"
    android:layout_width="match_parent"
    android:layout_height="match_parent" >
    <Button
        android:id="@+id/button_notice"
        android:layout_width="wrap_content"
        android:layout_height="wrap_content"
        android:text="发送通知"
        android:textSize="30sp"/>
</LinearLayout>
```

在布局中添加了一个按钮，接下来修改 MainActivity 中的代码，如下所示。

```
public class MainActivity extends AppCompatActivity{
    private NotificationManager manager;
    @Override
    protected void onCreate(Bundle savedInstanceState) {
        super.onCreate(savedInstanceState);
        setContentView(R.layout.activity_main);
        manager = (NotificationManager) getSystemService(Context.NOTIFICATION_SERVICE);
        if (Build.VERSION.SDK_INT >= Build.VERSION_CODES.O) {
            NotificationChannel channel = new NotificationChannel("normal", "Normal",
    NotificationManager.IMPORTANCE_DEFAULT);
            manager.createNotificationChannel(channel);
        }
        Button buttonNotice = (Button) findViewById(R.id.button_notice);
        buttonNotice.setOnClickListener(new View.OnClickListener() {
            @Override
            public void onClick(View v) {
                Notification notification = new NotificationCompat.Builder(MainActivity.this,
    "normal")
                                .setContentTitle("通知")
                                .setContentText("您收到了来自 NotificationTest 的通知。")
                                .setSmallIcon(R.drawable.ic_launcher1)
                                .build();
                manager.notify(1, notification);
            }
```

```
        });
    }
}
```

首先需要一个 NotificationManager 对通知进行管理，可以通过调用 Context 中的 getSystemService()方法获取，添加一个 SDK API 判断逻辑，如果 SDK API 大于等于 26，创建通知则需要引入通知渠道的概念，创建一个渠道需要输入渠道 id、渠道名称以及重要等级这三个参数。渠道 id 随便定义即可，只要能满足全局唯一性这个条件，这里的 id 定义为“normal”；渠道名称需要表达清楚这个渠道的用途，因为用户可以看到渠道的名称，这里把名称设置为“Normal”；重要等级的不同会决定通知的不同行为，重要等级的更改是用户完成的，而不是开发者，开发者在开发时给出的是重要等级的默认值。重要等级一共有四种，分别是 IMPORTANCE_HIGH、IMPORTANCE_DEFAULT、IMPORTANCE_LOW 和 IMPORTANCE_MIN。创建通知渠道需使用 NotificationChannel 类构建一个通知渠道，调用 NotificationManager 的 createNotificationChannel()方法来创建，之后输入三个参数。

然后创建点击事件，使用一个 Builder 构造器来创建 Notification 对象，由于通知渠道概念在 Android 8.0 系统中才引入，为解决版本兼容性，可以使用 Android X 库中提供的 NotificationCompat 类，保证在所有版本上都能正常工作。NotificationCompat.Builder 的构造函数需输入两个参数，第一个参数是 context，第二个参数是渠道的 id，这 2 个参数需要和我们创建的通知渠道相匹配才行，之后通过 setContentTitle()方法指定通知的标题，setContentText 指定通知的内容，setSmallIcon()方法设置通知的小图标。最后通过 NotificationManager 的 notify()方法就能让通知显示出来。该方法有两个参数，第一个参数为不同的通知指定不同的 id，第二个参数是 Notification 对象，直接将 Notification 的对象传入即可。

运行程序，点击发送通知按钮，下拉通知栏，可以看到如图 11.1 所示的通知。

图 11.1　收到来自 NotificationTest 的通知

在使用 Android 手机时很多应用会给用户推送通知，用户若对某些通知感兴趣，点击该通知后，会进入相应的 Activity 界面。但是上面创建的这个通知还不具备这样的功能，点击之后是没有反应的，下面学习如何给通知加上点击的功能。

实现通知点击事件需要用到 PendingIntent，它与 Intent 有很多类似的地方，用法也比较简单，可以根据需求选择 getActivity()、getService()和 getBroadcast()方法，这几个方法输入的参数是相同的。第一个参数是 Context；第二个参数是 requestCode，这个参数通常不会用到，输入 0 即可；第三个参数是 Intent，用来存储信息；第四个参数是对参数的操作标识，常用的就是 FLAG_CANCEL_CURRENT 和 FLAG_UPDATE_CURRENT，本节演示的例子中传入 0 就可以了。

在包名下新建一个 Activity，Activity 名称为 NotificationActivity，布局名称为 activity_notification.xml，修改其中的代码，如下所示。

```
<?xml version="1.0" encoding="utf-8"?>
<LinearLayout xmlns:android="http://schemas.android.com/apk/res/android"
    android:orientation="vertical"
    android:layout_width="match_parent"
    android:layout_height="match_parent" >
    <TextView
        android:layout_width="wrap_content"
        android:layout_height="wrap_content"
        android:textSize="30sp"
        android:text="您已进入 Activity 界面。"
        android:layout_gravity="center_horizontal" />
</LinearLayout>
```

在布局文件中添加了一个 TextView 用于显示文字，接下来修改 MainActivity 中的代码，如下所示。

```
public class MainActivity extends AppCompatActivity{
    …
        Button buttonNotice = (Button) findViewById(R.id.button_notice);
        buttonNotice.setOnClickListener(new View.OnClickListener() {
            @Override
            public void onClick(View v) {
                Intent intent = new Intent(MainActivity.this, NotificationActivity.class);
                PendingIntent pendingIntent = PendingIntent.getActivity(MainActivity.this, 0,
                                              intent, 0);
                Notification notification = new NotificationCompat.Builder(MainActivity.this,
                                              "normal")
                              .setContentTitle("通知")
                              .setContentText("您收到了来自 NotificationTest 的通知。")
                              .setSmallIcon(R.drawable.ic_launcher1)
```

```
                        .setContentIntent(pendingIntent)
                        .setAutoCancel(true)
                        .build();
                manager.notify(1, notification);
            }
        });
    }
}
```

在上述代码中，先调用 Intent 方法表明我们希望启动 NotificationActivity 这个 Activity，然后将构建好的 Intent 对象传入到 PendingIntent 的 getActivity()方法里，用来得到 PendingIntent 的示例，接着在 NotificationCompat.Builder 中调用 setContentIntent()方法，把 PendingIntent 的示例传入。这些都完成后，再次点击通知时，虽然能够进入相应的 Activity 界面，但是通知还会在通知栏中显示，为了点击通知后让通知在通知栏消失，还需要在 NotificationCompat.Builder 中再调用一个 setAutoCancel()方法，参数传入 true。

再次运行程序，点击发送通知，然后点击通知栏中的通知，出现如图 11.2 所示的界面，再观察通知栏，发现已经没有该通知了。

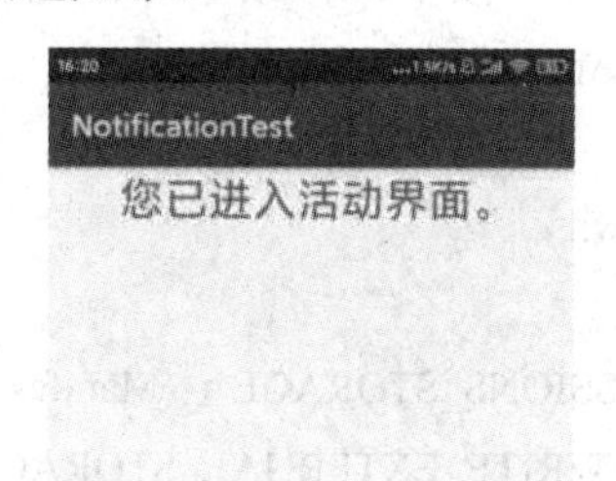

图 11.2　点击通知后打开 NotificationActivity 界面

11.2　摄像与相册

目前很多主流的 App 中也带有相机功能，比如 QQ、微信等软件，用户可以在这些 App 中调用相机功能进行拍摄。本节学习如何开发带有相机和相册功能的应用程序。

新建工程 CameraTest，布局名称为 activity_main.xml，因为拍照要涉及摄像头的调用和文件的读写，所以需要在清单文件中加入三项权限，如下所示。

```
<uses-permission android:name="android.permission.CAMERA" />
<uses-permission android:name="android.permission.WRITE_EXTERNAL_STORAGE"/>
<uses-permission android:name="android.permission.PERMISSIONS_STORAGE"/>
```

然后修改 activity_main.xml 中的代码，如下所示。

```
<?xml version="1.0" encoding="utf-8"?>
<LinearLayout xmlns:android="http://schemas.android.com/apk/res/android"
    android:orientation="vertical"
    android:layout_width="match_parent"
```

```
    android:layout_height="match_parent" >
    <Button
        android:id="@+id/button_take_photo"
        android:layout_width="wrap_content"
        android:layout_height="wrap_content"
        android:text="拍照"
        android:textSize="30sp"
        android:layout_gravity="center_horizontal"/>
    <ImageView
        android:id="@+id/image_photo"
        android:layout_width="wrap_content"
        android:layout_height="wrap_content"
        android:layout_gravity="center_horizontal" />
</LinearLayout>
```

在布局文件中添加了两个控件，Button 是用来添加点击事件调用相机进行拍照的，而 ImageView 用来显示拍照后的图片。接下来修改 MainActivity 中的代码，如下所示。

```
public class MainActivity extends AppCompatActivity {
    private int permission;
    private ImageView imageView;
    private File tempFile = null;
    private static String[] PERMISSIONS_STORAGE = {Manifest.permission.READ_EXTERNAL
_STORAGE, Manifest.permission.WRITE_EXTERNAL_STORAGE, Manifest.permission.CAMERA };
    @Override
    protected void onCreate(Bundle savedInstanceState) {
        super.onCreate(savedInstanceState);
        setContentView(R.layout.activity_main);
        StrictMode.VmPolicy.Builder builder = new StrictMode.VmPolicy.Builder();
        StrictMode.setVmPolicy(builder.build());
        permission = ActivityCompat.checkSelfPermission(MainActivity.this,PERMISSIONS
                _STORAGE[2]);
        if (permission != PackageManager.PERMISSION_GRANTED) {
            ActivityCompat.requestPermissions(MainActivity.this, PERMISSIONS_STORAGE, 3);
        }
        imageView = (ImageView) findViewById(R.id.image_photo);
        Button button = (Button) findViewById(R.id.button_take_photo);
        button.setOnClickListener(new View.OnClickListener() {
            @Override
            public void onClick(View v) {
                Intent intent = new Intent(MediaStore.ACTION_IMAGE_CAPTURE);
```

```
                intent.putExtra(MediaStore.EXTRA_OUTPUT, Uri.fromFile(new File(Environment.
getExternalStorageDirectory(),"fileImg.jpg")));
                startActivityForResult(intent,1);
            }
        });
    }
    @Override
    public void onActivityResult(int requestCode, int resultCode, Intent data) {
        super.onActivityResult(requestCode, resultCode, data);
        if (requestCode != RESULT_CANCELED) {
            switch (requestCode) {
                case 1:
                    try {
                        tempFile = new File(Environment.getExternalStorageDirectory(), "fileImg.jpg");
                        Uri uri = Uri.fromFile(tempFile);
                        Bitmap bitmap = BitmapFactory.decodeStream(getContentResolver().openInput
Stream(uri));
                        imageView.setImageBitmap(bitmap);
                    } catch (IOException e) {
                        e.printStackTrace();
                    }
                    break;
            }
        }
    }
}
```

从 Android 6.0 系统开始，引入了动态权限的概念，权限的获取不再是在 App 安装时进行，而是在运行时申请。当然并不是所有的权限都需要动态申请，谷歌把权限划分为两大类，普通权限和危险权限。对于普通权限，还是和之前一样在 AndroidManifest.xml 里申请就行，而对于危险权限，就必须在运行时动态申请，得到用户的授权后才可使用。而 CAMERA 就属于危险权限，因此需要申请动态权限。

首先定义一个所需的权限数组，包括读取文件、写入文件和调用相机，在启动 Activity 时，检查是否已经获得了相机的权限，如果获得了权限，就可以开始调用相机进行拍照。

然后给按钮添加点击事件，首先使用 Intent 调用相机拍照，判断内存卡是否可用，可用的话就进行存储，然后调用 putExtra 取值，最后给一个相机的返回码参数，随便一个值就可以，但不能和其他的返回码冲突。

重写 onActivityResult()方法，首先判断返回码是否为 0，在不为 0 的情况下，读取返回码，返回码为 1 代表调用了相机，然后创建一个 File 对象，用于存放相机拍摄的照片，文件名命名为 fileImg.jpg，如果拍照成功，就调用 BitmapFactory 的 decodeStream()方法将这张图解析成 Bitmap 对象，然后就可以在 ImageView 中显示出来。运行程序，效果如图 11.3 所示。

图 11.3　CameraTest 显示拍照后的图片

可以看到，程序已经实现调用相机拍照并把照片显示在界面上。接下来学习如何调取系统中的相册。

首先修改布局文件 activity_main.xml，添加一个按钮，代码如下：

```
<?xml version="1.0" encoding="utf-8"?>
<LinearLayout xmlns:android="http://schemas.android.com/apk/res/android"
    android:orientation="vertical"
    android:layout_width="match_parent"
    android:layout_height="match_parent" >
    <Button
        android:id="@+id/button_take_photo"
        android:layout_width="wrap_content"
        android:layout_height="wrap_content"
        android:text="拍照"
        android:textSize="30sp"
        android:layout_gravity="center_horizontal"
        />
    <Button
        android:id="@+id/button_album"
        android:layout_width="wrap_content"
        android:layout_height="wrap_content"
        android:textSize="30sp"
```

```
        android:text="读取相册"
        android:layout_gravity="center_horizontal"/>
    <ImageView
        android:id="@+id/image_photo"
        android:layout_width="wrap_content"
        android:layout_height="wrap_content"
        android:layout_gravity="center_horizontal" />
</LinearLayout>
```

接下来修改 MainActivity 中的代码，如下所示。

```
public class MainActivity extends AppCompatActivity {
    private int permission;
    private ImageView imageView;
    private File tempFile = null;
    private static String[] PERMISSIONS_STORAGE = {Manifest.permission.READ_EXTERNAL
_STORAGE, Manifest.permission.WRITE_EXTERNAL_STORAGE, Manifest.permission.CAMERA };
    @Override
    protected void onCreate(Bundle savedInstanceState) {
        super.onCreate(savedInstanceState);
        setContentView(R.layout.activity_main);
        …
        Button button1 = (Button) findViewById(R.id.button_album);
        button1.setOnClickListener(new View.OnClickListener() {
            @Override
            public void onClick(View v) {
                Intent intent = new Intent(Intent.ACTION_PICK);
                intent.setType("image/*");
                startActivityForResult(intent,2);
            }
        });
    }
    @Override
    public void onActivityResult(int requestCode, int resultCode, Intent data) {
        super.onActivityResult(requestCode, resultCode, data);
        if (requestCode != RESULT_CANCELED) {
            switch (requestCode) {
                case 1:
                    …
                case 2:
                    Uri uri1 = data.getData();
```

```
                        try {
                            Bitmap bitmap = BitmapFactory.decodeStream(getContentResolver().
openInputStream(uri1));
                            imageView.setImageBitmap(bitmap);
                        } catch (IOException e) {
                            e.printStackTrace();
                        }
                        break;
                    default:
                        break;
                }
            }
        }
    }
```

首先给新增加的按钮添加点击事件，构建一个 Intent 对象，并将它的 action 指定为 Intent.ACTION_PICK，表示打开系统的文件选择器来选取数据；然后用 setType()方法将选取的图片过滤为数据；最后调用 startActivityForResult()方法，在第二个参数中传入一个返回码，用于表示打开相册。

在 onActivityResult()方法中，先判断返回码，若返回码为 2，则表示调用了相册，然后调用 getData()方法来获取选中的图片的 Uri，接下来再将 Uri 转换成 bitmap 对象，最后将图片显示在 ImageView 中。

运行程序，选取图像的界面和将相册中的图片显示在 ImageView 中的界面，如图 11.4 所示。

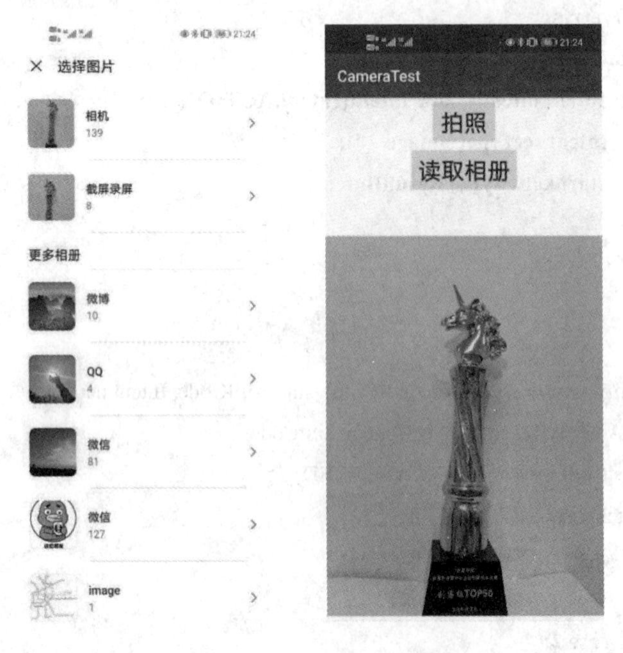

图 11.4　调用相册成功的界面

11.3　音视频播放

Android 在音视频开发方面提供了一系列 API，用于帮助开发者快速方便地开发与音视频相关的应用程序，下面我们来具体学习相关内容。

11.3.1　音频播放

本节介绍如何在 Android 开发中制作简易的音频播放器。新建工程 MediaPlayerTest，布局文件为 activity_main.xml，修改布局文件，代码如下：

```
<?xml version="1.0" encoding="utf-8"?>
<LinearLayout xmlns:android="http://schemas.android.com/apk/res/android"
    android:layout_width="match_parent"
    android:layout_height="match_parent"
    >
    <Button
        android:id="@+id/button_play"
        android:layout_width="0dp"
        android:layout_height="wrap_content"
        android:layout_weight="1"
        android:text="播放" />
    <Button
        android:id="@+id/button_pause"
        android:layout_width="0dp"
        android:layout_height="wrap_content"
        android:layout_weight="1"
        android:text="暂停" />
    <Button
        android:id="@+id/button_stop"
        android:layout_width="0dp"
        android:layout_height="wrap_content"
        android:layout_weight="1"
        android:text="停止" />
</LinearLayout>
```

布局中放置了三个 Button，分别用于播放器中的播放、暂停和停止播放。然后修改 MainActivity 中的代码：

```
public class MainActivity extends AppCompatActivity implements View.OnClickListener{
    private Button buttonPlay;
    private Button buttonPause;
```

```
    private Button buttonStop;
    private int permission;
    private MediaPlayer mediaPlayer;
    @Override
    protected void onCreate(Bundle savedInstanceState) {
        super.onCreate(savedInstanceState);
        setContentView(R.layout.activity_main);
        mediaPlayer = new MediaPlayer();
        initViews();
        setOnClick();
        permission = ContextCompat.checkSelfPermission(MainActivity.this, Manifest.permission.
WRITE_EXTERNAL_STORAGE);
        if (permission != PackageManager.PERMISSION_GRANTED) {
            ActivityCompat.requestPermissions(MainActivity.this, new String[] {Manifest.permission.
WRITE_EXTERNAL_STORAGE}, 1);
        } else {
            initMediaPlayer();
        }
    }
    private void initMediaPlayer() {
        try {
            File file = new File(Environment.getExternalStorageDirectory(),"audio.mp3");
            mediaPlayer.setDataSource(file.getPath());
            mediaPlayer.prepare();
        } catch (Exception e) {
            e.printStackTrace();
        }
    }
    @Override
    public void onRequestPermissionsResult(int requestCode, String[] permissions, int[] grantResults)
    {
        if (requestCode == 1) {
            if (grantResults.length > 0 && grantResults[0] == PackageManager.PERMISSION
_GRANTED) {
                initMediaPlayer();
            } else {
                Toast.makeText(this, "没有权限无法使用", Toast.LENGTH_SHORT).show();
                finish();
            }
```

```
        }
    }
    @Override
    public void onClick(View v) {
        switch (v.getId()) {
            case R.id.button_play:
                if (!mediaPlayer.isPlaying()) {
                    mediaPlayer.start();
                    Toast.makeText(this, "音频已经开始播放", Toast.LENGTH_SHORT).show();
                }
                break;
            case R.id.button_pause:
                if (mediaPlayer.isPlaying()) {
                    mediaPlayer.pause();
                }
                break;
            case R.id.button_stop:
                if (mediaPlayer.isPlaying()) {
                    mediaPlayer.reset();
                    initMediaPlayer();
                }
                break;
            default:
                break;
        }
    }
    @Override
    protected void onDestroy() {
        super.onDestroy();
        if (mediaPlayer != null) {
            mediaPlayer.stop();
            mediaPlayer.release();
        }
    }
    private void initViews() {
        buttonPlay = findViewById(R.id.button_play);
        buttonPause = findViewById(R.id.button_pause);
        buttonStop = findViewById(R.id.button_stop);
    }
```

```
        private void setOnClick() {
            buttonPlay.setOnClickListener(this);
            buttonPause.setOnClickListener(this);
            buttonStop.setOnClickListener(this);
        }
    }
```

上述代码中，由于控件都是批量地引用 id 和添加点击事件，因此可以将其封装，initViews()方法中实现引用控件的 id，setOnclick()方法中实现为控件添加点击事件。然后在类中定义一个播放器 MediaPlayer，新建 initMediaPlayer()方法，在该方法中，创建了一个 File 对象指定音频文件的路径，笔者指定内存卡根目录下的 audio.mp3 文件。读者可根据需求自己在根目录下添加音频文件或在源码中更改路径到自己音频文件的位置。然后调用 setDataSource()方法设置要播放的音频文件的路径，再调用 prepare()方法为播放音频做好准备。

实现播放器功能后，需要动态申请访问 SD 卡的权限。判断用户是否申请了该权限，如果申请了，则进行播放器的初始化；如果没有，则程序直接退出。

接下来实现各个按钮点击事件中的具体逻辑，当点击播放按钮时，如果没有音频在播放，则调用 start()方法进行播放；当点击暂停按钮时，如果音频正在播放，则会调用 pause()方法暂停；当点击停止按钮后，如果正在播放音频则会恢复成播放器原始的样子再重新初始化播放器。

最后调用 onDestroy()方法将播放器相关的资源全部停止并释放。另外，由于本程序使用到了文件的读写，虽然在 MainActivity 中添加了动态权限相关的代码，但还是要在清单文件中添加权限，如下所示。

```
<uses-permission android:name="android.permission.WRITE_EXTERNAL_STORAGE" />
```

运行程序，然后在申请动态权限时给予权限，点击播放按钮，可以看到如图 11.5 所示的界面，说明已经成功播放音频。

图 11.5　播放器播放音频

11.3.2　视频播放

本节介绍简易视频播放器的实现。新建工程 VideoPlayerTest，布局文件为 activity_main.xml，修改其中的代码，如下所示。

```
<?xml version="1.0" encoding="utf-8"?>
<LinearLayout xmlns:android="http://schemas.android.com/apk/res/android"
    android:orientation="vertical"
    android:layout_width="match_parent"
    android:layout_height="match_parent"
    >
    <LinearLayout
        android:layout_width="match_parent"
        android:layout_height="wrap_content" >
        <Button
            android:id="@+id/button_play"
            android:layout_width="0dp"
            android:layout_height="wrap_content"
            android:layout_weight="1"
            android:text="播放" />
        <Button
            android:id="@+id/button_pause"
            android:layout_width="0dp"
            android:layout_height="wrap_content"
            android:layout_weight="1"
            android:text="暂停" />
        <Button
            android:id="@+id/button_stop"
            android:layout_width="0dp"
            android:layout_height="wrap_content"
            android:layout_weight="1"
            android:text="停止" />
    </LinearLayout>
    <VideoView
        android:id="@+id/video_view"
        android:layout_width="match_parent"
        android:layout_height="wrap_content" />
</LinearLayout>
```

上述代码在线性布局中嵌套了线性布局，外侧线性布局中控件摆放方向为竖直，把嵌套的线性布局放在最上方，里面有三个按钮，分别用于播放、暂停和重新播放。把 VideoView

控件放在嵌套线性布局的下方，这是一个封装好的用来播放视频的控件。接下来修改 MainActivity 中的代码，如下所示。

```
public class MainActivity extends AppCompatActivity implements View.OnClickListener {
    private Button buttonPlay;
    private Button buttonPause;
    private Button buttonResume;
    private VideoView videoView;
    private int permission;
    @Override
    protected void onCreate(Bundle savedInstanceState) {
        super.onCreate(savedInstanceState);
        setContentView(R.layout.activity_main);
        initViews();
        setOnClick();
        permission = ContextCompat.checkSelfPermission(MainActivity.this, Manifest.permission.
                    WRITE_EXTERNAL_STORAGE);
        if (permission != PackageManager.PERMISSION_GRANTED) {
            ActivityCompat.requestPermissions(MainActivity.this, new String[] {Manifest.permission.
            WRITE_EXTERNAL_STORAGE}, 1);
        } else {
            initVideo();
        }
    }
    private void  initVideo() {
        File file = new File(Environment.getExternalStorageDirectory(), "video.mp4");
        videoView.setVideoPath(file.getPath());
    }
    @Override
    public void onRequestPermissionsResult(int requestCode, String[] permissions, int[] grantResults) {
        if (requestCode == 1) {
            if (grantResults.length > 0 && grantResults[0] == PackageManager.PERMISSION_
              GRANTED) {
                initVideo();
            } else {
                Toast.makeText(this, "没有权限无法使用", Toast.LENGTH_SHORT).show();
                finish();
            }
        }
    }
```

```
    @Override
    public void onClick(View v) {
        switch (v.getId()) {
            case R.id.button_play:
                if (!videoView.isPlaying())
                {
                    videoView.start();
                }
                break;
            case R.id.button_pause:
                if (videoView.isPlaying())
                {
                    videoView.pause();
                }
                break;
            case R.id.button_resume:
                if (videoView.isPlaying())
                {
                    videoView.resume();
                }
                break;
            default:
                break;
        }
    }
    @Override
    protected void onDestroy() {
        super.onDestroy();
        if (videoView != null)
        {
            videoView.suspend();
        }
    }
    private void initViews() {
        buttonPlay = findViewById(R.id.button_play);
        buttonPause = findViewById(R.id.button_pause);
        buttonResume = findViewById(R.id.button_resume);
        videoView = findViewById(R.id.video_view);
    }
```

```
    private void setOnClick() {
        buttonPlay.setOnClickListener(this);
        buttonPause.setOnClickListener(this);
        buttonResume.setOnClickListener(this);
    }
}
```

上述代码与 11.3.1 节简易音频播放器的代码几乎没区别，依然是先设置视频路径，视频文件放在内存卡根目录下，名字为 video.mp4，读者可自行设置路径和名称。然后获取动态权限，在点击事件内添加用于播放、暂停和重新开始的逻辑。最后在 onDestroy()方法中将资源释放。此外，要在清单文件中添加相应的权限。

运行程序，效果如图 11.6 所示，可以实现播放、暂停和重新开始的功能。

图 11.6　简易视频播放器播放视频

本 章 总 结

本章主要讲解了多媒体开发的相关知识。首先介绍了 Notification 的概念及用法，它是 Android 系统中的一个比较有特色的提示功能，是一种具有全局效果的通知，它展示在屏幕的顶端，首先会表现为一个图标的形式，当用户向下滑动的时候，会展示出通知具体的内容。接着学习了摄像及相册功能，用户可以调用系统相机进行拍照，也可以读取相册中已有的图片在页面进行展示。最后学习了多媒体中比较重要的音视频播放功能，在本书中我们只是引导读者开发简单的音视频播放程序，若读者感兴趣，可尝试着开发功能更加完善，用户体验更好的多媒体软件。

第 12 章　Android NDK 编程

通过前面章节的学习，读者已经知道 Android 的 SDK 主要是基于 Java 开发的，所以基于 Android SDK 开发的工程师们都使用 Java 语言。而在实际开发过程中，尤其是类似于游戏开发、音视频开发等计算较密集型的应用，为了保证游戏画面的流畅或音视频通话的质量，不可避免地在开发中需要用 C/C++语言实现某些功能或者使用 C/C++语言开发的第三方库，此时就需要用到 JNI 编程，而为了方便开发人员使用 JNI 编程，Android NDK 便应运而生。本章对 JNI 及 NDK 编程做简单介绍，感兴趣的读者可以在此基础上进行更深入的学习。

★学习目标

- 了解 JNI 及 NDK 的概念及二者的关系；
- 掌握 NDK 开发环境的搭建；
- 能够开发简单的 NDK 工程。

12.1　JNI 与 NDK 简介

12.1.1　JNI 简介

JNI(Java Native Interface)，即 Java 原生接口，通过 JNI 可以在 Java 代码中调用 C/C++等语言的代码，也可以在 C/C++代码中调用 Java 代码。Java 与 C/C++通信框架如图 12.1 所示。此处需要注意的是：JNI 是 Java 调用 Native 语言的一种特性，是属于 Java 的，与 Android 无直接关系。

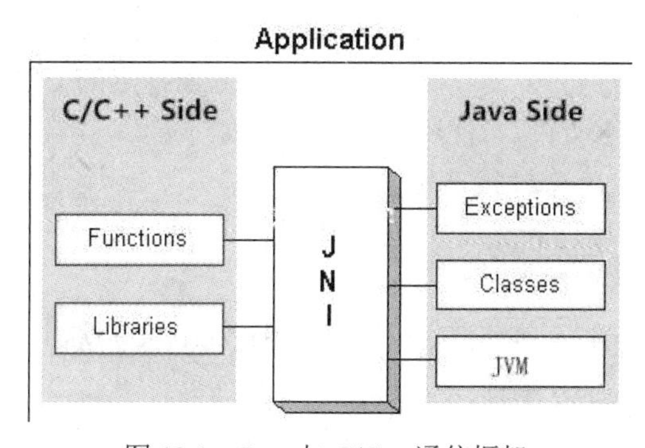

图 12.1　Java 与 C/C++通信框架

Java 具备跨平台的特点，导致了 Java 与本地代码交互的能力非常弱，而采用 JNI 之后，Java 与本地代码交互的能力就会大大增强。除此之外，许多基于 JNI 的标准库以及相关的 API 可以供 Java 程序员使用，提高开发的效率。JNI 框架允许 Native 层语言与 Java 层语言双向交互，给开发带来了极大的优势。

接下来了解一下 JNI 的实现步骤，具体如下所示。

(1) 编写带有 Native 方法的 Java 类(即需要调用的本地方法)；

(2) 使用 javac 命令编译所编写的 Java 类(得到.class 文件)；

(3) 使用 javah+Java 类名生成扩展名为 h 的头文件(.h 文件)；

(4) 用 C/C++实现 Java 中声明的 Native 方法；

(5) 将 C/C++编写的文件生成动态链接库(.so 文件)；

(6) 通过 Java 命令执行 Java 程序，最终实现 Java 调用本地代码。

12.1.2　NDK 简介

NDK(Native Development Kit)是 Android 的一个开发工具包，与 Java 并无直接关系。它主要是用来快速开发 C、C++的动态库，并自动将.so 库文件和应用一起打包成 APK。主要在 Android 的场景下使用 JNI 时会用到 NDK。

NDK 具有如下的特点：

1. 性能方面

(1) 运行效率高。在开发要求高性能的需求中，采用 C/C++更加有效率，如使用本地代码(C/C++)执行算法，能大大提高算法的执行效率。

(2) 代码安全性高。Java 是半解释型语言，容易被反汇编后得到源代码，而本地有些代码类型(如 C/C++)则不会，能提高系统的安全性。

2. 功能方面

功能拓展性好，可方便地使用其他开发语言的开源库，除了 Java 的开源库，还可以使用开发语言(C/C++)的开源库。

3. 使用方面

易于代码复用和移植，用本地代码(如 C/C++)开发的代码不仅可在 Android 中使用，还可以嵌入其他类型平台上使用。

除上述特点之外，读者还需注意 NDK 提供的库比较有限，仅用于处理算法效率和敏感的问题，另外 NDK 还提供了交叉编译器，用于生成特定的 CPU 平台动态库。

接下来了解一下 NDK 的基本使用步骤，具体如下：

(1) 配置好 Android NDK 开发环境；

(2) 创建 Android 项目，并关联 NDK；

(3) 在项目中声明所需要调用的 Native 方法；

(4) 使用 C/C++实现在 Android 项目中声明的 Native 方法；

(5) 通过 ndk - bulid 命令编译产生 .so 库文件；

(6) 编译 Android Studio 工程，从而实现 Android 和本地代码的交互。

12.1.3　JNI 与 NDK 的关系

12.1.1 节和 12.1.2 节讲述了 JNI 和 NDK 的概念、特点及使用步骤，读者对二者有了基本的认识，但是可能还是有许多读者学完之后仍不清楚两者之间的关系，下面通过表格的形式让读者对 JNI 与 NDK 之间的关系有一个比较直观的认识，如表 12.1 所示。

表 12.1　JNI 与 NDK 的关系

比较项目	JNI	NDK
定义	Java 中的接口	Android 中的开发工具包
作用	用于 Java 与本地语言(C/C++)交互	快速开发 C、C++的动态库，并自动将.so 文件和应用一起打包成 APK
二者关系	JNI 是实现的目的，NDK 是在 Android 中实现 JNI 的手段，即在 Android 开发环境中(Android Studio)，通过 NDK 来实现 JNI 的功能	

12.2　NDK 开发环境

由于在 Android Studio2.2 以上内部已经集成了 NDK，因此用户使用 Android Studio 内部进行配置就可以。以本书为例，我们开发所使用的是 Android Studio4.0 以上的版本，此处就介绍一下在 Android Studio 内部进行 NDK 配置的方法。

首先下载并安装 CMake 和 NDK，在 Android Studio 主界面点击 File→Settings…→System Settings→Android SDK→SDK Tools，选中 NDK 和 CMake(如果有 LLDB 的话也可以一并选中安装)，点击 Apply 进行下载安装，下载安装完成后，最右侧的 Status 栏中的内容会由 Not installed 变为 Installed，如图 12.2 所示。

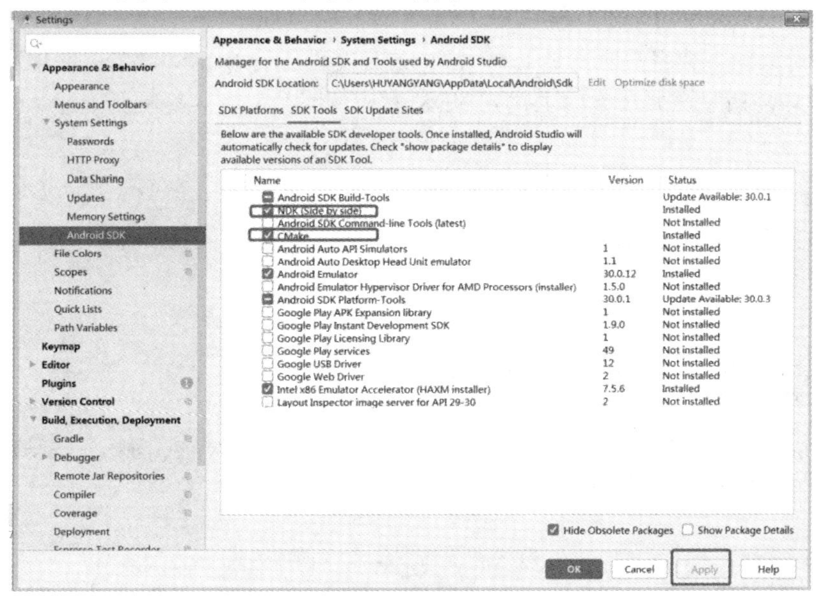

图 12.2　NDK 及 CMake 下载安装

NDK 是 Android 原生开发套件，主要是为了在 Android 应用中使用 C 和 C++代码，前面已经详细介绍过 NDK。读者在此处需要注意的是 CMake，它是一款外部编译工具，可与 Gradle 搭配使用来编译原生库(如果读者只计划使用 ndk-build，则可以不需要该组件)。另外上面提到的 LLDB 是 Android Studio 用于调试原生代码的调试程序，默认情况下，LLDB 将与 Android Studio 一起安装。

下载安装完 NDK 和 CMake 后，需要配置一下 NDK 环境，在 Android Studio 主界面上点击 File→Project Structure…→SDK Location，在 Android NDK location 部分，选择 NDK 默认的安装路径，点击 OK 按钮即可，如图 12.3 所示。

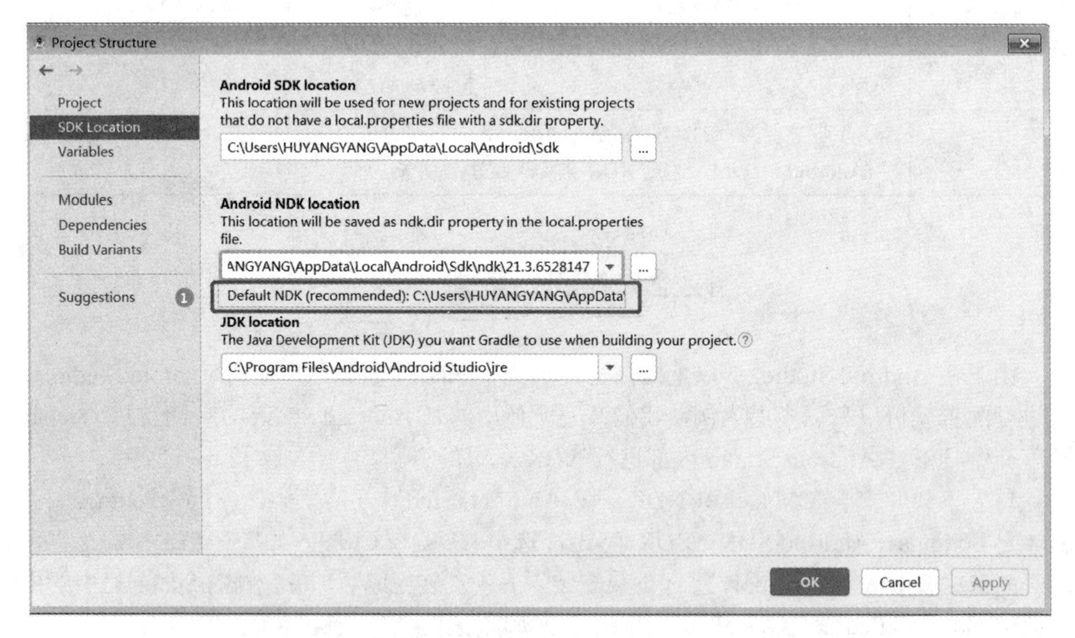

图 12.3　Android NDK location

读者也可以在下载完成时通过 local.properties 文件查看 SDK 和 NDK 在电脑上的保存路径，如图 12.4 所示。并在电脑上找到 NDK 对应的路径，将其复制到上述 Android NDK location 部分也可。

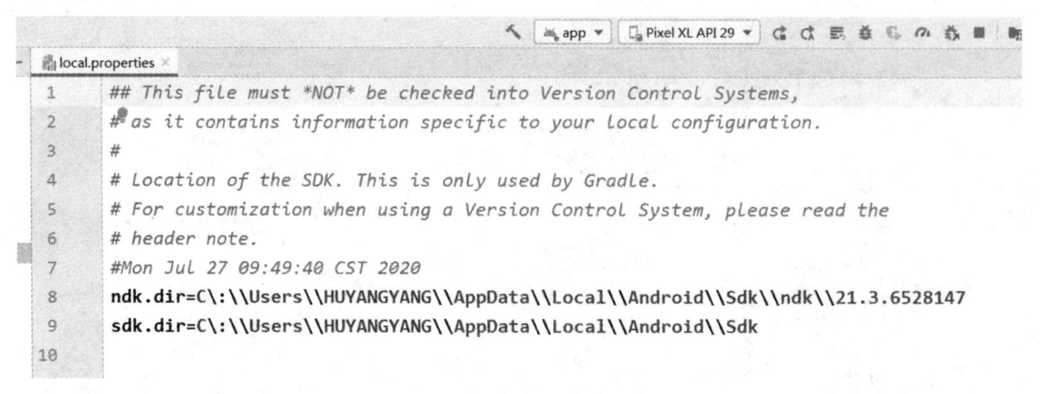

图 12.4　local.properties 文件内容

如果没有环境变量，那么再设置系统环境变量，右键点击计算机→属性→高级系统设置→环境变量→系统变量，新建一个系统变量，变量名为 NDK_ROOT，变量值为 NDK 的路径，然后点击确定按钮即可，如图 12.5 所示。

然后再在 Path 变量路径下添加 NDK_ROOT 变量，直接输入%NDK_ROOT%即可(注意%NDK_ROOT%后边需要加上分号)，如图 12.6 所示。

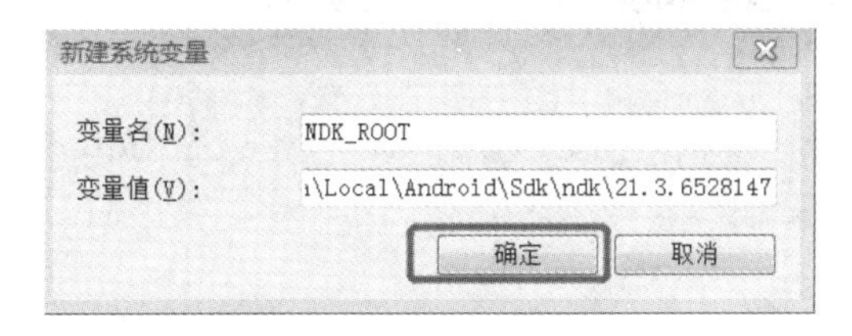

图 12.5 新建系统变量

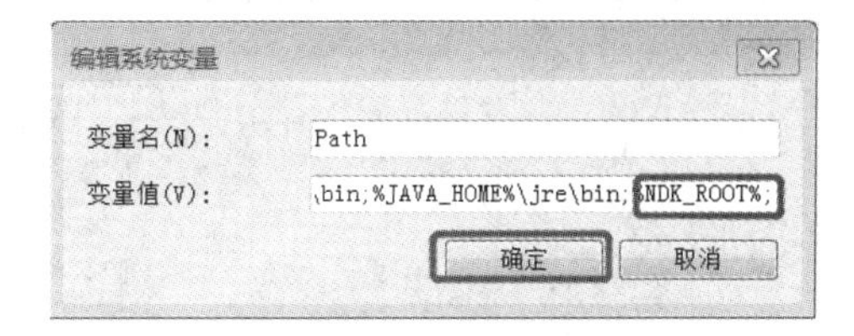

图 12.6 编辑 Path 系统变量

最后，测试一下环境变量是否配置成功，进入 cmd 命令行，输入 ndk-build 回车，如果出现如图 12.7 所示的结果，则说明环境变量配置成功。

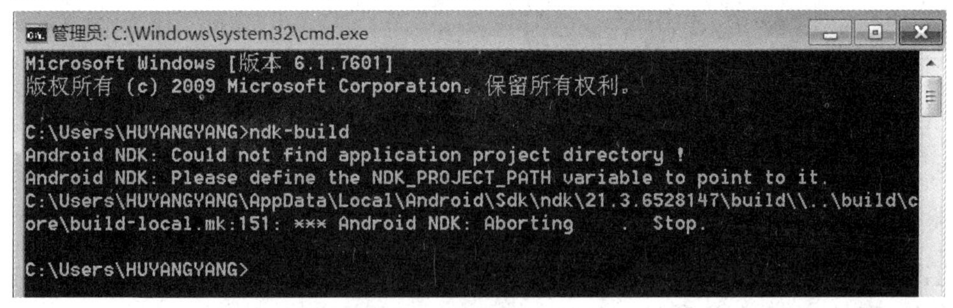

图 12.7 测试环境变量

接下来测试一下 NDK 开发环境是否配置成功。首先新建一个 Android Studio 工程，然后在 Select Project Template 界面中选择 Native C++，如图 12.8 所示。

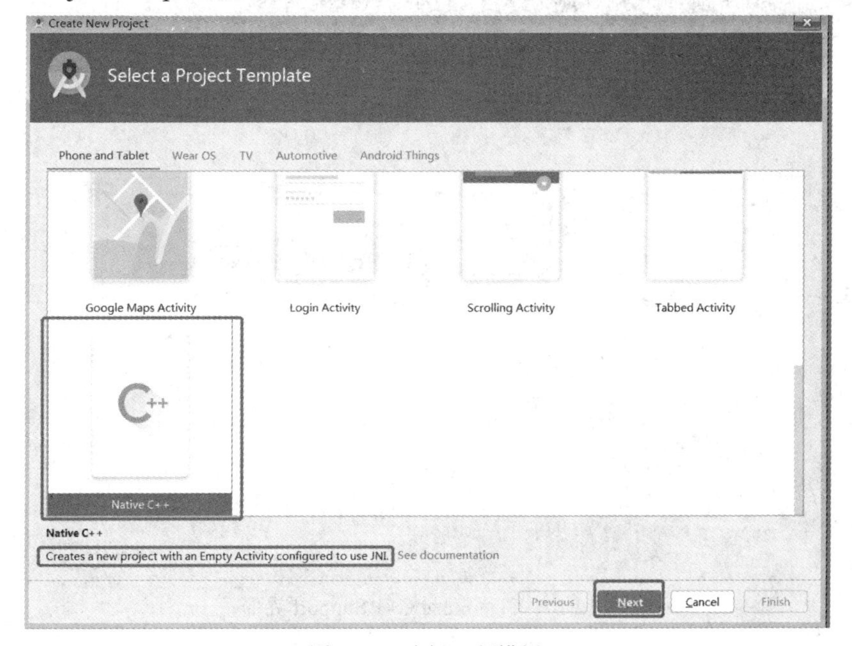

图 12.8 选择工程模板

点击 Next 按钮进入工程配置界面，将 Name 修改为 NDKTest，如图 12.9 所示。

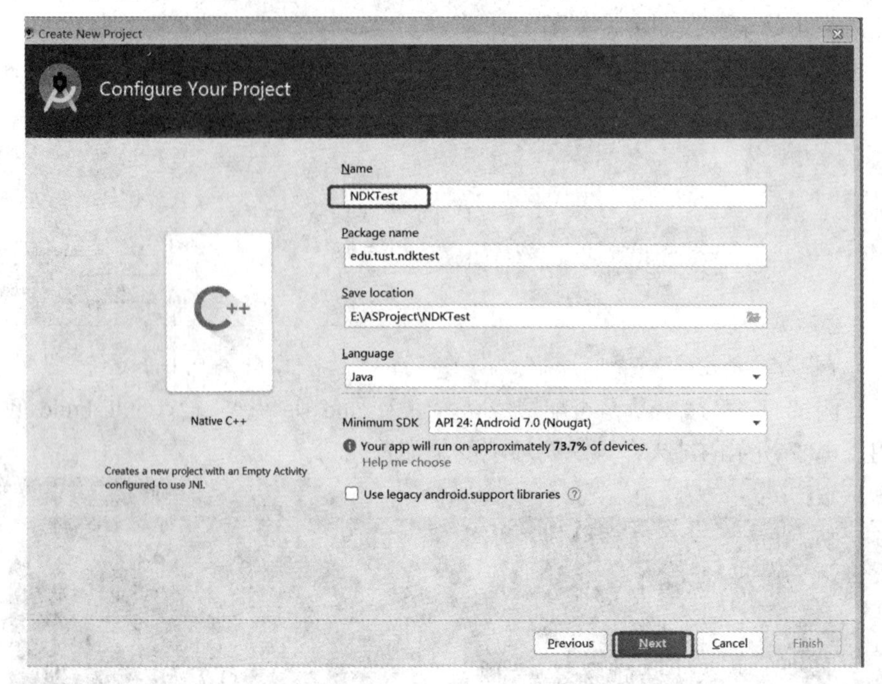

图 12.9　configure project

点击 Next 按钮，进入到如图 12.10 所示的界面，在 C++ Standard 部分选择默认 CMake 设置的 Toolchain Default 选项。

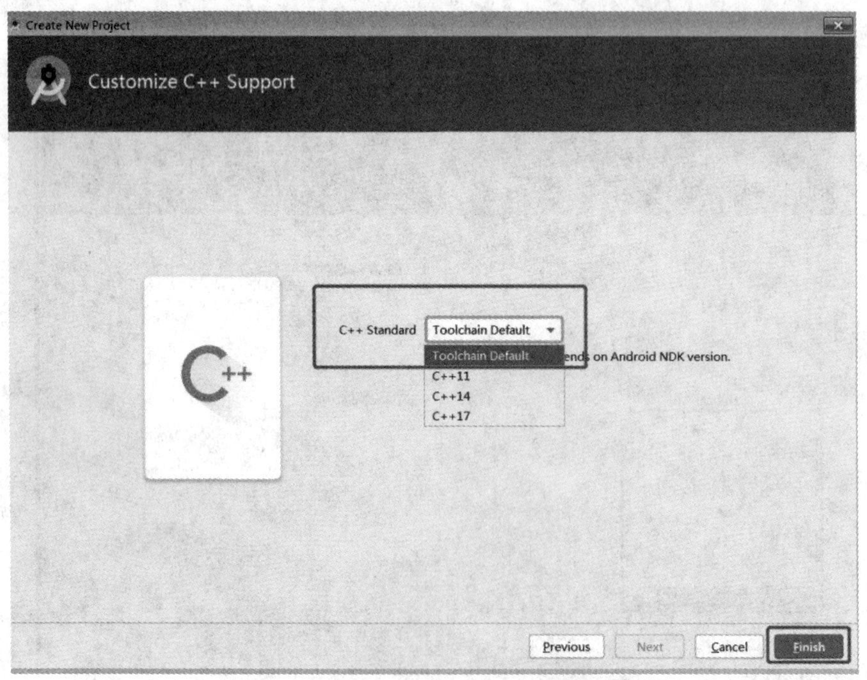

图 12.10　Customize C++ Support 界面

点击 Finish 按钮，完成新项目的创建。打开 Project 面板，选择 Android 视图。大家可以发现，NDKTest 工程比之前的 Android 工程多了一个 cpp 文件夹，如图 12.11 所示。

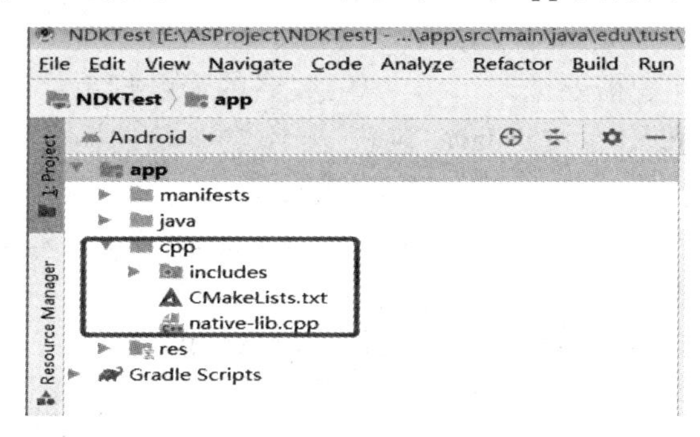

图 12.11　NDKTest 工程目录结构

为方便大家理解，先来学习一下 MainActivity.java 中的代码，然后再来学习 cpp 文件夹下的内容。MainActivity.java 中的具体代码如下：

```
public class MainActivity extends AppCompatActivity {
    static {
        System.loadLibrary("native-lib");
    }
    @Override
    protected void onCreate(Bundle savedInstanceState) {
        super.onCreate(savedInstanceState);
        setContentView(R.layout.activity_main);
        TextView tv = findViewById(R.id.sample_text);
        tv.setText(stringFromJNI());
    }
    public native String stringFromJNI();
}
```

MainActivity 中的代码很简单，官方也给出了很详细的解释，首先在静态方法中通过 System.loadLibrary("native-lib")方法加载 native-lib 库，然后定义了一个 stringFromJNI()方法作为 JNI 接口，在 Java 类中通过该接口实现 Java 与 C++语言的交互。读者需要注意的是该方法前边的 native 关键字一定不能丢。

接下来再来学习 cpp 文件夹，该文件夹主要用来存放所有 native code 文件，包括源码、头文件及预编译项目等。对于新建项目而言，Android Studio 创建了一个 C++模板文件：native-lib.cpp，并且该文件就放在 cpp 文件夹中，native-lib.cpp 中的具体代码如下：

```
#include <jni.h>
#include <string>
extern "C" JNIEXPORT jstring JNICALL
Java_edu_tust_ndktest_MainActivity_stringFromJNI(
        JNIEnv* env,
        jobject /* this */) {
    std::string hello = "Hello from C++";
```

```
    return env->NewStringUTF(hello.c_str());
}
```

这部分代码中，读者需要注意 JNI 中函数名的命名规范：Java_edu_tust_ndktest_MainActivity_stringFromJNI 是按照 Java_包名_类名_方法名的模式命名的。另外 extern"C"用来指定内部函数采用 C 语言的命名风格来编译，否则当 JNI 采用 C++来实现时，由于 C 和 C++编译过程中对函数的命名风格不同，将导致 JNI 在链接时不能根据函数名查找到具体的函数，从而致使 JNI 调用失败。此外该部分的代码中提供了一个简单的 C++函数：stringFromJNI()，该函数返回一个"Hello from C++"字符串。

cpp 文件夹下的另一个文件是 CMakeLists.txt，它是 CMake 的脚本。如果在 cpp 文件夹中新建了 cpp 文件，就需要手动配置 CMakeLists.txt 文件。而在我们的示例中，自动生成的 CMakeLists 中默认添加的 cpp 文件只有 native-lib.cpp，CMakeLists.txt 中的具体内容如下：

```
cmake_minimum_required(VERSION 3.4.1) //设置 CMake 最低版本
add_library(
            native-lib   //库名
        SHARED        //设置库的类型为动态 SHARED
            native-lib.cpp ) //源文件相对路径
find_library(
            log-lib   //设置 path 变量的名称
            log )
target_link_libraries(
  native-lib       //指定链接的目标库
  ${log-lib} )
```

至此，大家对一个最简单的 NDK 工程有了初步的认识。接下来运行程序，运行结果如图 12.12 所示。大家可以看到 App 主界面中显示一段文字“Hello from C++”，表明在工程的 Java 程序中成功获取到 C++程序中的数据，实现了二者的交互。

图 12.12　NDKTest 运行结果

最后总结一下从编译到运行示例的流程。

(1) Gradle：调用外部构建脚本，也就是 CMakeLists.txt。

(2) CMake：根据构建脚本的指令去编译一个 C++源文件，也就是 native-lib.cpp，将编译后的文件放进共享对象库中，并将其命名为 libnative-lib.so，然后 Gradle 将其打包到 APK 中。

(3) 在运行期间，Android 中的 MainActivity 会调用 System.loadLibrary() 方法，加载 native library。而这个库的原生函数：stringFromJNI()，就可以为 App 所用了。

(4) Android 中的 MainActivity 通过 public native String stringFromJNI()的 JNI 接口调用 stringFromJNI()函数，然后返回"Hello from C++"，并在主界面中更新 TextView 的显示。

如果读者想验证一下 Gradle 是否将 native library 打包进了 APK 文件，可以借助 Android Studio 上的 APK Analyzer。依次选择 Build→AnalyzeAPK→app/build/outputs/apk/debug→app-debug.apk→ok，在 Analyze APK 窗口中，选择 lib/x86(笔者的 ABI 为 x86，Android 目前支持七种 ABI，所以读者的 ABI 可能是 armeabi、armeabi-v7a 等剩余的六种，读者根据自己平台的情况进行选择)，就可以看见 libnative-lib.so 文件，结果如图 12.13 所示。

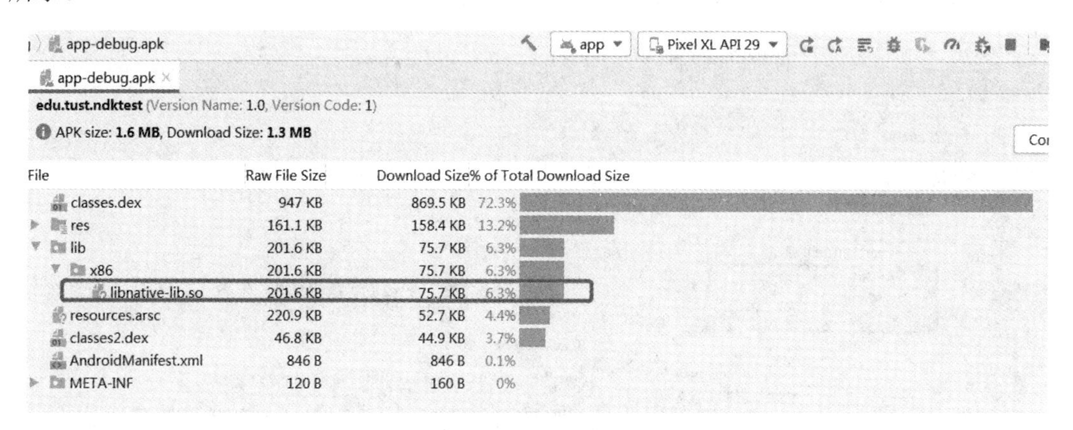

图 12.13　APK Analyzer

12.3　NDK 简单示例

在 12.2 小节的示例中，开始新建 Android 工程时，就选择了 Native C++，那么 Android Studio 就会自动引进 C++库，方便用户进行 NDK 开发。但是在实际开发过程中，很多时候需要在原有项目的基础上进行 NDK 开发，此时的项目中并没有引进 C++库，那么如何进行 NDK 开发呢？本小节将通过简单示例来学习如何在原有项目的基础上进行 NDK 开发。

首先创建一个不引进 C++库的 demo，选择 Empty Activity，然后点击 Next 按钮，修改工程名为 NDKDemo，点击 Finish 按钮。工程结构如图 12.14 所示。这是一个大家最熟悉、最简单的 Android 工程，没有与 NDK 相关的文件。

```java
package edu.tust.ndkdemo;

import ...

public class MainActivity extends AppCompatActivity {

    @Override
    protected void onCreate(Bundle savedInstanceState) {
        super.onCreate(savedInstanceState);
        setContentView(R.layout.activity_main);
    }
}
```

图 12.14　NDKDemo 工程结构

接下来要在该工程的基础上进行 NDK 开发。首先需要为该程序部署 C/C++环境以及 Cmake 编译环境。将 Android 工程切换到 Project 结构视图下，依次点击 app→src→main，在 main 文件夹下新建 cpp 文件夹，并在 cpp 文件夹下新建 CMakeLists.txt，如图 12.15 所示。

然后点击 File→link C++ Project with Gradle，在弹出来的对话框中，Build System 选择 CMake，Project Path 选择 CMakeLists.txt 的路径，点击 OK，如图 12.16 所示。此处需要注意：CMakeLists.txt 文件一定要放在 cpp 文件夹下面，否则编译会报错。

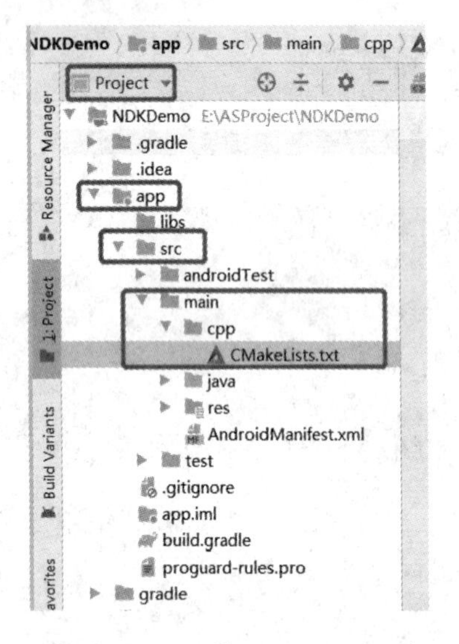

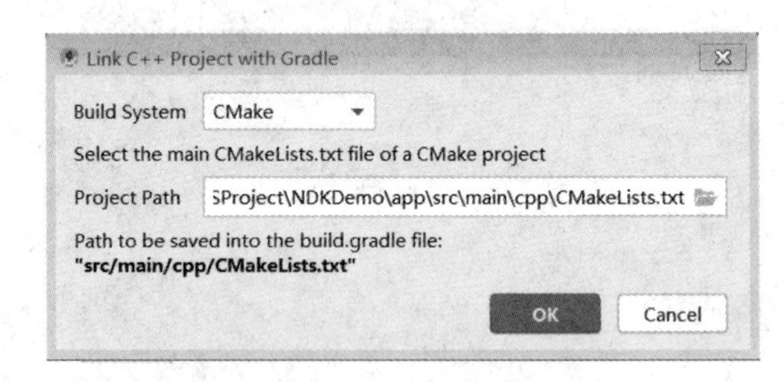

图 12.15　cpp 及 CMakeLists.txt　　　　图 12.16　CMakeLists.txt 文件路径

配置完 CMakeLists.txt 后，发现工程报错：Caused by: org.gradle.api.InvalidUserDataException: NDK not configured. Download it with SDK manager. Preferred NDK version is '20.0.5594570'. Log: E:\ASProject\NDKDemo\app\.cxx\ndk_locator_ record.json。可以看到错误是由于没有配置 NDK 引起的，此时要为工程配置 NDK 环境。在 12.2 节讲过 NDK 环境的配置方法，即在 Android Studio 主界面点击 File→Project Structure…→SDK Location，在 Android NDK location 部分，选择 NDK 默认的安装路径，点击 OK 按钮即可。配置完成后，工程便不再报错，此时 app 文件夹下又多了个.cxx 文件夹，且文件夹下的 ndk_locator_record.json 文件中包含 NDK 配置路径，具体如图 12.17 所示。

然后可以查看一下 app 文件夹下的 build.gradle 文件，里边已经自动生成 CMakeLists.txt 文件路径，如图 12.18 所示。

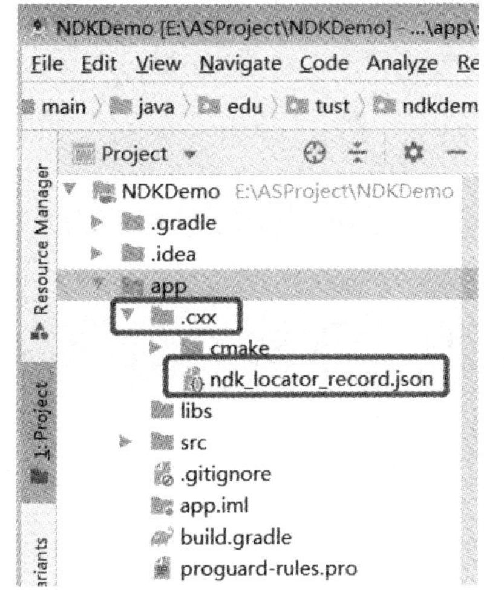

图 12.17 app 文件夹

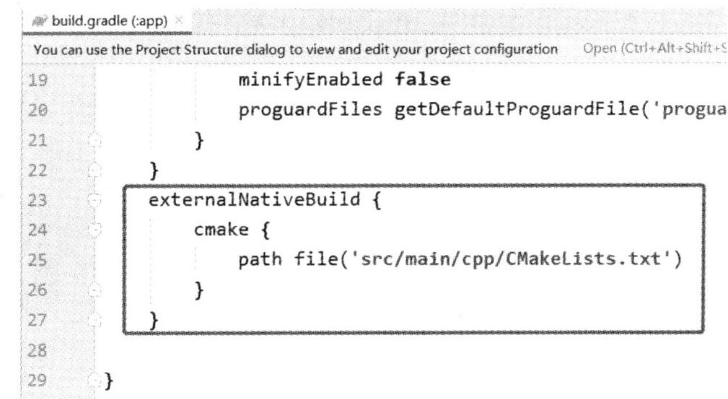

图 12.18 gradle 文件中 CMakeLists.txt 文件路径

接下来以冒泡算法为例，介绍如何在原有 Android 工程的基础上，用 NDK 实现冒泡排序。要求在 Java 类中随机输入 5 个数(笔者这里以 5 个数字为例)，Java 程序将用户输入的 5 个数字传给 C++程序，然后在 C++程序中对 Java 传过来的 5 个数字进行冒泡排序，并将排完序的结果传给 Java 端，并在 Android 界面上显示排完序的结果。

首先修改 activity_main.xml 文件中的代码，具体代码如下：

```
android:orientation="vertical"
    tools:context=".MainActivity">
    <LinearLayout
       android:orientation="horizontal"
        android:layout_width="match_parent"
        android:layout_height="wrap_content">
<EditText
    android:id="@+id/et_num1"
    android:layout_weight="1"
    android:layout_width="0dp"
    android:inputType="number"
    android:layout_height="wrap_content"/>
        <View
            android:layout_width="1dp"
            android:layout_height="37dp"
            android:background="#000000" />
    <EditText
        android:id="@+id/et_num2"
```

```
        android:layout_weight="1"
        android:layout_width="0dp"
        android:inputType="number"
        android:layout_height="wrap_content"/>
        <View
            android:layout_width="1dp"
            android:layout_height="37dp"
            android:background="#000000" />
    <EditText
        android:id="@+id/et_num3"
        android:layout_weight="1"
        android:layout_width="0dp"
        android:inputType="number"
        android:layout_height="wrap_content"/>
        <View
            android:layout_width="1dp"
            android:layout_height="37dp"
            android:background="#000000" />
    <EditText
        android:id="@+id/et_num4"
        android:layout_weight="1"
        android:layout_width="0dp"
        android:inputType="number"
        android:layout_height="wrap_content"/>
        <View
            android:layout_width="1dp"
            android:layout_height="37dp"
            android:background="#000000" />
    <EditText
        android:id="@+id/et_num5"
        android:layout_weight="1"
        android:layout_width="0dp"
        android:inputType="number"
        android:layout_height="wrap_content"/>
    </LinearLayout>
<Button
    android:id="@+id/bt_sort"
    android:text="冒泡排序"
```

```
    android:textSize="20sp"
    android:layout_width="match_parent"
    android:layout_height="wrap_content"/>

    <TextView
        android:id="@+id/tv_sortFront"
        android:textSize="20sp"
        android:textColor="#000000"
        android:layout_width="wrap_content"
        android:layout_height="wrap_content" />
    <TextView
        android:id="@+id/tv_sortBack"
        android:textSize="20sp"
        android:textColor="#000000"
        android:layout_marginTop="5dp"
        android:layout_width="wrap_content"
        android:layout_height="wrap_content" />
```

布局文件中的 5 个 EditText 控件用来输入 5 个随机数，其中 EditText 控件的 android:inputType="number"属性用来设置默认弹出的输入键盘为数字键盘，且输入的内容只能为数字。Button 按钮用来触发冒泡排序事件，2 个 TextView 控件用来在界面上展示排序前和排序后的数字顺序。

接下来修改 MainActivity.java 中代码，具体代码如下：

```
public class MainActivity extends AppCompatActivity {
static {
    System.loadLibrary("bubble-sort");
}
    private EditText et_num1,et_num2,et_num3,et_num4,et_num5;
    private Button bt_sort;
    private TextView tv_sortFront,tv_sortBack;
    public int[] array;
    public int number1,number2,number3,number4,number5;
    @Override
    protected void onCreate(Bundle savedInstanceState) {
        super.onCreate(savedInstanceState);
        setContentView(R.layout.activity_main);
        findId();
        bt_sort.setOnClickListener(new View.OnClickListener() {
            @Override
```

```
                public void onClick(View v) {
                    number1 = Integer.parseInt(et_num1.getText().toString());
                    number2 = Integer.parseInt(et_num2.getText().toString());
                    number3 = Integer.parseInt(et_num3.getText().toString());
                    number4 = Integer.parseInt(et_num4.getText().toString());
                    number5 = Integer.parseInt(et_num5.getText().toString());
                    //  String message1 = "输入的数字为： " + number1 + " , " + number2 + " , " +
                        number3 + " , " + number4 + " , " + number5;
                    String message1 = "排序前为： " + number1 + "     " + number2 + "     " +
                        number3 + "     " + number4 + "     " + number5;
                    tv_sortFront.setText(message1);
                    array = new int[]{number1, number2, number3, number4, number5};
                    bubblesort(array);
                    String message2 = "排序后为：" + array[0] + "     " + array[1] + "     " + array[2] +
                    "     " + array[3] + "     " + array[4];
                    tv_sortBack.setText(message2);
                }
            });
        }
        private void findId() {
            et_num1 = findViewById(R.id.et_num1);
            et_num2 = findViewById(R.id.et_num2);
            et_num3 = findViewById(R.id.et_num3);
            et_num4 = findViewById(R.id.et_num4);
            et_num5= findViewById(R.id.et_num5);
            bt_sort = findViewById(R.id.bt_sort);
            tv_sortFront = findViewById(R.id.tv_sortFront);
            tv_sortBack = findViewById(R.id.tv_sortBack);
        }
        public native int[] bubblesort(int[] array);
    }
```

MainActivity 中的代码主要就是获取布局文件中的控件及控件中的数据，并用相应的控件在界面上展示数据。读者重点需要注意的是 System.loadLibrary("bubble-sort")及 public native int[] bubblesort(int[] array)；前者是加载 bubble-sort 库，后者是 JNI 接口函数。

然后在 cpp 文件夹下新建 bubble-sort.cpp 文件，并在该文件中实现冒泡算法，具体代码如下：

```
#include <jni.h>
#include <string>
using namespace std;
```

```
extern "C" JNIEXPORT jintArray    JNICALL
Java_edu_tust_ndkdemo_MainActivity_bubblesort(
        JNIEnv* env,
        jobject /* this */, jintArray array) {
    jboolean *isCopy = NULL;
    //获取数组首地址
    int *arr = env->GetIntArrayElements(array, isCopy);
    //获取数组长度
    int len = env->GetArrayLength(array);
    for (int i = 0; i < len; i++) {
        for (int j = 0; j < len - 1; j++) {
            if (arr[j] > arr[j + 1]) {
                int temp = arr[j];
                arr[j] = arr[j+1];
                arr[j+1] = temp;
            }
        }
    }
    env->ReleaseIntArrayElements(array, arr, 0);
      return array;
}
```

上述代码主要就是冒泡排序的具体实现，逻辑比较简单，只需要注意 C++ 语言的语法，感兴趣的读者可以对 C/C++ 语言进行更深入的学习。另外读者还需要注意 JNI 中函数名的命名规范，在 12.2 节也做了介绍，读者可以参考 12.2 节的相关内容。

最后需要在 CmakeLists.txt 文件中添加加载的库名、源文件相对路径以及目标链接库，具体代码如下：

```
cmake_minimum_required(VERSION 3.4.1)
add_library( # Sets the name of the library.
        bubble-sort
        # Sets the library as a shared library.
        SHARED
        # Provides a relative path to your source file(s).
        bubble-sort.cpp )
find_library( # Sets the name of the path variable.
        log-lib
        log )
target_link_libraries( # Specifies the target library.
        bubble-sort
        ${log-lib} )
```

配置完后，运行程序，结果如图 12.19 所示。

在主界面的文本框中随机输入 5 个数，比如：25、12、66、52、11，然后点击冒泡排序按钮，结果如图 12.20 所示。

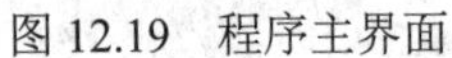

图 12.19　程序主界面

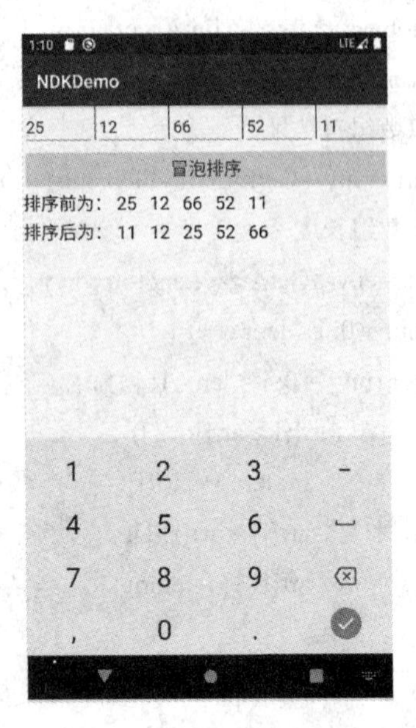

图 12.20　冒泡排序结果

NDK 还有许多高级的用法，本书只是讲了最基本的用法，读者感兴趣的话可以更深入地学习，相信随着深入地学习，NDK 开发必将给您的 Android 开发之旅带来很大的方便。

本 章 总 结

本章主要学习了 Android 开发中的高级开发：NDK 编程。首先对 NDK 编程中的 JNI 与 NDK 及两者之间的关系进行了简单的介绍，接着对 AndroidStudio 下 NDK 的开发环境进行了详细的介绍，相信读者学完本小节可以自己配置好 NDK 开发所需的环境。最后通过一个经典的冒泡算法的例子讲解了 NDK 开发的步骤。通过这一章节知识的学习，读者对 NDK 编程有了一个比较初步的认识，可以在此基础上进行更加深入的 NDK 开发和学习。

第 13 章　高级 UI-Material Design 简介

在 Android 5.0(Lollipop)之前，Android 的 UI 界面一直深受诟病，多数厂商认为界面显示过于粗糙，界面切换方式也不符合用户习惯。大多数厂商虽用着 Android 的系统，但是对于 Android 的 UI 则不会全盘接受，有能力的厂商会自己设计 UI 界面，这就导致同样的 Android 系统，不同厂商的产品有不同的显示效果。为解决这一问题，谷歌在 Android 5.0 面世时发布了一款 UI 设计语言，并附带了对应的工具库。

★学习目标

- 理解 elevation 属性；
- 掌握 UI-Material Design 的创建方式；
- 掌握 Material 常见的组件用法。

13.1　立体界面

Material Design 最明显的改变在于它将界面从二维升到了三维。在 Android 5.0 之前，对于 UI 显示效果的设计大部分还停留在二维平面，即通过改变不同视图的位置及动画切换来提高界面的美感，虽然取得了不错的效果，但由于设计开发人员面对的是二维视图的设计，产品自然不会脱离这个框架。

Material Design 带来了 z 轴，体现在视图上就是 elevation 属性，通过设置该值可以让视图体现出不同的高度。elevation 可以通过在 xml 中设置属性值来设置，也可以通过 setElevation(float) 方法来设置，一般采用直接在 xml 中设置，具体用法和设置组件宽高一样。实际设置如下：

```
<com.google.android.material.floatingactionbutton.FloatingActionButton
    android:id="@+id/fab"
    android:layout_width="wrap_content"
    android:layout_height="wrap_content"
    android:layout_gravity="bottom|end"
    android:layout_margin="16dp"
    android:src="@drawable/ic_done"
    app:elevation="8dp"/>
```

在后面项目中会与工程结合使用，届时读者会对这一属性有清晰的认识。

13.2 标 题 栏

Toolbar 是用来取代 actionbar 的组件，actionbar 就是所有应用的标题栏，在 Material Design 出现后，由于 actionbar 不能很好地与 Material design 相融合，逐渐被抛弃，安卓推荐标题栏使用 Toolbar 来显示，Toolbar 拥有 actionbar 的所有功能，并且能与 Material Design 很好地结合。下面通过示例学习下该组件。

新建一个 MaterialTest 项目，然后打开 AndroidManifest.xml 文件，找到 theme 所在行，如下所示。

```
<application
        android:allowBackup="true"
        android:icon="@mipmap/ic_launcher"
        android:label="fruit"
        android:roundIcon="@mipmap/ic_launcher_round"
        android:supportsRtl="true"
        android:theme="@style/AppTheme">
```

然后按下 ctrl 后点击 AppTheme，找到 AppTheme 文件所在位置，会看到如下代码：

```
<resources>
    <!-- Base application theme. -->
    <style name="AppTheme" parent="Theme.AppCompat.Light.DarkActionBar">
        <!-- Customize your theme here. -->
        <item name="colorPrimary">@color/colorPrimary</item>
        <item name="colorPrimaryDark">@color/colorPrimaryDark</item>
        <item name="colorAccent">@color/colorAccent</item>
    </style>
</resources>
```

打开这两个文件后，首先看第一个 AndroidManifest.xml 文件，里面 theme 属性值默认为@style/AppTheme，这个指向的文件就是我们打开的第二个文件。所有的 Android 项目在新建时都有标题栏，而标题栏的默认设置就是通过 AppTheme 属性来设置的，AppTheme 文件中规定了具体的各项属性值，从<style name="AppTheme" parent="Theme.AppCompat.Light.DarkActionBar">可以看出 style 的 parent 设置为了 DarkActionbar。但是我们要使用 toolbar 来替代 ActionBar，所以先将 AppTheme 文件中的 DarkActionBar 改为 NoActionBar：

```
<resources>
<!-- Base application theme. -->
<style name="AppTheme" parent="Theme.AppCompat.Light.NoActionBar">
    <!-- Customize your theme here. -->
    <item name="colorPrimary">@color/colorPrimary</item>
```

```
    <item name="colorPrimaryDark">@color/colorPrimaryDark</item>
    <item name="colorAccent">@color/colorAccent</item>
</style>
</resources>
```

然后修改 activity_main.xml 中的代码，具体如下：

```
<?xml version="1.0" encoding="utf-8"?>
    <FrameLayout
xmlns:android="http://schemas.android.com/apk/res/android"
    xmlns:app="http://schemas.android.com/apk/res-auto"
        android:layout_width="match_parent"
        android:layout_height="match_parent">
        <androidx.appcompat.widget.Toolbar
            android:id="@+id/toolbar"
            android:layout_height="?attr/actionBarSize"
            android:layout_width="match_parent"
            android:background="?attr/colorPrimary"
            android:theme="@style/ThemeOverlay.AppCompat.Dark.ActionBar"
            app:popupTheme="@style/ThemeOverlay.AppCompat.Light"/>
    </FrameLayout>
```

上述代码主要完成了 ActionBar 的隐藏和 ToolBar 的建立，首先将 DarkActionBar 改为 NoActionBar，完成了 ActionBar 的隐藏，再在 activity_main.xml 中新建 ToolBar，视图的高度改为?attr/actionBarSize，背景设为 colorPrimary，theme 设为 Dark.ActionBar。这里要弄明白两个 theme 的区别，style 中的 theme 是整个界面的风格，为浅色的风格，但标题的风格为白色时，不够明显，所以将 ToolBar 的风格单独设为深色，下面的 popupTheme 用来指定 ToolBar 中弹窗的风格，两者的颜色风格不能一样。

在 AppTheme 文件中只是隐藏了 ActionBar，并没有指定标题栏要显示的布局，那怎么将 ToolBar 显示出来呢？这就需要通过修改 MainActivity 代码来实现了，添加两行代码，具体如下：

```
Toolbar toolbar=(Toolbar) findViewById(R.id.toolbar);
setSupportActionBar(toolbar);
```

首先找到 ToolBar 控件，然后调用 setSupportActionBar (toolbar)，将 toolBar 传入作为标题栏。运行程序，效果如图 13.1 所示。

图 13.1　标题栏

通过上述示例认识了 Toolbar，也学习了标题栏的设置。接下来介绍 ToolBar 的其他用法。

首先是清单文件中的 label，和原来的 ActionBar 一样，直接在 label 属性上赋值即可，此处给 label 赋值安卓

Material，具体如下：

```
<application
        android:allowBackup="true"
        android:icon="@mipmap/ic_launcher"
        android:label="安卓 Material"
        android:roundIcon="@mipmap/ic_launcher_round"
        android:supportsRtl="true"
        android:theme="@style/AppTheme">
        <activity android:name=".MainActivity">
            <intent-filter>
                <action android:name="android.intent.action.MAIN" />
                <category android:name="android.intent.category.LAUNCHER" />
            </intent-filter>
        </activity>
    </application>
```

然后在标题栏增加一些图标，图标已提前放在 drawable 文件夹下。右击 res 目录→New→Directory，命名为 menu，在 menu 文件下新建 menu resource file，命名为 toolbar.xml，其中代码如下：

```
<?xml version="1.0" encoding="utf-8"?>
<menu xmlns:android="http://schemas.android.com/apk/res/android"
    xmlns:app="http://schemas.android.com/apk/res-auto">
    <item
        android:id="@+id/backup"
        android:icon="@drawable/ic_backup"
        android:title="Backup"
        app:showAsAction="always" />
    <item
        android:id="@+id/delete"
        android:icon="@drawable/ic_delete"
        android:title="Delete"
        app:showAsAction="ifRoom"/>
    <item
        android:id="@+id/settings"
        android:icon="@drawable/ic_settings"
        android:title="Settings"
        app:showAsAction="never"/>
</menu>
```

代码中有三个 item。item 中的 title 显示文字，icon 显示图片。showAsAction 用来设置 item 的显示方式，一般有 ifRoom、always 和 never 三个值。其中 ifRoom 表示如果 ToolBar

中有位置那么就显示在 ToolBar 中，如果没地方则放在菜单中；always 表示如果有位置则在 ToolBar 中显示，如果没位置则不显；never 表示一直放在菜单中。

接下来修改 MainActivity 中代码，具体如下：

```
@Override
    public boolean onCreateOptionsMenu(Menu menu) {
        getMenuInflater().inflate(R.menu.toolbar,menu);
        return true;
    }
    @Override
    public boolean onOptionsItemSelected(@NonNull MenuItem item) {
        switch (item.getItemId()){
            case R.id.backup:
                Toast.makeText(this, "你按下了备份键", Toast.LENGTH_SHORT).show();
                break;
            case R.id.delete:
                Toast.makeText(this, "你按下了删除键", Toast.LENGTH_SHORT).show();
                break;
            case R.id.settings:
                Toast.makeText(this, "你按下了设置键", Toast.LENGTH_SHORT).show();
                break;
            default:
        }
        return true;
    }
```

运行程序，效果如图 13.2 所示。点击标题栏中的图片按钮，会有对应的 Toast 提示信息，读者可以自行测试。

图 13.2　带菜单栏的标题栏

13.3　滑动菜单

现在许多手机 App 中都使用到了滑动菜单，它可以通过隐藏一些菜单选项实现节省屏幕空间的目的，同时又具有非常炫酷的动画效果，是 Material Design 中非常推荐的做法。下面通过示例来学习下滑动菜单的实现。

在 13.2 节工程的基础上，修改 activity_main.xml 中代码，具体如下：

```
<?xml version="1.0" encoding="utf-8"?>
<androidx.drawerlayout.widget.DrawerLayout
    xmlns:android="http://schemas.android.com/apk/res/android"
    xmlns:app="http://schemas.android.com/apk/res-auto"
    android:id="@+id/drawer_layout"
    android:layout_width="match_parent"
    android:layout_height="match_parent">
    <androidx.coordinatorlayout.widget.CoordinatorLayout
        android:layout_width="match_parent"
        android:layout_height="match_parent" >
        <androidx.appcompat.widget.Toolbar
            android:id="@+id/toolbar"
            android:layout_height="?attr/actionBarSize"
            android:layout_width="match_parent"
            android:background="?attr/colorPrimary"
            android:theme="@style/ThemeOverlay.AppCompat.Dark.ActionBar"
            app:popupTheme="@style/ThemeOverlay.AppCompat.Light"/>
    </androidx.coordinatorlayout.widget.CoordinatorLayout>
<TextView
        android:layout_width="match_parent"
        android:layout_height="match_parent"
        android:layout_gravity="start"
        android:text="这是滑动菜单"
        android:textSize="30sp"
        android:background="#FFF"/>
</androidx.drawerlayout.widget.DrawerLayout>
```

在布局文件中，用 DrawerLayout 将所有控件包围起来，DrawerLayout 是谷歌提供的一个控件，也是一个布局，借助它可以简单方便地实现滑动菜单的功能。此外用 CoordinatorLayout 替代了 FrameLayout，CoordinatorLayout 类似于 FrameLayout，只是它能自动调整布局中内容的位置，具体效果可以在程序运行后查看。TextView 用来显示滑动菜单中的内容，layout_gravity 属性设为 start，用以指定滑动菜单滑出的方向，start 会根据语言习惯来自动判定，因为汉字的阅读顺序是从左至右，所以此处滑动菜单会在左侧。运行程序，效果如图 13.3 所示。

图 13.3　滑动菜单

在日常使用的 App 中，滑动菜单既可以通过滑动显示，也可以通过点击菜单按钮显示，开发人员一般都会两者兼用。滑动调用已经实现，接下来实现菜单按钮调用。

修改 Mainactivity 中代码，具体如下：

```
public class MainActivity extends AppCompatActivity {
 private DrawerLayout mDrawerLayout;
    @Override
    protected void onCreate(Bundle savedInstanceState) {
super.onCreate(savedInstanceState);
        setContentView(R.layout.activity_main);
        Toolbar toolbar=(Toolbar) findViewById(R.id.toolbar);
        setSupportActionBar(toolbar);
        mDrawerLayout=(DrawerLayout)findViewById(R.id.drawer_layout);
        ActionBar actionBar=getSupportActionBar();
        if(actionBar!=null){
            actionBar.setDisplayHomeAsUpEnabled(true);
            actionBar.setHomeAsUpIndicator(R.drawable.ic_menu);
        }
    }
    @Override
    public boolean onCreateOptionsMenu(Menu menu) {
        getMenuInflater().inflate(R.menu.toolbar,menu);
        return true;
```

```
    }
    @Override
    public boolean onOptionsItemSelected(@NonNull MenuItem item) {
        switch (item.getItemId()){
            case android.R.id.home:
                mDrawerLayout.openDrawer(GravityCompat.START);
                break;
            case R.id.backup:
                Toast.makeText(this, "你按下了备份键", Toast.LENGTH_SHORT).show();
                break;
            case R.id.delete:
                Toast.makeText(this, "你按下了删除键", Toast.LENGTH_SHORT).show();
                break;
            case R.id.settings:
                Toast.makeText(this, "你按下了设置键", Toast.LENGTH_SHORT).show();
                break;
            default:
        }
        return true;
    }
}
```

上述代码中，首先找到 DrawerLayout 布局对象，然后使用 getSupportActionBar()方法获得 ActionBar 实例，通过 ActionBar 的 setDisplayHomeAsUpEnabled 显示菜单按钮、setHomeAsUpIndicator 给菜单按钮设置图片，最后 onOptionsItemSelected()判断按下的按钮，当按下 android.R.id.home 菜单按钮时通过 opendrawer 方法将滑动 DrawerLayout 布局对象的菜单显示出来。

有读者会问，我们并没有给菜单按钮创建布局文件，更没有设置 id，怎么能直接引用呢？其实在调用 setDisplayHomeAsUpEnabled 时就已经创建了一个菜单按钮，之后再调用 setHomeAsUpIndicator 来设置呈现的图片就完成了菜单按钮的完整创建。另外要注意的是 openDrawer()中的 GravityCompat.START 用来保持与布局文件中滑动菜单弹出方向一致。

重新运行程序，效果如图 13.4 所示，菜单已经显示在标题栏中，点击菜单栏，滑动菜单会弹出，读者可自行测试。

图 13.4　带菜单按钮的滑动菜单

滑动菜单的功能已经实现，但是却不美观。为实现更美观的滑动菜单功能，此处可使用 NavigationView 控件，它是 DesignSupport 库提供的控件，在使用该控件之前，需要先打开 app/builde.gradle，在 dependencies 中添加如下代码：

```
implementation 'com.android.support:design:28.0.0'
implementation 'de.hdodenhof:circleimageview:2.1.0'
```

这两个库用来支持 design 的相关函数以及实现图片的圆形化。接下来在 menu 文件夹下新建 Menu Resource File 文件，命名为 nav_menu.xml，具体代码如下：

```
<?xml version="1.0" encoding="utf-8"?>
<menu xmlns:android="http://schemas.android.com/apk/res/android">
    <group android:checkableBehavior="single">
        <item
            android:id="@+id/nav_call"
            android:icon="@drawable/nav_call"
            android:title="Call"/>
        <item
            android:id="@+id/nav_friends"
            android:icon="@drawable/nav_friends"
            android:title="Friends"/>
        <item
            android:id="@+id/nav_location"
            android:icon="@drawable/nav_location"
            android:title="Location"/>
        <item
            android:id="@+id/nav_mail"
            android:icon="@drawable/nav_mail"
            android:title="Mail"/>
        <item
            android:id="@+id/nav_task"
            android:icon="@drawable/nav_task"
            android:title="Tasks"/>
    </group>
</menu>
```

在 layout 文件夹下新建 nav_header.xml 文件，具体代码如下：

```
<?xml version="1.0" encoding="utf-8"?>
<RelativeLayout
    xmlns:android="http://schemas.android.com/apk/res/android"
    android:layout_width="match_parent"
```

```
    android:layout_height="180dp"
    android:padding="10dp"
    android:background="?attr/colorPrimary">
    <de.hdodenhof.circleimageview.CircleImageView
        android:id="@+id/icon_image"
        android:layout_width="70dp"
        android:layout_height="70dp"
        android:src="@drawable/nav_icon"
        android:layout_centerInParent="true" />
    <TextView
        android:id="@+id/username"
        android:layout_width="wrap_content"
        android:layout_height="wrap_content"
        android:layout_alignParentBottom="true"
        android:text="123456@qq.com"
        android:textColor="#FFF"
        android:textSize="14sp"/>
    <TextView
        android:id="@+id/mail"
        android:layout_width="wrap_content"
        android:layout_height="wrap_content"
        android:layout_above="@+id/username"
        android:text="xiaoMa"
        android:textColor="#FFF"
        android:textSize="14sp"/>
</RelativeLayout>
```

接下来修改 activity_main.xml 中代码，具体如下：

```
<?xml version="1.0" encoding="utf-8"?>
<androidx.drawerlayout.widget.DrawerLayout
    xmlns:android="http://schemas.android.com/apk/res/android"
    xmlns:app="http://schemas.android.com/apk/res-auto"
    android:id="@+id/drawer_layout"
    android:layout_width="match_parent"
    android:layout_height="match_parent">
    <androidx.coordinatorlayout.widget.CoordinatorLayout
        android:layout_width="match_parent"
        android:layout_height="match_parent" >
```

```
        <androidx.appcompat.widget.Toolbar
            android:id="@+id/toolbar"
            android:layout_height="?attr/actionBarSize"
            android:layout_width="match_parent"
            android:background="?attr/colorPrimary"
            android:theme="@style/ThemeOverlay.AppCompat.Dark.ActionBar"
            app:popupTheme="@style/ThemeOverlay.AppCompat.Light"/>
        </androidx.coordinatorlayout.widget.CoordinatorLayout>
    <com.google.android.material.navigation.NavigationView
        android:id="@+id/nav_view"
        android:layout_width="match_parent"
        android:layout_height="match_parent"
        android:layout_gravity="start"
        app:menu="@menu/nav_menu"
        app:headerLayout="@layout/nav_header"/>
</androidx.drawerlayout.widget.DrawerLayout>
```

上述三部分代码具有很强的调用关系，在 activity_main.xml 中新建了一个 NavigationView 对象，app:menu="@menu/nav_menu"和 app:headerLayout="@layout/nav_header"分别调用了前面的两个 xml 文件。nav_header.xml 中的控件及属性都是比较常见的，在 nav_menu.xml 中，<group android:checkableBehavior="single">这一行将下面的控件设定为一组，android:checkableBehavior="single"表明这一组中只能单选。

最后还需要添加菜单项的点击事件，修改 MainActivity 中的代码，添加如下代码：

```
NavigationView navigationView=(NavigationView)findViewById(R.id.nav_view);
navigationView.setCheckedItem(R.id.nav_call);
navigationView.setNavigationItemSelectedListener(new
NavigationView.OnNavigationItemSelectedListener() {
@Override
public boolean onNavigationItemSelected(@NonNull MenuItem menuItem) {
        mDrawerLayout.closeDrawers();
        return true;
        }
});
```

以上首先获取 NavigationView 对象，然后通过 setNavigationItemSelectedListener()函数设置默认选中打电话选项，给 NavigationView 对象设置监听事件，监听事件中并没有写相应的逻辑，只是当有内容被选中时，调用 DrawerLayout 的 closeDrawers()方法关闭滑动菜单作为演示。

重新运行程序，效果如图 13.5 所示。

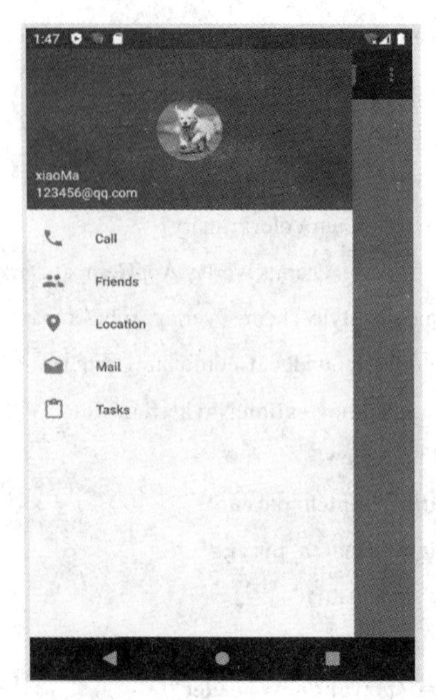

图 13.5　NavigationView 菜单

13.4　悬 浮 按 钮

在 Material Design 中引入了立面设计，使界面具有三维立体效果。下面介绍 Material Design 中的三维立体效果，并通过示例来学习该属性。

首先完成 activity_main.xml 中的代码，如下所示。

```
<androidx.coordinatorlayout.widget.CoordinatorLayout
        android:layout_width="match_parent"
        android:layout_height="match_parent" >
        <androidx.appcompat.widget.Toolbar
            android:id="@+id/toolbar"
            android:layout_height="?attr/actionBarSize"
            android:layout_width="match_parent"
            android:background="?attr/colorPrimary"
            android:theme="@style/ThemeOverlay.AppCompat.Dark.ActionBar"
            app:popupTheme="@style/ThemeOverlay.AppCompat.Light"/>
        <com.google.android.material.floatingactionbutton.FloatingActionButton
            android:id="@+id/fab"
            android:layout_width="wrap_content"
            android:layout_height="wrap_content"
            android:layout_gravity="bottom|end"
            android:layout_margin="16dp"
```

```
            android:src="@drawable/ic_done"
            app:elevation="18dp"/>
    </androidx.coordinatorlayout.widget.CoordinatorLayout>
```

在 activity_main.xml 中添加一个 FloatingActionButton，就是悬浮按钮，然后设置它的 id 和宽高。它的 layout_gravity 属性和滑动菜单的属性值类似，bottom|end，bottom 是设置了组件的位置在底部，end 则会根据语言习惯调整左右。src 属性设置该控件的背景图片，最后一个 elevation 属性设置悬浮的高度，该值也可以不设置，系统识别到悬浮按钮后会自动设置一个合适的悬浮高度给它。

接下来修改 Main_Activity 中代码，给悬浮按钮添加点击事件，代码如下：

```
FloatingActionButton floatingActionButton=(FloatingActionButton)findViewById(R.id.fab);
        floatingActionButton.setOnClickListener(new View.OnClickListener() {
            @Override
            public void onClick(View v) {
                Toast.makeText(MainActivity.this,"点击了悬浮按钮",Toast.LENGTH_SHORT). show();
            }
        });
```

运行程序，点击右下角的悬浮按钮，效果如图 13.6 所示，悬浮按钮有明显的 3D 效果，可以看到按钮下面有阴影。

图 13.6　悬浮按钮

13.5　Snackbar——可以交互的提示工具

在前面的 Android 学习中，多次使用 Toast 来进行信息提示，Toast 能够及时给用户反馈信息，又不会一直占用界面空间。但是使用 Toast 只能看到信息，却不能做出相应的反应，可以说 Toast 是一个交互性不那么强的工具。但是如果用户想要在看到提示信息后做出反应呢？这就要用到可以交互的提示工具 SnackBar。

由于 SnackBar 的作用与 Toast 的作用类似，所以直接在原 Toast 的基础上修改，将 MainActivity 中的事件处理函数改为

```
FloatingActionButton floatingActionButton=(FloatingActionButton)findViewById(R.id.fab);
floatingActionButton.setOnClickListener(new View.OnClickListener() {
    @Override
    public void onClick(View v) {
        Snackbar.make(v,"数据已删除",Snackbar.LENGTH_SHORT)
                .setAction("撤销删除", new View.OnClickListener() {
                    @Override
                    public void onClick(View v) {
                        Toast.makeText(MainActivity.this,"操作已撤销",Toast.LENGTH_SHORT). show();
                    }
                })
                .show();
    }
});
```

SnackBar 调用 make()方法，方法中接收三个参数，第一个参数是传入一个当前界面的 view，它的目的是通过传入的 view 找到最外层的 view，这里传入形参 v；第二个参数是提示信息；第三个参数是提示信息停留的时间。可以看到 SnackBar 与 Toast 的用法基本类似，只有第一个参数不同。接下来调用 SnackBar 的 setAction 方法，注意此处 setAction 和 make 是平行的方法，都属于 Snackbar。setAction 方法接收的第一个参数是要显示的信息，第二个参数是一个监听对象，类似于按钮。然后在 onClick()方法中写具体的处理逻辑，此处直接调用 Toast 显示信息。

重新运行程序，点击悬浮按钮，交互提示效果如图 13.7 和图 13.8 所示。

图 13.7　SnackBar 演示 1

图 13.8　SnackBar 演示 2

以上两个图展示了 SnackBar 的交互方式，这里悬浮按钮用来删除数据，而 SnackBar 可以撤销操作。首先点击悬浮按钮，界面下方弹出一行提示，询问用户是否撤销操作，若点击撤销，那么会弹出 Toast，提示已经撤销了操作。当然这里只是演示，并没有具体实现删除数据和撤销数据的逻辑，仅用信息提示来展现整个流程。SnackBar 的 make 函数对应的是第一个提示，setAction 对应的是可点击的撤销文字，点击之后触发 setAction 中第二个参数的监听事件，弹出 Toast。

上面的演示看起来很顺利，但是有一点读者需注意到，就是在提示撤销操作时，悬浮按钮自动往上移了一点，这是由于 13.4 节在创建滑动菜单时将 FramentLayout 布局换成了 coordinatorlayout，当时介绍 coordinatorlayout 时说这个布局方式与 FramentLayout 作用一样，但是它能自动调整布局内的组件位置，这时就体现出它的作用了，感兴趣的读者可以将 coordinatorlayout 再换为 FramentLayout 看看效果，会发现提示和悬浮按钮在同一水平线上。

13.6　Card View

到目前为止，我们已经可以设计出美观的标题栏、滑动菜单以及悬浮按钮，但是界面显示内容部分区域还很空白。接下来完善一下这个区域的内容显示部分，前面学过的关于显示大量内容的控件是 RecyclerView，但是仅用 RecyclerView 显示内容没有立体感也不美观，这里使用 RecyclerView 结合 Card View 来装载显示内容。CardView 实际上也是一个 FrameLayout，但是它额外提供了圆角和阴影等效果，会有立体的感觉。

为了能在程序中正常使用 RecyclerView 和 CardView 控件，需要先添加这些库的依赖，打开 app/build.gradle 文件，在 dependencies 闭包中添加如下语句：

```
implementation 'androidx.recyclerview:recyclerview:1.1.0'
implementation 'androidx.cardview:cardview:1.0.0'
implementation 'com.github.bumptech.glide:glide:3.7.0'
```

第一个是 recycleview 的依赖，第二个是 cardView 的依赖，第三个是一个开源的项目，能够处理网络上下载的高品质图片，使其与项目相匹配。后续用到时会再解释该开源项目。

由于主要还是使用 RecyclerView 控件，所以首先修改 activity_main.xml 中代码，具体如下：

```
<?xml version="1.0" encoding="utf-8"?>
<androidx.drawerlayout.widget.DrawerLayout
xmlns:android=http://schemas.android.com/apk/res/android
xmlns:app=http://schemas.android.com/apk/res-auto
android:id="@+id/drawer_layout"
android:layout_width="match_parent"
android:layout_height="match_parent">
<androidx.coordinatorlayout.widget.CoordinatorLayout
    android:layout_width="match_parent"
```

```
    android:layout_height="match_parent" >
    <androidx.appcompat.widget.Toolbar
        android:id="@+id/toolbar"
        android:layout_height="?attr/actionBarSize"
        android:layout_width="match_parent"
        android:background="?attr/colorPrimary"
        android:theme="@style/ThemeOverlay.AppCompat.Dark.ActionBar"
        app:popupTheme="@style/ThemeOverlay.AppCompat.Light"/>
        <androidx.recyclerview.widget.RecyclerView
            android:id="@+id/recycler_view"
            android:layout_width="match_parent"
            android:layout_height="match_parent" />
    <com.google.android.material.floatingactionbutton.FloatingActionButton
        android:id="@+id/fab"
        android:layout_width="wrap_content"
        android:layout_height="wrap_content"
        android:layout_gravity="bottom|end"
        android:layout_margin="16dp"
        android:src="@drawable/ic_done"
        app:elevation="18dp"/>
</androidx.coordinatorlayout.widget.CoordinatorLayout>
```

上述代码比较简单，都是之前学过的内容，此处便不再详细解释。接着定义一个实体类，Animal，代码如下：

```
public class Animal {
private String name;
    private int imageId;
public Animal(String name, int imageId){
        this.name=name;
        this.imageId=imageId;
}
    public String getName() {
        return name;
}
    public int getImageId() {
        return imageId;
}
}
```

然后为 RecyclerView 制定一个子布局，在 layout 下新建 animal_item.xml 文件，具体代码如下：

```
<?xml version="1.0" encoding="utf-8"?>
<androidx.cardview.widget.CardView
    xmlns:android="http://schemas.android.com/apk/res/android"
    xmlns:app="http://schemas.android.com/apk/res-auto"
    android:layout_width="match_parent"
    android:layout_height="wrap_content"
    android:layout_margin="5dp"
    app:cardCornerRadius="4dp">
    <LinearLayout
        android:orientation="vertical"
        android:layout_width="match_parent"
        android:layout_height="wrap_content" >
    <ImageView
        android:id="@+id/animal_image"
        android:layout_width="match_parent"
        android:layout_height="100dp"
        android:scaleType="centerCrop"/>
    <TextView
        android:id="@+id/animal_name"
        android:layout_width="wrap_content"
        android:layout_height="wrap_content"
        android:layout_gravity="center_horizontal"
        android:layout_margin="5dp"
        android:textSize="16sp"/>
    </LinearLayout>
</androidx.cardview.widget.CardView>
```

上述代码中使用了 CardView 布局，为布局中的控件提供了圆角和阴影的效果。其中 app:cardCornerRadius 属性设置圆角的弧度，elevation 设置阴影的大小，不设置该值时会有默认值，此处使用默认值。ImageView 中还有一个属性 android:scaleType="centerCrop"，用来设置图片的填充方式，centerCrop 表示图片按原比例填入，超出的部分被裁剪掉。

接下来为 RecyclerView 添加一个适配器，新建 AnimalAdapter 类，继承自 RecyclerView.Adapter，具体代码如下：

```
public class AnimalAdapter extends RecyclerView.Adapter<AnimalAdapter.ViewHolder> {
    private Context mContext;
    private List<Animal> mAnimalList;
    static class ViewHolder extends RecyclerView.ViewHolder{
        CardView cardView;
        ImageView animalImage;
```

```
            TextView animalName;
            public ViewHolder(@NonNull View itemView) {
                super(itemView);
                cardView=(CardView) itemView;
                animalImage=(ImageView) itemView.findViewById(R.id.animal_image);
                animalName=(TextView)itemView.findViewById(R.id.animal_name);
            }
        }
        public AnimalAdapter(List<Animal> fruitList) {
            mAnimalList=fruitList;
        }
        @NonNull
        @Override
        public ViewHolder onCreateViewHolder(@NonNull ViewGroup parent, int viewType) {
            if(mContext==null){
                mContext=parent.getContext();
            }
          View view= LayoutInflater.from(mContext).inflate(R.layout.animal_item,parent,false);
            return new ViewHolder(view);
        }

        @Override
        public void onBindViewHolder(@NonNull ViewHolder holder, int position) {
            Animal fruit=mAnimalList.get(position);
            holder.animalName.setText(fruit.getName());
            Glide.with(mContext).load(fruit.getImageId()).into(holder.animalImage);
        }
        @Override
        public int getItemCount() {
            return mAnimalList.size();
        }
    }
```

上述代码和第 5 章中讲 RecyclerView 的适配器时基本一致，主要是新建一个内部类 ViewHolder，并且重写 onCreateViewHolder，onBindViewHolder，getItemCount 等方法，不过在重写 onBindViewHolder 方法时，采用了 Glide 对象填充照片，Glide 的 with 方法接收上下文对象，然后调用 load 方法加载图片的 view 对象，into 方法确定填入的 view 对象。Glide 对象的用法虽然很简单，但它却让用户可以自由地使用不同大小的图片，而不用担心内存问题。

最后修改 MainActivity 中的代码，具体如下：

```
public class MainActivity extends AppCompatActivity {
    private DrawerLayout mDrawerLayout;
    Private Animal[] animals={
    new Animal("Cat",R.drawable.cat) ,
    new Animal("Dog",R.drawable.dog) ,
    new Animal("Elephant",R.drawable.elephant) ,
    new Animal("Hedgehog",R.drawable.hedgehog) ,
    new Animal("Leopard",R.drawable.leopard) ,
    new Animal("Lion",R.drawable.lion) ,
    new Animal("Panda",R.drawable.panda),
    new Animal("Rabbit",R.drawable.rabbit) ,
    new Animal("Tiger",R.drawable.tiger) ,
    new Animal("Pig",R.drawable.pig)};
    private List<Animal> animalList=new ArrayList<>();
    private AnimalAdapter adapter;
     @Override
    protected void onCreate(Bundle savedInstanceState) {
        super.onCreate(savedInstanceState);
        setContentView(R.layout.activity_main);
        Toolbar toolbar=(Toolbar) findViewById(R.id.toolbar);
        setSupportActionBar(toolbar);
        mDrawerLayout=(DrawerLayout)findViewById(R.id.drawer_layout);
        ActionBar actionBar=getSupportActionBar();
        if(actionBar!=null){
            actionBar.setDisplayHomeAsUpEnabled(true);
            actionBar.setHomeAsUpIndicator(R.drawable.ic_menu);
        }
        NavigationView navigationView=(NavigationView)findViewById(R.id.nav_view);
        navigationView.setCheckedItem(R.id.nav_call);
        navigationView.setNavigationItemSelectedListener(new
NavigationView.OnNavigationItemSelectedListener() {
            @Override
            public boolean onNavigationItemSelected(@NonNull MenuItem menuItem) {
                mDrawerLayout.closeDrawers();
                return true;
            }
        });
```

```
        FloatingActionButton floatingActionButton=(FloatingActionButton)findViewById(R.id.fab);
        floatingActionButton.setOnClickListener(new View.OnClickListener() {
            @Override
            public void onClick(View v) {
                Snackbar.make(v,"数据已删除",Snackbar.LENGTH_SHORT)
                        .setAction("撤销删除", new View.OnClickListener() {
                            @Override
                            public void onClick(View v) {
                                Toast.makeText(MainActivity.this,"操作已撤销",
Toast.LENGTH_SHORT).show();
                            }
                        })
                        .show();
            }
        });
        initAnimal();
        RecyclerView recyclerView=(RecyclerView)findViewById(R.id.recycler_view);
        GridLayoutManager layoutManager=new GridLayoutManager(this,2);
        recyclerView.setLayoutManager(layoutManager);
        adapter=new AnimalAdapter(animalList);
        recyclerView.setAdapter(adapter);
    }
    private void initAnimal() {
        animalList.clear();
        for(int i=0;i<50;i++){
            Random random=new Random();
            int index=random.nextInt(animals.length);
            animalList.add(animals[index]);
        }
    }
```

在 MainActivity 中首先定义了一个 Animal 数组用来存储 Animal 对象，这个数组和 initAnimal 函数配合使用可以实现随机显示内容，使得每次打开应用时可以看到不同的内容。GridLayoutManager 是网格布局管理，用来管理生成布局的样式，该对象的构造函数接收两个参数，第一个是调用的对象，第二个用来设置显示的列数，这里设置为 2 列。

运行程序，效果如图 13.9 所示。

图 13.9　CardView 显示

可以看到，显示效果是出来了，但是感觉却不美观，界面上的图片紧贴着屏幕上沿显示，将 ToolBar 都遮住了。这是由于放置 ToolBar 以及 CardView 控件的父布局 CoordinatorLayout 造成的，这个布局在介绍悬浮按钮时讲过，它能够自动调整内部控件的位置，那为什么在这里却没有调整好呢？其实 CoordinatorLayout 功能虽然强大，但也没到全能的地步，ToolBar 和 CardView 都没有指定位置就放到其中，它只能按照帧布局的规则将控件放在左上角，从而形成遮挡。为解决这个问题，需要借用另一个专门的工具：AppBarLayout，它能很好地解决这个问题。下面就通过 AppBarLayout 来解决本示例出现的问题。

修改 activity_main.xml 中代码，具体如下：

```
<?xml version="1.0" encoding="utf-8"?>
<androidx.drawerlayout.widget.DrawerLayout
```

```
xmlns:android=http://schemas.android.com/apk/res/android
    xmlns:app=http://schemas.android.com/apk/res-auto
android:id="@+id/drawer_layout"
android:layout_width="match_parent"
android:layout_height="match_parent">
<androidx.coordinatorlayout.widget.CoordinatorLayout
    android:layout_width="match_parent"
    android:layout_height="match_parent" >
     <com.google.android.material.appbar.AppBarLayout
     android:layout_width="match_parent"
     android:layout_height="wrap_content">
            <androidx.appcompat.widget.Toolbar
            android:id="@+id/toolbar"
            android:layout_height="?attr/actionBarSize"
            android:layout_width="match_parent"
            android:background="?attr/colorPrimary"
            android:theme="@style/ThemeOverlay.AppCompat.Dark.ActionBar"
            app:popupTheme="@style/ThemeOverlay.AppCompat.Light"
            app:layout_scrollFlags="scroll|enterAlways|snap" />
     </com.google.android.material.appbar.AppBarLayout>
          <androidx.recyclerview.widget.RecyclerView
            android:id="@+id/recycler_view"
            android:layout_width="match_parent"
            android:layout_height="match_parent"
            app:layout_behavior="@string/appbar_scrolling_view_behavior" />
 <com.google.android.material.floatingactionbutton.FloatingActionButton
       android:id="@+id/fab"
       android:layout_width="wrap_content"
       android:layout_height="wrap_content"
       android:layout_gravity="bottom|end"
       android:layout_margin="16dp"
       android:src="@drawable/ic_done"
       app:elevation="18dp"/>
</androidx.coordinatorlayout.widget.CoordinatorLayout>
```

使用 AppBarLayout 将 ToolBar 包围，并且在 RecyclerView 中增加一个属性：app:layout_behavior="@string/appbar_scrolling_view_behavior"，这个属性指定了一个布局行为。然后在 ToolBar 中添加属性：app:layout_scrollFlags="scroll|enterAlways|snap"，该属性等看到效果图再细讲。

重新运行程序，效果如图 13.10 和图 13.11 所示。

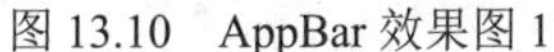

图 13.10　AppBar 效果图 1　　　图 13.11　AppBar 效果图 2

从效果图中可以看到，AppBarLayout 完成了和 ToolBar 的“和谐共处”，刚打开应用时，ToolBar 并没有被遮挡，当向上滑动时，发现 ToolBar 不见了，并且 ToolBar 的背景也移走了，这说明 ToolBar 被隐藏了。这种效果主要就是 app:layout_scrollFlags="scroll|enterAlways|snap"属性完成的，属性值中的 scroll 表示向上滑动时，ToolBar 也会滑动，并且会隐藏，enterAlways 表示当滑到最下面时，ToolBar 会再次显示，snap 表示当滑动到中间时，自行判断 ToolBar 是隐藏还是显示，这种显示方式和正常应用一样，给用户的体验会比较好。

13.7　下拉刷新

在用手机浏览时经常会通过向下滑动来刷新当前页面，这个作用其实非常的简单，每次只在当前页面显示一部分内容，当用户刷新时，就将新的数据显示到当前页面。下面通过示例学习该功能。

继续在原有工程的基础上修改主布局文件，具体代码如下：

```
<?xml version="1.0" encoding="utf-8"?>
<androidx.drawerlayout.widget.DrawerLayout
    xmlns:android="http://schemas.android.com/apk/res/android"
    xmlns:app="http://schemas.android.com/apk/res-auto"
    android:id="@+id/drawer_layout"
    android:layout_width="match_parent"
    android:layout_height="match_parent">
    <androidx.coordinatorlayout.widget.CoordinatorLayout
        android:layout_width="match_parent"
        android:layout_height="match_parent"
        >
    <com.google.android.material.appbar.AppBarLayout
        android:layout_width="match_parent"
        android:layout_height="wrap_content">
        <androidx.appcompat.widget.Toolbar
            android:id="@+id/toolbar"
            android:layout_height="?attr/actionBarSize"
            android:layout_width="match_parent"
            android:background="?attr/colorPrimary"
            android:theme="@style/ThemeOverlay.AppCompat.Dark.ActionBar"
            app:popupTheme="@style/ThemeOverlay.AppCompat.Light"
            app:layout_scrollFlags="scroll|enterAlways|snap"/>
    </com.google.android.material.appbar.AppBarLayout>
    <androidx.swiperefreshlayout.widget.SwipeRefreshLayout
        android:id="@+id/swipe_refresh"
        android:layout_width="match_parent"
        android:layout_height="match_parent"
        app:layout_behavior="@string/appbar_scrolling_view_behavior">
        <androidx.recyclerview.widget.RecyclerView
            android:id="@+id/recycler_view"
            android:layout_width="match_parent"
            android:layout_height="match_parent"
            />
    </androidx.swiperefreshlayout.widget.SwipeRefreshLayout>
```

将需要刷新的内容添加到 SwipeRefreshLayout 中，这里将 RecyclerView 控件移到刷新的布局中。刷新的布局比较简单，现在需要实现刷新的逻辑，我们需要有一个数据库，当检测到刷新时将数据刷新过去，为方便演示，此处利用 AnimalList 和 initAnimal()方法，这两个方法的配合可以使每次内容都是随机产生，产生更换数据的效果。

修改 MainActivity 中的代码，具体如下：

```
public class MainActivity extends AppCompatActivity {
    private DrawerLayout mDrawerLayout;
private Animal[] animals={
        new Animal("Cat",R.drawable.cat) ,
                new Animal("Dog",R.drawable.dog) ,
                new Animal("Elephant",R.drawable.elephant) ,
                new Animal("Hedgehog",R.drawable.hedgehog) ,
                new Animal("Leopard",R.drawable.leopard) ,
                new Animal("Lion",R.drawable.lion) ,
                new Animal("Panda",R.drawable.panda),
                new Animal("Rabbit",R.drawable.rabbit) ,
                new Animal("Tiger",R.drawable.tiger) ,
                new Animal("Pig",R.drawable.pig)};
    private List<Animal> animalList=new ArrayList<>();
    private AnimalAdapter adapter;
    private SwipeRefreshLayout swipeRefreshLayout;
    @Override
    protected void onCreate(Bundle savedInstanceState) {
        super.onCreate(savedInstanceState);
        setContentView(R.layout.activity_main);
       Toolbar toolbar=(Toolbar) findViewById(R.id.toolbar);
        setSupportActionBar(toolbar);
        mDrawerLayout=(DrawerLayout)findViewById(R.id.drawer_layout);
        ActionBar actionBar=getSupportActionBar();
        if(actionBar!=null){
            actionBar.setDisplayHomeAsUpEnabled(true);
            actionBar.setHomeAsUpIndicator(R.drawable.ic_menu);
        }
        NavigationView navigationView=(NavigationView)findViewById(R.id.nav_view);
        navigationView.setCheckedItem(R.id.nav_call);
        navigationView.setNavigationItemSelectedListener(new
          NavigationView.OnNavigationItemSelectedListener() {
            @Override
            public boolean onNavigationItemSelected(@NonNull MenuItem menuItem) {
                mDrawerLayout.closeDrawers();
                return true;
            }
        });
```

```
        FloatingActionButton floatingActionButton=(FloatingActionButton)findViewById(R.id.fab);
        floatingActionButton.setOnClickListener(new View.OnClickListener() {
            @Override
            public void onClick(View v) {
                Snackbar.make(v,"数据已删除",Snackbar.LENGTH_SHORT)
                        .setAction("撤销删除", new View.OnClickListener() {
                            @Override
                            public void onClick(View v) {
                                Toast.makeText(MainActivity.this,"操作已撤销",
                                        Toast.LENGTH_SHORT). show();
                            }
                        })
                        .show();
            }
        });
        initAnimal();
        RecyclerView recyclerView=(RecyclerView)findViewById(R.id.recycler_view);
        GridLayoutManager layoutManager=new GridLayoutManager(this,2);
        recyclerView.setLayoutManager(layoutManager);
        adapter=new AnimalAdapter(animalList);
        recyclerView.setAdapter(adapter);
swipeRefreshLayout=(SwipeRefreshLayout)findViewById(R.id.swipe_refresh);
    swipeRefreshLayout.setColorSchemeResources(R.color.colorPrimary);
    swipeRefreshLayout.setOnRefreshListener(new SwipeRefreshLayout.OnRefreshListener()
{
            @Override
            public void onRefresh() {
                refreshAnimals();
            }
        });
    private void refreshAnimals() {
        new Thread(new Runnable() {
            @Override
            public void run() {
                try{
                    Thread.sleep(2000);

                }catch (InterruptedException e){
                    e.printStackTrace();
```

```
                }
                runOnUiThread(new Runnable() {
                    @Override
                    public void run() {
                        initAnimal();
                        adapter.notifyDataSetChanged();
                        swipeRefreshLayout.setRefreshing(false);
                    }
                });
            }
        }).start();
    }
```

在上述代码中，首先获取到 SwipeRefreshLayout，然后通过调用该对象的 setColorSchemeResources()方法，将颜色设置为 colorPrimary，接着调用 setOnRefreshListene()方法创建一个刷新的监听事件，在事件处理函数中，直接开启一个线程，让线程停 2 s，然后再调用 runOnUiThread()方法将线程切换到主线程，在主线程中，调用 initAnimal()，随机生成 AnimalList 中的内容，接着调用 notifyDataSetChanged()方法通知适配器，实现刷新界面的效果。最后调用刷新对象的 setRefreshing()方法将刷新事件关闭并隐藏刷新条。

运行程序，在屏幕主界面向下拖动，会出现一个下拉刷新的进度条，松手后界面会自动刷新，效果如图 13.12 所示。

图 13.12　带刷新条的视图

本 章 总 结

本章主要介绍了 Material Design 及对应的工具库的使用,学习了各种常见的 UI 工具,如 Toolbar、滑动菜单、悬浮按钮、SnackBar、CardView 等。本章从一个普通的空白界面,一步一步地实现标题栏、滑动菜单、悬浮按钮及最后的内容显示和刷新。在整个过程中不仅学习了 Material Design 的内容,还可以对前面学过的一些 UI 设计进行复习。Material Design 还有许多的功能,在以后的学习中读者还会频繁接触 UI 设计,可以在实际项目中多学习多锻炼。

附录一 Android 权限列表

序号	属 性	权 限 及 说 明
1	访问登记属性	ACCESS_CHECKIN_PROPERTIES，允许读取或写入登记 check-in 数据库属性表
2	获取粗略位置	ACCESS_COARSE_LOCATION，允许程序通过 WiFi 或移动基站的方式获取用户粗略的经纬度信息
3	获取精确位置	ACCESS_FINE_LOCATION，允许程序通过 WiFi 或移动基站的方式获取用户精确的经纬度信息
4	访问定位额外命令	ACCESS_LOCATION_EXTRA_COMMANDS，允许程序访问额外的定位提供者指令
5	获取模拟定位信息	ACCESS_MOCK_LOCATION，获取模拟定位信息，一般用于帮助开发者调试应用
6	获取网络状态	ACCESS_NETWORK_STATE，获取网络信息状态，如当前的网络连接是否有效
7	访问 Surface Flinger	ACCESS_SURFACE_FLINGER，Android 平台上底层的图形显示支持，一般用于游戏或照相机预览界面和底层模式的屏幕截图
8	获取 WiFi 状态	ACCESS_WIFI_STATE，获取当前 WiFi 接入的状态以及 WLAN 热点的信息
9	账户管理	ACCOUNT_MANAGER，获取账户验证信息，主要为 GMail 账户信息，只有系统级进程才能访问的权限
10	验证账户	AUTHENTICATE_ACCOUNTS，允许一个程序通过账户验证方式访问账户管理 ACCOUNT_MANAGER 相关信息
11	电量统计	BATTERY_STATS，获取电池电量统计信息
12	绑定小插件	BIND_APPWIDGET，允许一个程序告诉 appWidget 服务需要访问小插件的数据库，只有非常少的应用才用到此权限
13	绑定设备管理	BIND_DEVICE_ADMIN，请求系统管理员接收者 receiver，只有系统才能使用
14	绑定输入法	BIND_INPUT_METHOD ，请求 InputMethodService 服务，只有系统才能使用
15	绑定 RemoteView	BIND_REMOTEVIEWS，必须通过 RemoteViewsService 服务来请求，只有系统才能用
16	绑定壁纸	BIND_WALLPAPER，必须通过 WallpaperService 服务来请求，只有系统才能用
17	使用蓝牙	BLUETOOTH，允许程序连接配对过的蓝牙设备
18	蓝牙管理	BLUETOOTH_ADMIN，允许程序进行发现和配对新的蓝牙设备
19	变成砖头	BRICK，能够禁用手机，非常危险，顾名思义就是让手机变成砖头
20	应用删除时广播	BROADCAST_PACKAGE_REMOVED，当一个应用在删除时触发一个广播

续表一

序号	属　性	权限及说明
21	收到短信时广播	BROADCAST_SMS，当收到短信时触发一个广播
22	连续广播	BROADCAST_STICKY，允许一个程序收到广播后快速收到下一个广播
23	WAP PUSH 广播	BROADCAST_WAP_PUSH，WAP PUSH 服务收到后触发一个广播
24	拨打电话	CALL_PHONE，允许程序从非系统拨号器里输入电话号码
25	通话权限	CALL_PRIVILEGED，允许程序拨打电话，替换系统的拨号器界面
26	拍照权限	CAMERA，允许访问摄像头进行拍照
27	改变组件状态	CHANGE_COMPONENT_ENABLED_STATE，改变组件是否启用状态
28	改变配置	CHANGE_CONFIGURATION，允许当前应用改变配置，如定位
29	改变网络状态	CHANGE_NETWORK_STATE，改变网络状态如是否能联网
30	改变 WiFi 多播状态	CHANGE_WIFI_MULTICAST_STATE，改变 WiFi 多播状态
31	改变 WiFi 状态	CHANGE_WIFI_STATE，改变 WiFi 状态
32	清除应用缓存	CLEAR_APP_CACHE，清除应用缓存
33	清除用户数据	CLEAR_APP_USER_DATA，清除应用的用户数据
34	底层访问权限	CWJ_GROUP，允许 CWJ 账户组访问底层信息
35	手机优化大师扩展权限	CELL_PHONE_MASTER_EX，手机优化大师扩展权限
36	控制定位更新	CONTROL_LOCATION_UPDATES，允许获得移动网络定位信息改变
37	删除缓存文件	DELETE_CACHE_FILES，允许应用删除缓存文件
38	删除应用	DELETE_PACKAGES，允许程序删除应用
39	电源管理	DEVICE_POWER，允许访问底层电源管理
40	应用诊断	DIAGNOSTIC，允许程序到 RW 到诊断资源
41	禁用键盘锁	DISABLE_KEYGUARD，允许程序禁用键盘锁
42	转存系统信息	DUMP，允许程序获取系统 dump 信息从系统服务
43	状态栏控制	EXPAND_STATUS_BAR，允许程序扩展或收缩状态栏
44	工厂测试模式	FACTORY_TEST，允许程序运行工厂测试模式
45	使用闪光灯	FLASHLIGHT，允许访问闪光灯
46	强制后退	FORCE_BACK，允许程序强制使用 back 后退按键，无论 Activity 是否在顶层
47	访问账户 Gmail 列表	GET_ACCOUNTS，访问 GMail 账户列表
48	获取应用大小	GET_PACKAGE_SIZE，获取应用的文件大小

续表二

序号	属 性	权 限 及 说 明
49	获取任务信息	GET_TASKS，允许程序获取当前或最近运行的应用
50	允许全局搜索	GLOBAL_SEARCH，允许程序使用全局搜索功能
51	硬件测试	HARDWARE_TEST，访问硬件辅助设备，用于硬件测试
52	注射事件	INJECT_EVENTS，允许访问本程序的底层事件，获取按键、轨迹球的事件流
53	安装定位提供	INSTALL_LOCATION_PROVIDER，安装定位提供
54	安装应用程序	INSTALL_PACKAGES，允许程序安装应用
55	内部系统窗口	INTERNAL_SYSTEM_WINDOW，允许程序打开内部窗口，不对第三方应用程序开放此权限
56	访问网络	INTERNET，访问网络连接，可能产生 GPRS 流量
57	结束后台进程	KILL_BACKGROUND_PROCESSES，允许程序调用 killBackground Processes(String).方法结束后台进程
58	管理账户	MANAGE_ACCOUNTS，允许程序管理 AccountManager 中的账户列表
59	管理程序引用	MANAGE_APP_TOKENS，管理创建、摧毁、Z 轴顺序，仅用于系统
60	高级权限	MTWEAK_USER，允许 mTweak 用户访问高级系统权限
61	社区权限	MTWEAK_FORUM，允许使用 mTweak 社区权限
62	软格式化	MASTER_CLEAR，允许程序执行软格式化，删除系统配置信息
63	修改声音设置	MODIFY_AUDIO_SETTINGS，修改声音设置信息
64	修改电话状态	MODIFY_PHONE_STATE，修改电话状态，如飞行模式，但不包含替换系统拨号器界面
65	格式化文件系统	MOUNT_FORMAT_FILESYSTEMS，格式化可移动文件系统，比如格式化清空 SD 卡
66	挂载文件系统	MOUNT_UNMOUNT_FILESYSTEMS，挂载、反挂载外部文件系统
67	允许 NFC 通信	NFC，允许程序执行 NFC 近距离通信操作，用于移动支持
68	永久 Activity	PERSISTENT_ACTIVITY，创建一个永久的 Activity，该功能标记为将来将被移除
69	处理拨出电话	PROCESS_OUTGOING_CALLS，允许程序监视，修改或放弃拨出电话
70	读取日程提醒	READ_CALENDAR，允许程序读取用户的日程信息
71	读取联系人	READ_CONTACTS，允许应用访问联系人通讯录信息
72	屏幕截图	READ_FRAME_BUFFER，读取帧缓存用于屏幕截图

续表三

序号	属　性	权 限 及 说 明
73	读取收藏夹和历史记录	com.android.browser.permission.READ_HISTORY_BOOKMARKS，读取浏览器收藏夹和历史记录
74	读取输入状态	READ_INPUT_STATE，读取当前键的输入状态，仅用于系统
75	读取系统日志	READ_LOGS，读取系统底层日志
76	读取电话状态	READ_PHONE_STATE，访问电话状态
77	读取短信内容	READ_SMS，读取短信内容
78	读取同步设置	READ_SYNC_SETTINGS，读取同步设置，读取 Google 在线同步设置
79	读取同步状态	READ_SYNC_STATS，读取同步状态，获得 Google 在线同步状态
80	重启设备	REBOOT，允许程序重新启动设备
81	开机自动允许	RECEIVE_BOOT_COMPLETED，允许程序开机自动运行
82	接收彩信	RECEIVE_MMS，接收彩信
83	接收短信	RECEIVE_SMS，接收短信
84	接收 Wap Push	RECEIVE_WAP_PUSH，接收 WAP PUSH 信息
85	录音	RECORD_AUDIO，录制声音通过手机或耳机的麦克
86	排序系统任务	REORDER_TASKS，重新排序系统 Z 轴运行中的任务
87	结束系统任务	RESTART_PACKAGES，结束任务通过 restartPackage(String)方法，该方式将在外来放弃
88	发送短信	SEND_SMS，发送短信
89	设置 Activity 观察器	SET_ACTIVITY_WATCHER，设置 Activity 观察器一般用于 monkey 测试
90	设置闹铃提醒	com.android.alarm.permission.SET_ALARM，设置闹铃提醒
91	设置总是退出	SET_ALWAYS_FINISH，设置程序在后台是否总是退出
92	设置动画缩放	SET_ANIMATION_SCALE，设置全局动画缩放
93	设置调试程序	SET_DEBUG_APP，设置调试程序，一般用于开发
94	设置屏幕方向	SET_ORIENTATION，设置屏幕方向为横屏或标准方式显示，不用于普通应用
95	设置应用参数	SET_PREFERRED_APPLICATIONS，设置应用的参数，已不再工作具体查看 addPackageToPreferred(String) 介绍
96	设置进程限制	SET_PROCESS_LIMIT，允许程序设置最大的进程数量的限制
97	设置系统时间	SET_TIME，设置系统时间

续表四

序号	属　性	权 限 及 说 明
98	设置系统时区	SET_TIME_ZONE，设置系统时区
99	设置桌面壁纸	SET_WALLPAPER，设置桌面壁纸
100	设置壁纸建议	SET_WALLPAPER_HINTS，设置壁纸建议
101	发送永久进程信号	SIGNAL_PERSISTENT_PROCESSES，发送一个永久的进程信号
102	状态栏控制	STATUS_BAR，允许程序打开、关闭、禁用状态栏
103	访问订阅内容	SUBSCRIBED_FEEDS_READ，访问订阅信息的数据库
104	写入订阅内容	SUBSCRIBED_FEEDS_WRITE，写入或修改订阅内容的数据库
105	显示系统窗口	SYSTEM_ALERT_WINDOW，显示系统窗口
106	更新设备状态	UPDATE_DEVICE_STATS，更新设备状态
107	使用证书	USE_CREDENTIALS，允许程序请求验证从 AccountManager
108	使用 SIP 视频	USE_SIP，允许程序使用 SIP 视频服务
109	使用振动	VIBRATE，允许振动
110	唤醒锁定	WAKE_LOCK，允许程序在手机屏幕关闭后后台进程仍然运行
111	写入 GPRS 接入点设置	WRITE_APN_SETTINGS，写入网络 GPRS 接入点设置
112	写入日程提醒	WRITE_CALENDAR，写入日程，但不可读取
113	写入联系人	WRITE_CONTACTS，写入联系人，但不可读取
114	写入外部存储	WRITE_EXTERNAL_STORAGE，允许程序写入外部存储，如 SD 卡上写文件
115	写入 Google 地图数据	WRITE_GSERVICES，允许程序写入 Google Map 服务数据
116	写入收藏夹和历史记录	com.android.browser.permission.WRITE_HISTORY_BOOKMARKS，写入浏览器历史记录或收藏夹，但不可读取
117	读写系统敏感设置	WRITE_SECURE_SETTINGS，允许程序读写系统安全敏感的设置项
118	读写系统设置	WRITE_SETTINGS，允许读写系统设置项
119	编写短信	WRITE_SMS，允许编写短信
120	写入在线同步设置	WRITE_SYNC_SETTINGS，写入 Google 在线同步设置

附录二 Android API

包名称	说明
android	包含平台内置的，为系统特性定义权限的资源类
android.accessibilityservice	这个包下的类用于开发可访问服务，例如备用的或增强的反馈给用户
android.animation	这些类提供动画功能，允许你用各种类型的变量来描述一个动画。Int、float 和十六进制的颜色。你可以通过 TypeEvaluator 来让系统知道怎样计算动画的各种数值
android.app	概况全部 Android 应用类型的高级类
android.app.admin	提供设备的系统级管理特性，允许你创建安全监测程序，这会给企业带来好处。这些都基于 IT 部门对员工设备有更高的控制需求
android.app.backup	包含备份还原功能。如果用户抹掉了设备上的数据，或者升级到一个新的安卓设备，那些允许备份的应用将会在重新安装时恢复用户的之前数据
android.appwidget	提供“app 窗口小部件”的必要组件，用户可以轻松嵌入其他程序(如桌面)，用于快速访问程序数据和服务，而无须启动新的 activity
android.bluetooth	提供蓝牙功能的类，如蓝牙扫描设备、连接设备以及管理设备的数据传输。蓝牙 API 支持经典蓝牙和低能耗蓝牙(Bluetooth Low Energy，BLE)
android.content	包含一些访问设备公共资源的类
android.content.pm	包含查看应用包信息的一些类。这些信息包括 activity、权限、服务、签名、provider
android.content.res	包含访问用户资源，如原始的静态文件、颜色、图像、视频或者包里的其他文件，另外还有重要的设备配置细节(方向、输入类型等)这些将影响程序的展现
android.database	包含通过 content provider 来展示数据的类
android.database.sqlite	包含 SQLite 数据库管理类。这使程序可以管理它自己的私有数据库
android.databinding	包含绑定数据时需要的类
android.drm	DRM 内容的管理类，并能够决定 DRM 插件的能力(代理)
android.gesture	提供创建、识别、加载以及保存手势的类
android.graphics	提供低级的图像工具，如画布、颜色过滤器、点以及矩形，可以让你直接在屏幕上绘图
android.graphics.drawable	提供很多仅用来展示的可见元素的管理，如位图和变化率

续表一

包 名 称	说 明
android.graphics.drawable.shapes	提供绘制几何图形的类
android.graphics.pdf	提供 PDF 内容的操作类
android.hardware	提供硬件特性的支持，例如相机和感应器
android.hardware.camera2	android.hardware.camera2 提供独立相机跟安卓设备连接的接口
android.hardware.usb	提供 USB 外设和安卓设备的通信支持
android.inputmethodservice	书写输入法的基础类。(例如软键盘)
android.location	包含基于定位和相关服务的 framework API
android.media	提供音频和视频的多媒体管理接口
android.media.audiofx	在媒体 framework 中管理音频效果的类
android.media.effect	允许你展现各种图片和视频的可见效果的类
android.media.midi	介绍了如何调用 Android MIDI API
android.mtp	使用 MTP(Media Transfer Protocol) 协议的子集 PTP(Picture Transfer Protocol)，与相机以及其他设备进行直接交互
android.net	除 java.net.* api 之外的网络访问帮助类
android.net.rtp	提供 RTP (Real-time Transport Protocol)类，允许程序管理实时响应或交互的数据流
android.net.sip	提供 Session Initiation Protocol (SIP) 的访问功能。例如使用 SIP 创建和应答 VOIP 电话
android.net.wifi	提供 WiFi 模块的管理类
android.net.wifi.p2p	通过 WiFi 直连建立 peer-to-peer (P2P) 连接的类
android.nfc	提供 Near Field Communication (NFC)功能。允许程序读取 NFC 标记中的 NDEF 信息，一个标记可以是另外一个设备的标记
android.nfc.tech	这些类提供对某种标记科技的特性进行访问，而这些科技会根据扫描的标记类型的不同而不同
android.opengl	提供 OpenGL ES 的静态接口和帮助类
android.os	提供设备中基本的操作系统服务、消息传递以及进程间通信等功能
android.os.storage	包含系统存储服务，用来管理二进制资源文件系统 Opaque Binary Blobs (OBBs)
android.preference	提供管理程序偏好设置以及偏好设置 UI 的类
android.print	提供应用程序的打印支持，并包含打印相关的基础类和抽象类
android.printservice	提供实现了打印服务的类
android.provider	Android 提供的便捷访问 Content Provider 的类
android.renderscript	RenderScript 通过异构处理器支持高性能的运算
android.sax	一个方便高效稳健的 SAX 处理框架

续表二

包名称	说　明
android.security	访问 Android 安全子系统中的一些功能
android.service.textservice	允许建立拼写检查的一种方式，与输入法框架相似(for IMEs)
android.support.v13.app	API level 13 以后的兼容包
android.support.v17.leanback	提供用户体验的向下兼容
android.support.v17.leanback.app	提供高级向下兼容模块 fragment 和 helper
android.support.v17.leanback.widget	提供低级向下兼容模块 widget 和 helpers
android.support.v4.accessibilityservice	提供 API level4 的 android.accessibilityservice 兼容类
android.support.v4.app	提供 API level4 的 android.app 兼容类
android.support.v4.content	提供 API level4 的 android.content 兼容类
android.support.v4.content.pm	提供 API level4 的 android.content.pm 兼容类
android.support.v4.database	提供 API level4 的 android.database 兼容类
android.support.v4.os	提供 API level4 的 android.os 兼容类
android.support.v4.util	提供 API level4 的 android.util 兼容类
android.support.v4.view	提供 API level4 的 android.util 兼容类
android.support.v4.view.accessibility	提供 API level4 的 android.view.accessibility 兼容类
android.support.v4.widget	提供 API level4 的 android.widget 兼容类
android.support.v7.media	包含控制媒体信道的路由 API 以及控制从当前设备到外部扬声器和目标设备的流的 API
android.telephony	提供管理手机基本信息的 API(如网络类型、连接状态)以及更多操纵号码字符串的工具类
android.telephony.cdma	提供利用 CDMA 专用电话功能的 API
android.telephony.gsm	提供利用 GSM 专用电话功能的 API，如 text/data/PDU SMS 信息
android.test	一个用来编写 Android 测试用例和套件的框架
android.test.mock	工具类，提供很多 Android framework 构建模块的 stub 和 mock
android.test.suitebuilder	工具类，提供测试运行类
android.text	提供用来渲染或跟踪屏幕上的文字和文字跨度的类
android.text.format	在 java.util and java.text 中定义的一些文本格式化类的替代类
android.text.method	管理或修改键盘输入的类
android.text.style	提供在一个 View Object 里用于查看或更改文本范围样式的类
android.text.util	工具类，用于将可识别的文本字符串转换为可点击的链接，并创建 RFC822 型消息(SMTP)标记
android.transition	此包中的类允许用于视图结构的“scenes & transitions”功能

续表三

包 名 称	说 明
android.util	提供通用的工具方法，如 date/time 操作、base64 编解码、string 和 number 转换方法、XML 工具类
android.view	为处理屏幕布局和用户交互类提供暴露接口类
android.view.accessibility	在这个包中的类是用来表示屏幕内容和变化以及用于查询系统全局的可访问状态
android.view.animation	渐变动画处理类
android.view.inputmethod	Framework 类，用来在视图和输入法之间交互(例如软键盘)
android.webkit	浏览 Web 页面的工具
android.widget	widget 包含(一般为可见)在应用界面上使用的 UI 元素
java.security	可扩展的加密服务提供程序(SPI)，用来使用和定义如下服务：Certificate，Key，KeyStore，MessageDigest 和 Signature
java.security.acl	此包提供了构建访问控制列表所需的类和接口
java.security.cert	这个包提供所有用于创建，执行和验证 X.509 证书的类和接口
java.security.interfaces	这个包提供的接口用来创建：① 使用 PKCS 的 RSA 非对称加密算法的钥匙；② FIPS-186 指定的数字签名算法(DSA)的钥匙；③ 泛型椭圆曲线非对称加密算法的钥匙
java.security.spec	该包提供了为加密和签名算法指定密钥和参数的类和接口
java.util.concurrent	在并发编程中常用的实用程序类
java.util.concurrent.atomic	一个支持无锁线程安全编程的小工具箱
java.util.concurrent.locks	这里包含这样一些接口和类，它们提供你一个框架，用于在区分 built-in synchronization 和 monitors 时进行锁定和等待
javax.crypto	此包提供这样一些类和接口，用于加密实现了加密、解密或密钥协商算法的应用程序
javax.crypto.interfaces	这个包提供了执行 PKCS#3 指定的 Diffie-Hellman 接口(DH)密钥协议算法所需要的接口
javax.crypto.spec	提供了指定密钥和加密参数的类和接口
javax.microedition.khronos.opengles	标准的 OpenGL 接口
javax.net.ssl	这个包提供了使用安全套接字层(SSL)协议和传输层安全(TLS)子协议所需要的类和接口
javax.security.auth.login	此包提供与应用程序进行交互的类和接口，以便执行验证和授权过程
javax.security.auth.x500	用来存储 X.500 和它们的凭据的类
javax.security.cert	兼容包
junit.framework	junit 测试框架
junit.runner	junit 测试框架的工具包
org.apache.http.conn.ssl	HttpConn API 的 TLS/SSL 特定部分

参 考 文 献

[1] 郭霖．第一行代码：Android [M] . 2 版．北京：人民邮电出版社，2016.
[2] 王向辉，张国印，沈洁．Android 应用程序开发[M]．北京：清华大学出版社，2010.
[3] 李刚．疯狂 Android 讲义 [M] . 2 版．北京：电子工业出版社，2013.
[4] 李钟尉，马文强，陈丹丹．Java 从入门到精通[M]．北京：清华大学出版社．2008.
[5] BruceEckel．Java 编程思想 [M] . 4 版．北京：机械工业出版社，2007.
[6] PHILLIPS B，STEWART C，MARSICANO K. Android 编程权威指南[M] . 3 版．王明发，译．北京：人民邮电出版社，2017.